Vorwort.

Das vorliegende Lehrbuch ist unmittelbar aus dem Unterricht hervorgegangen und für ihn bestimmt. Die Stoffauswahl ist nach den Lehrplänen für die Staatl. Höheren Maschinenbauschulen in Preußen getroffen. Jedoch habe ich mich nicht auf eine Aufzählung der Definitionen, Lehrsätze und Formeln beschränkt; vielmehr soll das Buch auch einen Beitrag zur Methodik des mathematischen Unterrichts an mittleren Fachschulen liefern. Dagegen ist es nicht eigentlich für den Selbstunterricht bestimmt; ein solches Buch muß grundverschieden angelegt und ausgeführt werden. Wie denn ein Lehrbuch seiner ganzen Tendenz nach in erster Linie immer nur einen Zweck verfolgen soll. Jedes gute Schulbuch kann wohl zum Selbstunterricht verwendet werden; während umgekehrt ein zum Selbstunterricht bestimmtes Buch für die Schule gänzlich unbrauchbar sein wird, da es dem Unterricht jedes individuelle Gepräge nehmen und so zu einer unerträglichen Fessel des Lehrers werden würde. In einem Buche dieser zweiten Art müßte die Persönlichkeit eines Lehrers zu seinem Leser sprechen, damit wäre das Buch aber höchstens für diesen Lehrer im Unterricht brauchbar.

Um auch an die im vorliegenden Buche innegehaltene Reihenfolge nicht zu sehr zu binden, habe ich die einzelnen Abschnitte möglichst unabhängig voneinander behandelt. Der lebendige Unterricht mag die Verbindungen an einzelnen Punkten hinzufügen. Jeder Abschnitt ist soweit durchgearbeitet, daß es den Schülern möglich ist, einzelne Teile selbständig nachzuarbeiten, wenn sie zeitweilig dem Unterricht fernbleiben mußten.

Die besonderen Schwierigkeiten, die der Unterricht an einer Fachschule bereitet, sind darin zu suchen, daß erstens in weitem Maße auf den nebenhergehenden Fachunterricht Rücksicht zu nehmen ist. Dadurch wird die Stoffanordnung sehr wesentlich beeinflußt. Zweitens soll dem Absolventen einer Fachschule ein abgeschlossenes mathematisches Wissen übermittelt werden, das keine Fortbildung oder Ergänzung in der Praxis erfährt. Dadurch wird die Stoffauswahl, aber auch die Beweismethode bedingt.

Dem mathematischen Unterricht sind dabei drei Ziele gesteckt. Erstens ist der mathematische Lehrstoff dem Schüler zu übermitteln; **zweitens** ist durch stetige Übung Gewandtheit im rein formalen Gebrauch dieser Kenntnisse zu erzielen; **drittens** ist zu zeigen, wie dieser Lehrstoff in der Praxis selbst angewandt wird.

Ein Lehrbuch für den Schulgebrauch hat, streng genommen, nur den ersten Punkt zu berücksichtigen. Für den zweiten benutze man besonders in der Algebra eine der bekannten Aufgabensammlungen. Sehr wünschenswert wäre die Herausgabe einer Aufgabensammlung, die der Erfüllung der dritten Forderung diente. Ein Lehrbuch kann nur wenige Beispiele, wie auch hier geschehen ist, herausgreifen. Denn einmal wird man von Semester zu Semester bei der Auswahl der Aufgaben wechseln wollen; dann aber muß hier auf die besondere Richtung der Fachschule (z. B. Elektrotechnik) und auf den nebenherlaufenden Fachunterricht, der überall etwas anders angeordnet sein wird, Rücksicht genommen werden. Endlich ist auf den Umfang des Buches zu achten.

Einzelne Abschnitte: Trigonometrie, Differential- und Integralrechnung usw. sind in selbständigen z. T. recht guten Büchern bearbeitet worden unter Heranziehung eines möglichst großen Aufgabenmaterials. Würde man aus diesen Einzelwerken einen vollständigen Lehrgang zusammenstellen, so käme man auf einen unverhältnismäßig hohen Preis. Dabei wiederholen sich einzelne Abschnitte natürlich 3—4 mal, während andere ganz fehlen. So verlockend es sein mag, möglichst erschöpfende Einzeldarstellungen zu geben mit dem ganzen Aufgabenmaterial, das zu dem Fache herangezogen werden kann; mir erscheint praktisch der Weg nicht durchführbar. Wie erwähnt, glaube ich die Herausgabe einer besonderen Aufgabensammlung mehr empfehlen zu sollen. Vor einer Übertreibung bei der Heranziehung von Übungsbeispielen aus der Praxis möchte ich immerhin warnen. Der Mathematiklehrer soll dem Techniker nicht — noch dazu meist mit unzulänglichen Mitteln — ins Handwerk pfuschen.

Über die Behandlung des Lehrstoffes ist noch zu bemerken, daß von vornherein eine Kenntnis der Planimetrie und der Buchstabenrechnung vorausgesetzt wird, so daß z. B. Definitionen der Algebra schon zu Anfang vorausgesetzt werden, auch wenn ihre vollständige Besprechung erst an späterer Stelle folgt. Wie weit in der Algebra die gewöhnliche Buchstabenrechnung anfangs zu wiederholen ist, muß man von Fall zu Fall entscheiden, jedenfalls nicht zu wenig.

Der Abschnitt über die Zinsrechnung bringt einiges vom kaufmännischen Rechnen. Er findet eine weitgehende Ergänzung in einem besonderen Lehrfach über Geschäftskunde u. dgl.

Alle graphischen Darstellungen sind auf Millimeterpapier aus-

Lehrbuch der Mathematik

Für mittlere technische Fachschulen der Maschinenindustrie

Von

Prof. Dr. R. Neuendorff

Oberlehrer a. d. staatl. höh. Schiff- und Maschinenbauschule
Privatdozent a. d. Universität in Kiel

Zweite, verbesserte Auflage

Mit 262 Textfiguren

Berlin
Verlag von Julius Springer
1919

ISBN-13: 978-3-642-90197-3 e-ISBN-13: 978-3-642-92054-7
DOI: 10.1007/978-3-642-92054-7

Softcover reprint of the Hardcover 2nd edition 1919

zuführen. Besonders geeignete und sehr billige Hefte gibt die Firma Gebr. Wichmann, Berlin, heraus.

Beim praktischen Rechnen kommen für den Techniker nur drei Verfahren in Frage. Entweder er rechnet mit dem Rechenschieber oder einer Rechenmaschine, oder er rechnet überschläglich, nach Möglichkeit vorher kürzend, im Kopf, oder er rechnet mit weitestgehender Verwendung seiner Tabellen verkürzt. Andere Verfahren kann man nicht als sachgemäß gelten lassen.

Endlich will ich noch eine Verteilung des ganzen Lehrstoffs auf 3 Semester angeben, wie sie an der hiesigen Schule ausprobiert worden ist. Natürlich soll sie damit nicht als die allein mögliche oder gar beste gekennzeichnet sein.

1. Semester. Algebra 5 Std. Trigonometrie 3 Std. In der Algebra bis zur Lösung quadratischer Gleichungen einschließlich. Daneben Differential- und Integralrechnung. Die Trigonometrie vollständig.

2. Semester. Algebra 3 Std. Geometrie 3 Std. In der Algebra bis zur Zinseszinsrechnung einschließlich. In der Geometrie bis zur angenäherten Flächenberechnung einschließlich.

3. Semester. Algebra 2 Std. Geometrie 2 Std. Beide Fächer bis zum Schluß. In der Algebra bleibt Zeit zur Behandlung zusammenfassender Übungsaufgaben.

Vorwort zur zweiten Auflage.

In der zweiten Auflage sind mir bekannt gewordene Wünsche und Einwände nach Möglichkeit berücksichtigt worden. Ich hoffe, daß alle Druckfehler und Unkorrektheiten der ersten Auflage beseitigt sind. Die Einleitung in die Differentialrechnung ist anders gefaßt worden; wie ich denke leichter und besser verständlich.

Hinzugefügt ist eine kurze Einführung in die Vektorrechnung. Wenn auch der Nutzen der Vektorrechnung in der elementaren Mechanik nicht so sehr hervortritt, so ist doch eine Einführung notwendig, um das Verständnis der Bücher, die von Anfang an Vektorrechnung benutzen, zu ermöglichen, und um eine Weiterarbeit vorzubereiten.

R. Neuendorff.

Inhaltsverzeichnis.

Algebra.

Erster Abschnitt.
Verkürztes Rechnen und Rechenhilfsmittel.

Seite
1. Verkürztes Rechnen 1
2. Mathematische Tabellen technischer Kalender 5
3. Die Logarithmen 10
4. Mechanische Rechenhilfsmittel 12

Zweiter Abschnitt.
Zur Wiederholung aus der Buchstabenrechnung.

1. Wichtige Formeln 19
2. Das Ausklammern 19
3. Die Proportionen 20
4. Unendlich große und unendlich kleine Zahlen 23

Dritter Abschnitt.
Funktionen und ihre graphische Darstellung.

1. Der Begriff Funktion 24
2. Veränderliche und konstante Größen 24
3. Das Achsenkreuz und die graphische Darstellung der Funktionen 25
4. Die gleichseitige Hyperbel 26
5. Nomogramme 27
6. Die Funktion ersten Grades 28
7. Graphische Auflösung von Gleichungen ersten Grades 30
8. Die Funktion zweiten Grades 32
9. Graphische Auflösung von Gleichungen zweiten Grades 32
10. Graphische Auflösung von Gleichungen beliebigen Grades . . . 34
11. Die Funktionsskala 36
12. Der Inhalt bei der gleichseitigen Hyperbel 39

Vierter Abschnitt.
Die algebraische Auflösung von Gleichungen.

1. Die Auflösung der quadratischen Gleichungen 46
2. Beziehungen zwischen den Wurzeln und Vorzahlen 48
3. Die Auflösung quadratischer Gleichungen mit dem Rechenschieber 49
4. Nomogramme zur Auflösung quadratischer Gleichungen 50
5. Gleichungen mit mehreren Unbekannten 52

Fünfter Abschnitt.
Potenzen, Wurzeln und Logarithmen.

Seite
1. Das Potenzieren und seine Umkehrungen 53
2. Die Potenzen mit positiven, ganzen Exponenten 55
3. Die Potenzen mit negativen, ganzen Exponenten 56
4. Die Potenzen mit gebrochenen Exponenten 57
5. Wurzeln 58
6. Die zweite Wurzel 59
7. Wurzeln mit geraden und mit ungeraden Exponenten 61
8. Gleichungen, in denen die Unbekannte im Radikanden vorkommt 62
9. Das Fortschaffen der Wurzeln aus dem Nenner 63
10. Die Logarithmen 63
11. Die dekadischen Logarithmen 65
12. Die Berechnung der dekadischen Logarithmen aus den natürlichen und umgekehrt 66
13. Exponentialgleichungen 67

Sechster Abschnitt.
Arithmetische und geometrische Reihen.

1. Der mathematische Begriff der Reihe 68
2. Die arithmetische Reihe 68
3. Übungen 69
4. Die geometrische Reihe 70
5. Die unendliche fallende geometrische Reihe 71

Siebenter Abschnitt.
Zins- und Zinseszinsrechnung.

1. Die Zinsrechnung 72
2. Die Berechnung der Zeit 72
3. Die Diskontrechnung 73
4. Die Kontokorrentrechnung 75
5. Zinseszinsrechnung 76
6. Schuldentilgung, Amortisation von Anleihen 77
7. Zinszuschlag in Bruchteilen des Jahres 78
8. Zinszuschlag in jedem Moment 79

Achter Abschnitt.
Differential- und Integralrechnung.

1. Die Geschwindigkeit bei einer ungleichförmigen Bewegung 80
2. Berechnung des Differentialquotienten aus dem Differenzenquotienten 82
3. Geometrische Deutung des Differentialquotienten 83
4. Die Ableitung einer beliebigen Funktion 84
5. Zur Geschichte der Differential- und Integralrechnung 85
6. Beispiele 85
7. Allgemeine Regeln 86
8. Der Differentialquotient von x^n nach x 88
9. Die Ableitung der inversen Funktion 89
10. Die Ableitung einer Wurzel 89
11. Die Ableitung einer Funktion von einer Funktion 90
12. Die Ableitung einer Potenz mit Bruchexponenten 92

		Seite
13.	Die Extremwerte einer Funktion.	92
14.	Der zweite Differentialquotient	94
15.	Die Bedeutung des zweiten Differentialquotienten in der Mechanik	96
16.	Anwendung der zweiten Ableitung zur Deutung der Extremwerte	97
17.	Die Ableitung der impliziten Funktion	98
18.	Das Integral	99
19.	Allgemeine Integralformeln	100
20.	Die geometrische Bedeutung des Integrals und das bestimmte Integral	101
21.	Der natürliche Logarithmus	103
22.	Die Integralkurven	105
23.	Integralkurven, statische Momente und Trägheitsmomente	106

Neunter Abschnitt.
Der binomische Lehrsatz.

1.	Der binomische Lehrsatz für positive, ganze Exponenten	110
2.	Die Binomialkoeffizienten	111
3.	Der Beweis des binomischen Lehrsatzes für positive, ganze Exponenten	113
4.	Konvergenz und Divergenz unendlicher Reihen	114
5.	Die allgemeine Binomialreihe	117
6.	Die Maclaurinsche Reihe	118
7.	Der binomische Lehrsatz für negative und gebrochene Exponenten	119
8.	Anwendungen des binomischen Lehrsatzes	120
9.	Die Exponentialreihe	122
10.	Die Reihen für a^x, $\sin x$, $\cos x$	124

Einführung in die Vektorrechnung.

Erster Abschnitt.
Addition und Subtraktion der Vektoren.

1.	Skalare und Vektoren	126
2.	Geometrische Darstellung und Gleichheit der Vektoren	126
3.	Addition von Vektoren	127
4.	Subtraktion von Vektoren	128
5.	Übungen	128

Zweiter Abschnitt
Multiplikation der Vektoren.

1.	Das skalare Produkt. (Inneres Produkt; Arbeitsprodukt)	129
2.	Übungen	131
3.	Das Vektorprodukt. (Äußeres Produkt; Momentprodukt)	131
4.	Übungen	133

Dritter Abschnitt.
Differentiation nach einem Skalar.

1.	Die Differentiationsregeln	133
2.	Die Ableitung eines Einheitsvektors	134
3.	Übungen	135

Trigonometrie.

Erster Abschnitt.
Die Winkelfunktionen im Einheitskreise.

	Seite
1. Die Winkelmessung	139
2. Kartesische Koordinaten und Polarkoordinaten	140
3. Umrechnung der kartesischen in Polarkoordinaten	141
4. Die allgemeinen Definitionen der Winkelfunktionen	142
5. Die Vorzeichen und die Grenzwerte der Winkelfunktionen	144
6. Einige spezielle Werte der Winkelfunktionen	145
7. Die graphische Darstellung der Winkelfunktionen	147

Zweiter Abschnitt.
Die Winkelfunktionen im rechtwinkligen und im schiefwinkligen Dreieck.

1. Das rechtwinklige Dreieck 151
2. Der Sinussatz 153
3. Der Kosinussatz 154
4. Der Inhalt des Dreiecks 155

Dritter Abschnitt.
Die Tabellen der Winkelfunktionen.

1. Tabellen der natürlichen Werte der Winkelfunktionen 156
2. Die Werte der Funktionen stumpfer Winkel 158
3. Die Logarithmen der Winkelfunktionen 159

Vierter Abschnitt.
Beispiele zur Berechnung rechtwinkliger und schiefwinkliger Dreiecke.

1. Berechnung rechtwinkliger Dreiecke 159
2. Die erste Hauptaufgabe der Berechnung schiefwinkliger Dreiecke 161
3. Die zweite Hauptaufgabe 162
4. Die dritte Hauptaufgabe 163
5. Die vierte Hauptaufgabe 165
6. Rechnung nach dem Sinussatz mit dem Rechenschieber 167

Fünfter Abschnitt.
Goniometrische Formeln.

1. Geschichtliches 168
2. Die ersten Additionstheoreme (Addition der Winkel) 168
3. Beziehungen zwischen den Winkelfunktionen doppelter und halber Winkel 170
4. Die zweiten Additionstheoreme (Addition der Funktionen) . . . 171
5. Übungen 172

Sechster Abschnitt.
Die Berechnung der Kreisteile.

1. Die Bogenlänge 172
2. Funktionen kleiner Winkel 173
3. Der Kreisausschnitt 174
4. Der Ausschnitt aus einem Kreisring 174

5. Der Kreisabschnitt 175
6. Bogenhöhe und Sehnenlänge 176
7. Übungsbeispiel 176

Siebenter Abschnitt.
Die Ableitungen der Winkelfunktionen.

1. Die Differentiation von Sinus und Kosinus 178
2. Die Differentiation von Tangens und Kotangens 179

Geometrie.

Erster Abschnitt.
Allgemeine Einleitung.

1. Gerade und Ebene 180
2. Parallele Geraden und Ebenen 180
3. Geraden im Raum 180
4. Parallelverschiebung oder Translation 181
5. Senkrechte Geraden und Ebenen 181
6. Der Körper 183

Zweiter Abschnitt.
Die Inhalte geradlinig begrenzter, ebener Figuren.

1. Das Flächenmaß 183
2. Das Rechteck 183
3. Das Parallelogramm 184
4. Das Dreieck und das Trapez 184
5. Anwendung 185

Dritter Abschnitt.
Das Prisma.

1. Definitionen 186
2. Das Körpermaß 187
3. Das Volumen des Quaders und des geraden Prismas 187
4. Das schiefe Prisma 188
5. Übungsbeispiel 188

Vierter Abschnitt.
Die Inhalte krummlinig begrenzter, ebener Figuren.

1. Flächenbestimmung mit Hilfe von quadratisch geteiltem Papier 189
2. Flächenmessung durch Wägung 190
3. Das Polarplanimeter 190
4. Der Integrator 193
5. Der Kreisinhalt und der Kreisumfang 195

Fünfter Abschnitt.
Der Zylinder.

1. Volumen und Mantel des Zylinders 197
2. Der Hohlzylinder 198
3. Übungen 198

Inhaltsverzeichnis. XI

Sechster Abschnitt.
Die Guldinschen Regeln.

Seite
1. Die Rotation eines Rechtecks um eine Achse 200
2. Die erste Guldinsche Regel 200
3. Übungen. 201
4. Rotation einer Geraden um eine Achse 203
5. Die zweite Guldinsche Regel 203

Siebenter Abschnitt.
Pyramide und Kegel, Pyramidenstumpf und Kegelstumpf.

1. Die Definition der Pyramide 204
2. Das Volumen einer dreiseitigen Pyramide 205
3. Das Volumen der Pyramide 206
4. Der Kegel 206
5. Der Pyramidenstumpf 206
6. Der Kreiskegelstumpf 207
7. Übungen. 208

Achter Abschnitt.
Kugel und Kugelteile.

1. Das Volumen beliebiger Körper 209
2. Anwendung 210
3. Das Kugelvolumen 211
4. Der Kugelabschnitt 212
5. Übungsaufgabe 213
6. Der Kugelausschnitt 214
7. Die Kugeloberfläche 214
8. Die Kugelkappe 215
9. Die Kugelzone 215
10. Die Kugelschicht 216
11. Schwerpunktsberechnungen durch die Guldinschen Regeln 217

Neunter Abschnitt.
Die Simpsonsche Regel.

1. Das Prismatoid 221
2. Merkmal für alle Körper, die nach der Simpsonschen Regel zu berechnen sind 222
3. Beispiele 223

Zehnter Abschnitt.
Näherungsformeln für die Berechnung willkürlich begrenzter Flächen.

1. Die Verwandlung in ein Rechteck 224
2. Die Trapezregel 225
3. Die Simpsonsche Regel 225
4. Beispiel 226
5. Die Formeln für beliebig viele Streifen 226

Elfter Abschnitt.
Die analytische Behandlung der geraden Linie.

1. Drei Gleichungen der geraden Linie 227

Inhaltsverzeichnis.

	Seite
2. Der Schnittpunkt zweier Geraden	229
3. Der Winkel zweier Geraden	230
4. Parallele und senkrechte Geraden	231

Zwölfter Abschnitt.
Die Parabel.

1. Die Gleichung der Parabel 232
2. Tangente und Normale 235
3. Subtangente und Subnormale 236
4. Das Lot vom Brennpunkt auf die Tangente 238
5. Der Parabelabschnitt 239

Dreizehnter Abschnitt.
Die Ellipse und die Hyperbel.

1. Die Gleichungen der Ellipse und der Hyperbel 242
2. Die Diskussion der Kurvengleichung 243
3. Durchmesser und Asymptoten 244
4. Die Tangenten 246
5. Die Brennpunktseigenschaft 247
6. Der Inhalt der Ellipse 247

Vierzehnter Abschnitt.
Der Kreis und die gleichseitige Hyperbel.

1. Die Gleichungen der Kurven 250
2. Die Parallelverschiebung des Achsenkreuzes 250
3. Die gleichseitige Hyperbel, bezogen auf ihre Asymptoten als Achsen 251
4. Die Konstruktion der gleichseitigen Hyperbel 252
5. Anwendungen 252

Fünfzehnter Abschnitt.
Die Krümmung der Kurven, Evolute und Evolvente.

1. Der Krümmungskreis und die Krümmung 254
2. Die Berechnung des Krümmungsradius 255
3. Anwendungen 256
4. Evolute und Evolvente 258

Sechzehnter Abschnitt.
Parabeln und Hyperbeln höherer Ordnung.

1. Parabeln und Hyperbeln höherer Ordnung 259
2. Anwendungen 260
3. Die kubische und die semikubische Parabel 261
4. Anwendungen 263

Siebzehnter Abschnitt.
Die Zykloiden.

1. Die Entstehung der Zykloiden 264
2. Die Konstruktion der Zykloiden 264
3. Tangente und Normale 265
4. Spezielle Hypozykloiden 266

Algebra.

Erster Abschnitt.

Verkürztes Rechnen und Rechenhilfsmittel.

1. Verkürztes Rechnen. Beim praktischen Rechnen ist der Techniker in erster Linie davor zu warnen, mit Zahlen zu rechnen, die scheinbar eine große Genauigkeit der Ergebnisse versprechen, weil sie recht viele Dezimalstellen hinter dem Komma besitzen. Demgegenüber ist darauf hinzuweisen, daß alle Messungen nur beschränkte Genauigkeit besitzen, daß zweitens die Formeln, nach denen gerechnet wird, meist nur näherungsweise dem wahren Vorgange entsprechen, und daß drittens ein erheblicher Sicherheitskoeffizient zum errechneten Ergebnis hinzugeschlagen wird. Darum genügt es dem Techniker im allgemeinen, wenn sein Ergebnis bis auf 5% genau ist.

Die Zahlen, die den Tabellen entnommen werden, können deshalb in vielen Fällen verkürzt werden. Dabei soll nach der folgenden Regel verfahren werden: **0, 1, 2, 3 und 4 hinter der letzten stehenbleibenden Ziffer werden einfach fortgelassen; dagegen wird diese letzte Ziffer um 1 erhöht, wenn 5, 6, 7, 8 oder 9 fortfallen.**

Beispiele: Aus 7,342 wird 7,34
„ 8,9764 „ 8,98
„ 7,895 „ 7,90 usw.

Eine große Menge von Zahlen: Wurzeln, Logarithmen, π usw., besitzt unendlich viele Dezimalstellen, kann deshalb immer nur verkürzt angegeben werden. Aber auch jede Messung ist mit beschränkter Genauigkeit ausgeführt, so daß Maßzahlen, spezifische Gewichte, Elastizitätsmoduln usw. ebenfalls immer verkürzte Zahlen darstellen. Es soll vorausgesetzt werden, daß der letzten Ziffer immer höchstens 5 Einheiten der nächsten Stelle folgen. Also beträgt eine Länge 7,34 m, so kann der Fehler nicht größer als 5 mm sein, usw.

Algebra.

Mit verkürzten Zahlen ist stets verkürzt zu rechnen.

Addition:

Es sollen 18,39; 25,46; 17,31; 25,89 addiert werden. Jede der Zahlen kann im ungünstigsten Falle um 5 Einheiten der nächsten Dezimalstelle größer oder kleiner sein; also kann es in Wirklichkeit z. B. 18,395, aber auch 18,385 heißen. Danach ist:

18,39 oder im ungünstigsten Falle	18,395 oder	18,385
+ 25,46	+ 25,465	+ 25,455
+ 17,31	+ 17,315	+ 17,305
+ 25,89	+ 25,895	+ 25,885
87,05	87,070	87,030

Man sieht daraus, daß die letzte Ziffer im Ergebnis ganz unzuverlässig ist; man wird sie deshalb weglassen müssen und schreiben

Ergebnis: 87,1.

Selbst die 1 ist als nur wahrscheinlich richtigster Wert anzusehen.

Ebenso ist bei der Subtraktion die letzte Stelle wegzulassen.

Multiplikation:

An einem einfachen Beispiel mag gezeigt werden, daß die Anwendung der gewöhnlichen Multiplikation auf verkürzte Zahlen zu ganz unzuverlässigen Ergebnissen führt. In Fig. 1 sei der Fußboden eines Zimmers dargestellt, dessen Länge 12,78 m und dessen Breite 7,54 m durch Messung auf cm genau festgestellt ist. Jede der nachgemessenen Längen kann aber um 5 mm größer oder kleiner sein, und, wie in der Figur angedeutet ist, kann ein schmaler Streifen hinzukommen, aber auch wegfallen. Berechnet man den Flächeninhalt des Fußbodens, so erhielte man

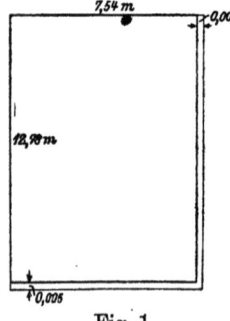

Fig. 1.

$$\frac{12{,}78 \cdot 7{,}54}{\begin{array}{r}8946\\6390\\5112\end{array}}$$

96,3612 qm.

In den ungünstigsten Fällen ist aber die Fläche

Verkürztes Rechnen und Rechenhilfsmittel. 3

entweder 12,785 · 7,545 = 96,462825 qm
oder 12,775 · 7,535 = 96,259625 qm

groß. Vergleicht man alle drei Ergebnisse, so kommt man zu dem Schluß, daß als wahrscheinlich richtiges Ergebnis nur 96,4 qm angegeben werden kann.

Daß eine größere Genauigkeit nicht erzielt werden kann, sieht man auch sofort so ein: Deutet man durch Punkte an, wo in Wahrheit noch Ziffern stehen würden, wenn die Messung nur genauer möglich wäre, so erhält man das folgende Bild unserer Multiplikation:

$$\begin{array}{r} 12{,}78\ldots\ldots \times 7{,}54\ldots\ldots \\ \hline 8946\ldots\ldots \\ 6390\ldots \\ 5112\ldots \\ \ldots\ldots \\ \ldots\ldots \\ 2\ldots \\ \hline 96{,}4 \end{array}$$

Weitere Stellen zu addieren, ist nicht möglich.

Man wird deshalb nach einem Verfahren suchen, das sogleich die richtige Anzahl Stellen liefert. Man verfährt so: Zuerst stellt man die Zahlen um; denn als Multiplikator ist die Zahl zu wählen, welche die meisten Ziffern besitzt. Dann wird wie gewöhnlich mit 1 multipliziert; darauf aber rückt man nicht nach rechts aus, streicht vielmehr die 4 fort. Zugleich streicht man auch die 1 als erledigt. Die 4 wird noch berücksichtigt, um die zur nächsten Stelle übergreifenden Zehner zu ermitteln; also hier, 2 · 4 = 8, greift noch eine 1 über, da 8 auf 10 zu erhöhen ist. In gleicher Weise fährt man fort zu streichen und berücksichtigt immer nur noch die letzte gestrichene Ziffer. Die Multiplikation sieht so aus:

$$\begin{array}{r} 7{,}\cancel{5}4 \cdot 1\cancel{2}{,}\cancel{7}\cancel{8} \\ \hline 754 \\ 151 \\ 53 \\ 6 \\ \hline 96{,}4 \end{array}$$

Die letzte Stelle ist meist als unzuverlässig abzurunden. Das Komma wird nach Abschätzung zum Ergebnis hinzugesetzt. Doch kann man auch nach folgender Regel verfahren: Man verschiebt das Komma im Multiplikator so viele Stellen nach links oder rechts, bis nur eine geltende Ziffer vor dem Komma stehen bleibt. Im Multiplikandus ist dann das Komma um genau so viele Stellen, aber in entgegengesetzter Richtung zu verschieben. Dann bestimmt man die Stellung des Kommas im ersten Teilprodukt und nimmt es ins Ergebnis herunter.

Beispiel: $37{,}48 \cdot 0{,}0326$. Man rechnet so:

$0{,}326 \cdot 3{,}748$

```
  0,978
    228
     13        Ergebnis: 1,22
      2
  ─────
  1,221
```

Division:

Die Regeln lauten hier: Man verschiebt das Komma des Divisors, bis nur eine geltende Ziffer vor dem Komma bleibt. Das Komma des Dividendus ist um gleich viele Stellen in derselben Richtung zu verschieben.

Die Anzahl der Stellen ist so zu wählen, daß bei der Bildung des ersten Teilproduktes unter jeder Ziffer des Dividendus eine Ziffer steht. Alle übrigen Stellen sind zu kürzen.

Statt Nullen herunterzunehmen, wird jedesmal eine Stelle des Divisors gestrichen. Die zuletzt gestrichene Stelle benutzt man zur Berechnung der übergreifenden Zehner.

Der letzte Rest zeigt, ob zu erhöhen ist oder nicht.

Beispiel: $87{,}92 : 578{,}364$. Man rechnet so:

```
0,8792 : 5,7836 = 0,1520
5784
─────
3008
2892              Ergebnis: 0,1520
────
 116
 116
 ───
   0
```

Hat man eine aus mehreren Additionen, Multiplikationen und Divisionen zusammengesetzte Rechnung auszuführen, so tut man gut, die letzte Stelle der Zwischenergebnisse nicht zu kürzen; dies geschieht vielmehr erst im endgültigen Ergebnis. Die Wahrscheinlichkeit, der Wahrheit nahezukommen, wird dadurch erhöht.

Durch das verkürzte Rechnen erspart man nicht nur überflüssiges Rechnen; man erhält auch auf mechanischem Wege das

Ergebnis mit der Genauigkeit, die die Angaben der Aufgabe zulassen.

2. Mathematische Tabellen technischer Kalender. Umstehend ist eine Seite der mathematischen Tabellen abgedruckt, die so oder in ähnlicher Form allen technischen Kalendern beigegeben werden. Diese Tabellen gehören zu den wichtigsten Hilfsmitteln des Technikers. In der ersten und letzten Spalte steht die Zahl n, deren Funktionen angegeben werden sollen. Wie die Überschriften zeigen, findet man Quadrate und Kuben, zweite und dritte Wurzeln, die dekadischen Logarithmen (in anderen Tabellen zuweilen die natürlichen), den reziproken Wert von n, aber mit 1000 multipliziert, endlich Kreisumfang πn und Kreisinhalt $\dfrac{\pi n^2}{4}$ der Kreise mit dem Durchmesser n.

Die Kommaverschiebung. Verschiebt man das Komma einer Zahl n um eine Stelle nach links, dividiert also durch 10, so ist n^2 durch 10^2 also 100 und n^3 durch 10^3 also 1000 zu dividieren. So folgt: Verschiebt man in der Spalte n das Komma um je eine Stelle, so hat man es unter n^2 um je zwei Stellen und unter n^3 um je drei Stellen zu verschieben.

Beispiele: $623^2 = 38\,81\,29$; $6{,}23^2 = 38{,}81\,29$
$623^2 = 241\,804\,367$; $62{,}3^3 = 241\,804{,}367$.

Dieser Regel entsprechend sind im Druck häufig je zwei bzw. drei Ziffern durch eine kleine Lücke getrennt.

Unter πn verschiebt man das Komma genau wie unter n, und unter $\dfrac{\pi n^2}{4}$ genau wie unter n^2.

Beispiele: $\pi 644 = 2023{,}2$; $\pi 64{,}4 = 202{,}32$.
$\dfrac{\pi 644^2}{4} = 32\,57\,33$; $\dfrac{\pi 0{,}644^2}{4} = 0{,}32\,57\,33$.

Dividiert man n durch 10, so ist unter $1000 : n$ der Nenner durch 10 zu dividieren, folglich die ganze Zahl mit 10 zu multiplizieren. Also hat man unter $1000 : n$ das Komma um eben so viele Stellen zu verschieben wie unter n, aber in entgegengesetzter Richtung.

Beispiele: $1000 : 613 = 1{,}6313$;
$1000 : 61{,}3 = 16{,}313$;
$1 : 61{,}3 = 0{,}016\,313$.

Das Rechnen mit Logarithmen soll gesondert besprochen werden. Deshalb bleiben nur noch die Wurzeln. Hier entsteht eine

Algebra.

n	n²	n³	$\sqrt{n}$	$\sqrt[3]{n}$	log n	$\frac{1000}{n}$	π n	$\frac{\pi n^2}{4}$	n
600	360000	216000000	24,4949	8,4343	2,77815	1,66667	1885,0	282743	600
601	361201	217081801	24,5153	8,4390	2,77887	1,66389	1888,1	283687	601
602	362404	218167208	24,5357	8,4437	2,77960	1,66113	1891,2	284631	602
603	363609	219256227	24,5561	8,4484	2,78032	1,65837	1894,4	285578	603
604	364816	220348864	24,5764	8,4530	2,78104	1,65563	1897,5	286526	604
605	366025	221445125	24,5967	8,4577	2,78176	1,65289	1900,7	287475	605
606	367236	222545016	24,6171	8,4623	2,78247	1,65017	1903,8	288426	606
607	368449	223648543	24,6374	8,4670	2,78319	1,64745	1906,9	289379	607
608	369664	224755712	24,6577	8,4716	2,78390	1.64474	1901,1	290333	608
609	370881	225866529	24,6779	8,4763	2,78462	1,64204	1913,2	291289	609
610	372100	226981000	24,6982	8,4809	2,78533	1,63934	1916,4	292247	610
611	373321	228099131	24,7184	8,4856	2,78604	1,63666	1919,5	293206	611
612	374544	229220928	24,7386	8,4902	2,78675	1,63399	1922,7	294166	612
613	375769	230346397	24,7588	8,4948	2,78746	1,63132	1925,8	295128	613
614	376996	231475544	24,7790	8,4994	2,78817	1,62866	1928,9	296092	614
615	378225	232608375	24,7992	8,5040	2,78888	1,62602	1932,1	297057	615
616	379456	233744896	24,8193	8,5086	2,78958	1,62338	1935,2	298024	616
617	380689	234885113	24,8395	8,5132	2,79029	1,62075	1938,4	298992	617
618	381924	236029032	24,8596	8,5178	2,79099	1,61812	1941,5	299962	618
619	383161	237176659	24,8797	8,5224	2,79169	1,61551	1944,6	300934	619
620	384400	238328000	24,8998	8,5270	2,79239	1,61290	1947,8	301907	620
621	385641	239483061	24,9199	8,5316	2,79309	1,61031	1950,9	302882	621
622	386884	240641848	24,9399	8,5362	2,79379	1,60772	1954,1	303858	622
623	388129	241804367	24,9600	8,5408	2,79449	1,60514	1957,2	304836	623
624	389376	242970624	24,9800	8,5453	2,79518	1,60256	1960,4	305815	624
625	390625	244140625	25,0000	8,5499	2,79588	1,60000	1963,5	306796	625
626	391876	245314376	25,0200	8,5544	2,79657	1,59744	1966,6	307779	626
627	393129	246491883	25,0400	8,5590	2,79727	1,59490	1969,8	308763	627
628	394384	247673152	25,0599	8,5635	2,79796	1,59236	1972,9	309748	628
629	395641	248858189	25,0799	8,5681	2,79865	1,58983	1976,1	310736	629
630	396900	250047000	25,0998	8,5726	2,79934	1,58730	1979,2	311725	630
631	398161	251239591	25,1197	8,5772	2,80003	1,58479	1982,3	312715	631
632	399424	252435968	25,1396	8,5817	2,80072	1,58228	1985,5	313707	632
633	400689	253636137	25,1595	8,5862	2,80140	1,57978	1988,6	314700	633
634	401956	254840104	25,1794	8,5907	2,80209	1,57729	1991,8	315696	634
635	403225	256047875	25,1992	8,5952	2,80277	1,57480	1994,9	316692	635
636	404496	257259456	25,2190	8,5997	2,80346	1,57233	1998,1	317690	636
637	405769	258474853	25,2389	8,6043	2,80414	1,56986	2001,2	318690	637
638	407044	259694072	25,2587	8,6088	2,80482	1,56740	2004,3	319692	638
639	408321	260917119	25,2784	8,6132	2,80550	1,56495	2007,5	320695	639
640	409600	262144000	25,2982	8,6177	2,80618	1,56250	2010,6	321699	640
641	410881	263374721	25,3180	8,6222	2,80686	1,56006	2013,8	322705	641
642	412164	264609288	25,3377	8,6267	2,80754	1,55763	2016,9	323713	642
643	413449	265847707	25,3574	8,6312	2,80821	1,55521	2020,0	324722	643
644	414736	267089984	25,3772	8,6357	2,80889	1,55280	2023,2	325733	644
645	416025	268336125	25,3969	8,6401	2,80956	1,55039	2026,3	326745	645
646	417316	269586136	25,4165	8,6446	2,81023	1,54799	2029,5	327759	646
647	418609	270840023	25,4362	8,6490	2,81090	1,54560	2023,6	328775	647
648	419904	272097792	25,4558	8,6535	2,81158	1,54321	2035,8	329792	648
649	421201	273359449	25,4755	8,6579	2,81224	1,54083	2038,9	330810	649
650	422500	274625000	25,4951	8,6624	2,81291	1,53846	2042,0	331831	650

gewisse Schwierigkeit, wie sogleich an Beispielen gezeigt werden mag. Es ist

$$\sqrt{607} = 24{,}6374$$

$$\sqrt{60{,}7} = \sqrt{\frac{607}{10}} = \frac{24{,}6374}{\sqrt{10}}.$$

Nun ist aber $\sqrt{10} = 3{,}1623$; durch diese Zahl müßte dividiert werden. Mit andern Worten: Es ist nicht möglich $\sqrt{60{,}7}$ unmittelbar an dieser Stelle abzulesen. Dagegen wird

$$\sqrt{6{,}07} = \sqrt{\frac{607}{100}} = \frac{24{,}6374}{10} = 2{,}46374.$$

Man erkennt, daß die Wurzeln nur abgelesen werden können, wenn das Komma um 2, 4, 6... Stellen des Radikanden verschoben wird. Bei der Wurzel ist es dann um halb so viele Stellen, also um 1, 2, 3..... Stellen, zu verschieben.

Eine leichte Überlegung zeigt, daß dritte Wurzeln nur abgelesen werden können, wenn das Komma des Radikanden um 3, 6, 9..... Stellen verschoben wird. Bei der Kubikwurzel ist es dann um ein Drittel so viele Stellen, also um 1, 2, 3..... Stellen, zu verschieben.

Beispiel: $\sqrt[3]{616} = 8{,}5086$
$\sqrt[3]{616000} = 85{,}086.$

In der untenstehenden Tabelle sind die Regeln für die Kommaverschiebung unmittelbar unter den Überschriften schematisch durch Zahlen und Pfeilrichtung angedeutet und an Beispielen erläutert. Gleiche Pfeilrichtung bedeutet gleiche Richtung der Verschiebung, und umgekehrt.

n	n^2	n^3	$\sqrt{n}$	$\sqrt[3]{n}$	$\dfrac{1000}{n}$	πn	$\dfrac{\pi n^2}{4}$
←1	←2	←3	←$\frac{1}{2}$	←$\frac{1}{3}$	1→	←1	←2
618	38 19 24	236 029 032	24,8596	8,5178	1,6181	1941,5	29 99 62
61,8	38 19,24	236 029,032	—	—	16,181	194,15	29 99,62
6,18	38,19 24	236,029 032	2,48596	—	161,81	19,415	29,99 62
0,618	0,38 19 24	0,236 029 032	—	0,85178	1618,1	1,9415	0,29 99 62
6180	38 19 24 00	236 029 032 000	—	—	0,16181	19415	29 99 62 00

Scheinbar fehlt in der Tabelle eine große Zahl der Wurzeln. Tatsächlich ist das nicht der Fall, da sich die einzelnen Spalten auch umgekehrt lesen lassen. So kann man zuerst den Durchmesser jedes Kreises bestimmen, wenn der Umfang oder der Inhalt des Kreises bekannt ist. Soll z. B. der Inhalt eines Kreises 31,77 qm sein, so findet man den Durchmesser, wenn man unter $\frac{\pi n^2}{4}$ den Wert 31,77 ermittelt und daneben unter n die gesuchte Länge abliest. Die Zahl 31,77 liegt 31,7690 am nächsten, folglich ist der Durchmesser 6,36 m lang. Die Aufgabe zu πn den Durchmesser n zu suchen, kann man auch so auffassen, daß irgendeine Zahl durch π zu dividieren ist. In der Tat ist ja $\pi n : \pi = n$.

Beispiel: $193,6 : \pi = 61,6$.

Ganz entsprechend kann man n als $\sqrt{n^2}$ bzw. $\sqrt[3]{n^3}$ auffassen; d. h., soll eine zweite oder dritte Wurzel aus einer Zahl gezogen werden, so sucht man sie unter n^2 oder n^3 und findet die geforderte Wurzel unter n. Hier aber ist wohl darauf zu achten, daß das Komma unter n^2 immer um 2 und unter n^3 immer um 3 Stellen verschoben werden muß.

Beispiel: Es soll $\sqrt[3]{235,72}$ gesucht werden.

Eine ähnliche Zahlenfolge findet man an drei Stellen der Tabelle, nämlich

n	n^3	n	n^3	n	n^3
133	2 352 637	286	23 393 656	617	234 885 113
134	2 406 104	287	23 639 903	618	236 029 032

Nur in der dritten Spalte kommt man durch Verschiebung um je 3 Stellen auf 235,....; folglich ist

$$\sqrt[3]{235,72} = 6,18.$$

An den beiden anderen Stellen der Tabelle könnte man ablesen

$$\sqrt[3]{2,3572} = 1,33 \quad \text{und} \quad \sqrt[3]{23,572} = 2,87.$$

Auf diese Weise findet man wirklich jede dritte Wurzel und, ganz entsprechend von n^2 ausgehend, jede zweite Wurzel.

Das Interpolieren. In der Regel kommt man mit den drei Ziffern, die man unter n ablesen kann, vollkommen aus. Gelegentlich ergibt sich indessen die Notwendigkeit, eine vierte Stelle berücksichtigen zu müssen. Die fünfte Ziffer, wenn eine solche vorkommt, soll immer gestrichen werden. Obwohl n^2, n^3, usw. keineswegs proportional wachsen — die Quadrate von 1, 2, 3 ... sind doch z. B. 1, 4, 9 ... —, kann man für die Berücksichtigung der vierten Stelle immer proportionales Wachstum voraussetzen, ohne dadurch erhebliche Fehler fürchten zu müssen. Deshalb interpoliert man in folgender Weise.

Es soll $621{,}7^2$ berechnet werden. Man findet in der Tabelle

$$621^2 = 385\,641$$
$$622^2 = 386\,884.$$

Die Tafeldifferenz zwischen beiden Werten beträgt 1243. Wächst also 621 um 10 Einheiten der nächsten Stelle, so nimmt n^2 um 1243 Einheiten zu; wächst dagegen 621 um 7 Einheiten der nächsten Stelle, so möge n^2 um x wachsen. Also

10 Einheiten bei n entsprechen 1243 bei n^2,
7 „ „ n „ x „ n^2.

Folglich besteht die Proportion

$$\frac{x}{7} = \frac{1243}{10}; \quad x = 870{,}1 \sim 870.$$

Also ist das Ergebnis:

$$621{,}7^2 = 385\,641 + 870 = 386\,511.$$

Mehr Stellen, als die Tafel lieferte, soll man nicht durch Interpolation bestimmen; also ist die 1 bei 870,1 zu streichen. Hier hat es auch deshalb zu geschehen, weil n^2 nicht proportional wächst, und deshalb die 1 ganz ungenau wird. Ganz besonders ist es unzulässig bei Werten wie πn, $\dfrac{\pi n^2}{4}$, $\sqrt{n}$ usw., die selbst schon abgerundet sind.

Beim umgekehrten Bestimmen der Zahl n aus Funktionswerten verfährt man entsprechend. Ist z. B.

$$\frac{\pi n^2}{4} = 2930{,}6 \text{ qcm},$$

so findet man zunächst

$$\frac{\pi n^2}{4} = 2922{,}47; \quad n = 61{,}0$$

$$\frac{\pi n^2}{4} = 2932{,}06; \quad n = 61{,}1$$

10 Einheiten bei n entsprechen 9,59 bei $\frac{\pi n^2}{4}$,

x ,, ,, n ,, 8,1 ,, $\frac{\pi n^2}{4}$;

(8,1 = 2930,6 — 2922,5)

$$\frac{x}{8,1} = \frac{10}{9,59}; \quad x = \frac{81}{9,59} = 8.$$

Also ist der Kreisdurchmesser n = 61,08 cm.

Man mache es sich zur Regel, immer nur eine weitere Stelle durch Interpolation zu bestimmen. Doch sei bemerkt, daß man aus Quadraten und Kuben die Wurzeln im allgemeinen bis auf zwei weitere Stellen richtig interpolieren kann.

3. Die Logarithmen.
Für den Techniker ist der Wert der Logarithmentafel gering. Weit mehr kommen die soeben besprochenen Tabellen in Frage. In jedem Falle ist eine vierstellige Tafel ausreichend.

Die Logarithmentafel gestattet, Multiplizieren und Dividieren, Potenzieren und Radizieren auf die nächst einfache Rechnungsart zurückzuführen nach den Regeln[1]):

Der Logarithmus eines Produktes ist gleich der Summe von den Logarithmen der einzelnen Faktoren:

$$\log (a \cdot b) = \log a + \log b.$$

Der Logarithmus eines Quotienten ist gleich der Differenz der Logarithmen von Zähler und Nenner:

$$\log \frac{a}{b} = \log a - \log b.$$

Der Logarithmus einer Potenz ist gleich dem Produkt aus dem Exponenten mal dem Logarithmus der Basis:

$$\log a^n = n \cdot \log a.$$

Der Logarithmus einer Wurzel ist gleich dem

---

[1]) Die Theorie der Logarithmen folgt im fünften Abschnitt. Hier mag es genügen, an die Definition der Logarithmen zu erinnern. Soll die Gleichung $a^x = b$ nach x aufgelöst werden, so nennt man x den Logarithmus von b zur Basis a und schreibt:

$$a^x = b; \quad x = \overset{a}{\log} b \text{ oder auch } a^{\overset{a}{\log} b} = b,$$

d. h. man muß a mit dem Logarithmus von b potenzieren, um b zu erhalten.

Quotienten aus dem Logarithmus des Radikanden dividiert durch den Wurzelexponenten:
$$\log \sqrt[n]{a} = \frac{\log a}{n}.$$

Für das praktische Rechnen kommen nur die dekadischen Logarithmen zur Basis 10 in Betracht, bei denen der Einfluß einer Kommaverschiebung am leichtesten zu übersehen ist. Jeder dekadische Logarithmus besteht nämlich aus zwei Teilen: der **Mantisse** und der **Kennziffer**.

In den Tabellen findet man nur die Mantisse, das sind die Stellen hinter dem Komma des Logarithmus, die lediglich von der Ziffernfolge der gegebenen Zahl, des Numerus, und garnicht von der Kommastellung des Numerus abhängen. So gehört zu 2; 20; 0,2;... immer dieselbe Mantisse 3010. Zu der in den Tabellen stehenden Mantisse denke man zunächst immer 0,... hinzugefügt.

Zur Mantisse ist dann die Kennziffer zu addieren oder von ihr zu subtrahieren. Die Kennziffer bestimmt man so: Man zählt die Anzahl der Stellen vor dem Komma beim Numerus. Diese Anzahl um 1 verkleinert ist die Kennziffer, welche zur Mantisse addiert wird, z. B.

$$\log 6{,}293 = 0{,}7989; \quad \log 62{,}93 = 1{,}7989;$$
$$\log 6293 = 3{,}7989.$$

Ist dagegen der Numerus ein echter Bruch, so zählt man die Anzahl der Nullen vor der ersten geltenden Ziffer und subtrahiert diese Anzahl als negative Kennziffer von der Mantisse z. B.

$$\log 0{,}6293 = 0{,}7989 - 1; \quad \log 0{,}006\,293 = 0{,}7989 - 3.$$

Ein paar Beispiele mögen das Rechnen mit Logarithmen erläutern.

1. Beispiel: $x = \dfrac{47{,}856}{0{,}32194}$

$\log x = \log 47{,}856 - \log 0{,}32194$
$\log 47{,}856 \;\; = 1{,}6800$
$\log \;\; 0{,}32194 = 0{,}5078 - 1$

$\log x = 1{,}1722 + 1$
$ = 2{,}1722$
$x = 148{,}7.$

Die fünfte Stelle des Numerus kann man, wie schon oben gezeigt, durch proportionale Interpolation berücksichtigen. Stets ist so abzurunden, daß die Mantisse vierstellig bleibt. Auch das Ergebnis kann nur vierstellig gewonnen werden.

2. Beispiel: $x = \left(\dfrac{295{,}88}{587{,}996}\right)^2$.

$\log x = 2\,(\log 295{,}88 - \log 587{,}8)$
$\log 295{,}88 = 2{,}4711$
$\log 588{,}0 = 2{,}7694$

$\tfrac{1}{2}\log x = 0{,}7017 - 1$
$\log x = 1{,}4034 - 2$
$ = 0{,}4034 - 1$
$x = 0{,}2531$

Damit die Subtraktion keinen negativen Wert, sondern die übliche Schreibweise als Differenz ergibt, muß man statt 2,4711 gesetzt denken 3,4711 — 1.

3. Beispiel: $x = \sqrt[3]{\dfrac{\pi \cdot 0{,}045\,837^2}{0{,}059\,388}}$.

$\log x = \dfrac{1}{3}(\log \pi + 2 \log 0{,}045\,837 - \log 0{,}059\,388)$.

Man findet $\log \pi$ stets in einer besonderen Tafel wichtiger Konstanten. Statt log 0,045 837 mit 2 zu multiplizieren, schreibt man ihn zweimal als Summanden.

$\log \pi = 0{,}4971$
$\log 0{,}045\,837 = 0{,}6612 - 2$
$\log 0{,}045\,837 = 0{,}6612 - 2$

$\phantom{\log 0{,}045\,837 =\ } 1{,}8195 - 4$
$\log 0{,}059\,388 = 0{,}7737 - 2$

$3 \log x = 1{,}0458 - 2$
$ = 2{,}0458 - 3$
$\log x = 0{,}6819 - 1$
$x = 0{,}4807$

Statt 1,0458 — 2 hat man 2,0458 — 3 zu setzen, damit bei der Division durch 3 eine ganzzahlige negative Kennziffer erhalten wird.

4. Mechanische Rechenhilfsmittel. Als mechanische Rechenhilfsmittel kommen für den Techniker zwei in Betracht: die logarithmischen Rechenschieber und die Rechenmaschinen.

a) Der Rechenschieber. Auf einer 25 cm langen Teilung wird eine logarithmische Funktionsskala abgetragen. D. h. man trägt, wie Fig. 2 andeutet, Strecken ab, deren Längen gleich den Logarithmen der Zahlen 1 bis 10 sind, bezeichnet aber die Teilpunkte trotzdem mit 1 bis 10 selbst, obwohl die Längen der Logarithmen abgetragen wurden. Die untere Skala der Fig. 2 heißt deshalb die logarithmische Funktionsskala. Bei dem Rechenschieber befindet sich über der festen Skala noch eine zweite, bewegliche,

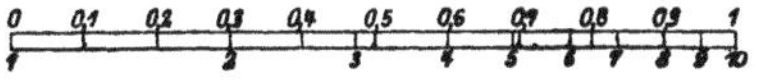

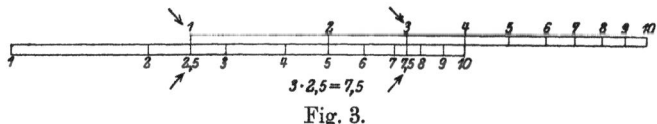

Fig. 2.

die der unteren genau gleich ist. Der feste Teil des Apparates mag der Stab, der bewegliche der Schieber genannt werden.

Der Apparat gestattet in erster Linie zu multiplizieren und zu dividieren, indem man die Logarithmen addiert oder subtrahiert. Da an den Skalen jedesmal nur der Numerus angeschrieben ist, so liest man unmittelbar den Numerus, d. h. das fertige Ergebnis, ab. Das Verfahren soll an ganz einfachen Beispielen erläutert werden, an Aufgaben, die man tatsächlich niemals mit dem Rechenschieber lösen wird. Auf solche einfachen Beispiele wird man aber immer wieder zurückgreifen, wenn man das Verfahren vergessen hat.

Multiplikation. $2{,}5 \cdot 3 = 7{,}5$.

Da die Teilung logarithmisch ist, muß man schreiben:

$$\log 2{,}5 + \log 3 = \log 7{,}5;$$

man addiert, wie Fig. 3 andeutet, zur Strecke 2,5 des Stabes die

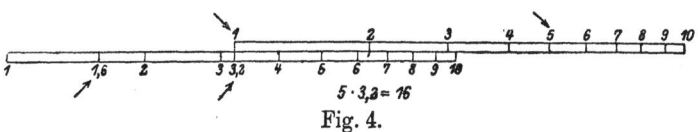

Fig. 3.

Strecke 3 des Schiebers. Unter der 3 des Schiebers liest man das Ergebnis 7,5 auf dem Stabe ab.

$3{,}2 \cdot 5 = 16$ oder $\log 3{,}2 + \log 5 = \log 16$.

Diesmal ragt die 5 des Schiebers bei der gewöhnlichen Einstellung über die Teilung des Stabes hinaus.

Fig. 4.

Man kann aber sogleich erkennen, wie die Fortsetzung der Stabteilung über 10 hinaus aussehen müßte. Wo würde z. B.

die Zahl 20 stehen? Es ist $20 = 10 \cdot 2$, also $\log 20 = \log 10 + \log 2$. Da $\log 10$ gleich der ganzen Stablänge ist, so käme $\log 2$ hinzu. Mit anderen Worten: Es würde sich bei Fortsetzung der Teilung die Skala einfach wiederholen, nur stände statt 2, 3, 4.... diesmal 20, 30. 40.....

In der Multiplikationsaufgabe, die durch Fig. 4 wiedergegeben ist, brauchte man das über 10 hinausragende Stück bis zur 5 nur in den Zirkel zu nehmen und auf der Stabskala von 1 an abzumessen. Man fände die Länge 1,6, die aber in der Verlängerung der Skala 16 bedeutet.

Durch geschickte Einstellung des Schiebers kann das überragende Stück direkt ohne Zirkel gemessen werden. Das zeigt

Fig. 5.

Fig. 5. Man sieht in der Tat, daß bei dieser Einstellung unter der 3,2 nachgemessen wird, um wieviel die Stücke 3,2 und 5 zusammen größer sind als die ganze Skala.

Man merke sich aber, daß das abgelesene Ergebnis mit 10 zu multiplizieren ist, wenn die 10 des Schiebers über dem Multiplikandus eingestellt wird.

Division. $6 : 3 = 2$ oder $\log 6 - \log 3 = \log 2$.

Diesmal ist die Länge 3 von der Länge 6 zu subtrahieren,

Fig. 6.

wie es Fig. 6 zeigt. Es ist genau die Einstellung wie bei der Aufgabe $2 \cdot 3 = 6$.

$3 : 4 = 0{,}75$ oder $\log 3 - \log 4 = \log 0{,}75$.

Der Schieber ragt links heraus. Würde man die Stabteilung nach links verlängern, so müßte man entsprechend wie oben die Teilung genau so wiederholen, nur wäre statt 9, 8, 7.... diesmal 0,9; 0,8; 0,7..... zu schreiben.

In der Fig. 7 erkennt man aber sogleich, daß der links herausragende Teil genau so lang ist wie der rechts herausragende, so daß unter der 10 bereits das gesuchte Ergebnis 7,5 abzulesen ist, das freilich noch durch 10 zu dividieren ist.

Fig. 7.

Man merke sich, daß man bei der Division immer nur eine Art der Einstellung nötig hat. Abzulesen ist unter der 1 oder der 10 des Schiebers; im letzten Fall ist das Ergebnis durch 10 zu dividieren.

Die Stellung des Kommas im Ergebnis bestimmt man durch Abschätzen.

Der ausgeführte Rechenschieber enthält noch eine weitere Doppelteilung genau über der bisher beschriebenen. Auf der gleichen Strecke von 25 cm sind jedoch die Zahlen von 1 bis 100 logarithmisch abgetragen, so daß die Längeneinheit hier gerade halb so lang ist, wie bei der unteren Teilung. Daraus folgt zugleich, daß man mit der unteren Teilung wesentlich genauer rechnet als mit der oberen.

Nach der bekannten Formel $\log a^2 = 2 \cdot \log a$ findet man bei der logarithmischen Teilung das Quadrat einer Zahl a, wenn man die Länge a zweimal abträgt. Nun ist aber die Längeneinheit der oberen Skala halb so lang wie die der unteren; deshalb ist auf der oberen Skala die zu einer Zahl a gehörige Strecke schon zweimal abgetragen, wenn man sie unten einmal abgetragen hat. Folglich steht, wie Fig. 8 andeutet, über jeder Zahl der unteren Skala auf der oberen das Quadrat und umgekehrt unter jeder Zahl der oberen Skala auf der unteren die Wurzel.

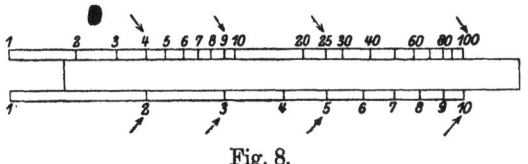

Fig. 8.

Wie man, hieran anknüpfend, die dritten Potenzen und die dritten Wurzeln findet, mag ein jeder selbst ausprobieren. Gleichfalls soll hier nicht weiter beschrieben werden, wie die Werte der Logarithmen und der Winkelfunktionen, für die die Teilungen auf der Rückseite des Schiebers angebracht zu werden pflegen, zu finden sind.

16　　　　　　　　Algebra.

Besondere Marken auf der Teilung des Stabes deuten auf häufig gebrauchte Zahlenwerte wie π; $100\dfrac{\pi}{4}$; $\dfrac{2}{\sqrt{\pi}}$ hin.

Fig. 9 gibt das Bild eines fertigen Rechenschiebers, dessen Gebrauch aufs sorgfältigste geübt werden muß. Die Genauigkeit beträgt bei Benutzung der unteren Skala 0,1 bis 0,2 %, ist also für die meisten technischen Rechnungen hinreichend.

b) Die Rechenmaschinen. Mit dem Rechenschieber kann man nur multiplizieren, dividieren, potenzieren und radizieren. Gemischte Rechnungen, in denen außerdem Additionen und Subtraktionen vorkommen, sind mit ihm nicht unmittelbar ausführbar. Zudem ist seine Genauigkeit gering. Wenn viel zu rechnen ist, wird man häufig die noch mechanischer arbeitende Rechenmaschine vorziehen.

Es gibt noch keine Rechenmaschine für Ausführung aller vier Grundrechnungsarten, die allen berechtigten Ansprüchen genügt[1]); doch sind bereits vorzügliche Maschinen im Handel. Die meisten werden entweder durch Stufenscheiben, wie sie die erste von Leibniz im Jahre 1671 für alle vier Grundoperationen gebaute Maschine besaß, betrieben oder durch Schalträder, die nach Angaben des russischen Mathematikers Odhner hergestellt sind. Diese Maschinen ersetzen sämtlich die Multiplikation durch fortlaufende Addition und die Division durch mehrmalige Subtraktion. Der Grundgedanke der letzten Art Maschinen mag kurz erläutert werden.

In dem Odhnerschen Schaltrad sind neun Zähne angeordnet; durch Drehen eines Zapfens kann man eine beliebige Anzahl von ihnen durch Federdruck zum Herausspringen bringen. Wie Fig. 10

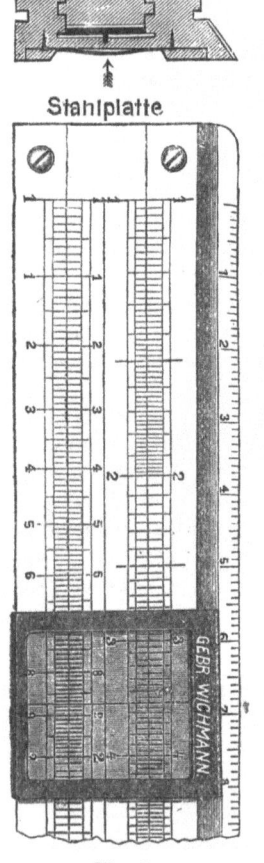

Fig. 9.

---

[1]) Es wäre zu verlangen: Einstellen des Multiplikandus bzw. Dividendus durch Tastatur, Ausführung der Multiplikation durch eine einzige Kurbeldrehung, Aufschreiben des Resultats, keine Verschiebung des Kastens. Jede einzige dieser Forderungen ist schon durch Maschinen verwirklicht worden; alle zusammen noch durch keine Maschine.

Verkürztes Rechnen und Rechenhilfsmittel. 17

andeutet, befindet sich unter jedem Schaltrad ein Zahnrad, dessen Zähne die Zahlen 0 bis 9 tragen; hinter einem Spalt der Maschine ist bei Normalstellung die Null sichtbar. Ragen z. B. im Schaltrad 5 Zähne heraus, und dreht man mit der Kurbel das Schaltrad

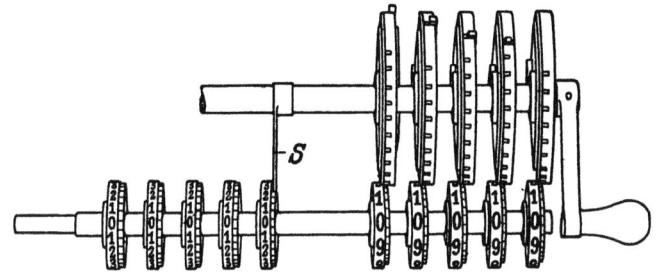

Fig. 10.

einmal herum, so greifen nacheinander die fünf Schaltradzähne in das Zahnrad ein und drehen es jedesmal um einen Zahn weiter. Unter dem Spalt wird die 5 sichtbar werden. Um Zehner, Hunderter usw. zugleich addieren zu können, sind mehrere Räderpaare nebeneinander angeordnet.

Also addiert man z. B.

$$35\,622 + 42\,375,$$

indem man durch Drehen der Zapfen an den Schalträdern, von links beginnend, 3, 5, 6, 2 und 2 Zähne herausragen läßt. Dann dreht man die Kurbel einmal herum, so daß in dem Spalt die Zahl 35 622 erscheint. Jetzt dreht man wieder die Zapfen, bis 4, 2, 3, 7 und 5 Zähne der Schalträder hervorragen, und dreht die Kurbel einmal herum. Dadurch ist jedes Zahnrad um 4, 2, 3, 7 und 5 Zähne weitergerückt, so daß am Spalt das Ergebnis 77 997 erscheinen muß.

Ein besonderer Mechanismus, die Zehnerübertragung, ist außerdem notwendig, die bewirkt, daß z. B. bei der Addition 9 + 2 auch das Zehnerrad beim Überschreiten der 10 um eine Einheit weitergedreht wird.

Die Multiplikation ist eine fortgesetzte Addition; demgemäß multipliziert man z. B. 3 · 7, indem man 7 Zähne im Schaltrad einstellt und die Kurbel dreimal herumdreht. Soll aber z. B. 437 · 23 multipliziert werden, so hätte man scheinbar 23 mal herumzudrehen. Da verfährt man aber genau wie beim gewöhnlichen Multiplizieren. Es wird doch so gerechnet:

18 Algebra.

$$\frac{437\cdot 23}{\begin{array}{r}1311\\874\\\hline 10051\end{array}}$$

d. h. man multipliziert zuerst mit 3 und dann mit 2. Aber in der zweiten Reihe rückt man eine Stelle nach links, addiert also jetzt die Einer zu den Zehnern der ersten Reihe usw. Genau so macht man es mit der Maschine, indem man den Kasten, der die Zahnräder enthält, um eine Einheit nach rechts schiebt. Dann greifen wirklich jetzt die Einerschalträder in die Zehnerzahnräder ein usw.

Subtraktion- und Division lassen sich weniger bequem ausführen. Man hat den Minuendus bzw. den Dividendus bei den Zahnrädern einzustellen und dreht die Kurbel rückwärts. Statt der Division wird die Multiplikation mit den reziproken Werten der Zahlen empfohlen; zu diesem Zwecke sind besondere Tabellen dieser reziproken Werte herausgegeben worden.

Noch sei auf den Zeiger S der Fig. 10 hingewiesen. Mit seiner Hilfe zählt man die Kurbelumdrehungen, so daß man links den Multiplikator ablesen kann.

Fig. 11.

In Fig. 11 ist eine der verbreitetsten Maschinen dieser Art, die Brunsviga-Maschine, abgebildet. Man sieht die Aufgabe $101 \cdot 79 = 7979$ fertig gerechnet in der Einstellung.

Die Maschine »Millionär« der Firma Hans W. Egli in Zürich bedarf zur Multiplikation mit einer einstelligen Zahl auch nur einer Kurbelumdrehung. Sie gilt zurzeit als die vollkommenste Rechenmaschine.

Zweiter Abschnitt.
Zur Wiederholung aus der Buchstabenrechnung.

1. Wichtige Formeln.

$$(a + b)^2 = a^2 + 2ab + b^2$$
$$(a - b)^2 = a^2 - 2ab + b^2$$
$$a^2 - b^2 = (a + b)(a - b)$$
$$(a + b)^3 = a^3 + 3a^2b + 3ab^2 + b^3$$
$$(a - b)^3 = a^3 - 3a^2b + 3ab^2 - b^3$$
$$a^3 + b^3 = (a + b)(a^2 - ab + b^2)$$
$$a^3 - b^3 = (a - b)(a^2 + ab + b^2)$$

Anwendung: $43^2 = (40 + 3)^2 = 1849$.

$$\begin{aligned} 40^2 &= 1600 \\ 2 \cdot 40 \cdot 3 &= 240 \\ 3^2 &= 9 \\ \hline &1849 \end{aligned}$$

Kürzer schreibt man:
$$\begin{aligned} 3^2 &= 9 \\ 2 \cdot 3 \cdot 4 &= 24 \\ 4^2 &= 16 \\ \hline &1849 \end{aligned}$$

Auch im Kopf zu rechnen: $\left.\begin{array}{l}\\ \\ \end{array}\right\} 1849$
3^2 ist 9, 9 hingeschrieben
$2 \cdot 3 \cdot 4$ ist 24, 4 vor die 9 geschrieben, 2 im Kopf behalten;
4^2 ist 16, 2 dazu ist 18, 18 vor die 49 geschrieben.

2. Das Ausklammern.
Enthalten die sämtlichen Summanden einer algebraischen Summe denselben Faktor, so kann man, statt jeden einzelnen Summanden mit diesem Faktor zu multiplizieren und dann zu addieren, auch zuerst addieren und dann die Summe nur einmal mit dem Faktor multiplizieren; z. B.

$$ax + ay - az = a(x + y - z).$$

Man sagt, a sei ausgeklammert worden.

Allgemeiner definiert man das Ausklammern so: Man klammert eine Zahl aus einer algebraischen Summe aus, indem man die ganze Summe mit der Zahl multipliziert und zugleich jeden Summanden durch die Zahl dividiert; z. B.

$$3a - 3b + c = 3\left(a - b + \frac{c}{3}\right).$$

3. Die Proportionen. Eine Gleichung zwischen zwei Brüchen heißt eine Proportion; z. B.

$$\frac{a}{b} = \frac{c}{d},$$

a und d nennt man die Außenglieder, b und c die Innenglieder der Proportion.

a) Man kann die Innenglieder miteinander vertauschen, ebenso auch die Außenglieder.

$$\frac{a}{b} = \frac{c}{d} \qquad\qquad \frac{a}{b} = \frac{c}{d}$$

$$\frac{a}{b} \cdot \frac{b}{c} = \frac{c}{d} \cdot \frac{b}{c} \qquad\qquad \frac{a}{b} \cdot \frac{d}{a} = \frac{c}{d} \cdot \frac{d}{a}$$

$$\frac{a}{c} = \frac{b}{d} \qquad\qquad \frac{d}{b} = \frac{c}{a}.$$

Beispiel:
$$\frac{8}{6} = \frac{4}{3}; \quad \frac{8}{4} = \frac{6}{3}; \quad \frac{3}{6} = \frac{4}{8}.$$

b) **Das Produkt der Innenglieder ist gleich dem Produkt der Außenglieder.**

$$\frac{a}{b} = \frac{c}{d}$$

$$\frac{a}{b} \cdot b \cdot d = \frac{c}{d} \cdot b \cdot d$$

$$a \cdot d = b \cdot c.$$

Beispiel:
$$\frac{7x - 5}{5x - 7} = \frac{a - 11b}{11a - b}$$

$$77ax - 55a - 7bx + 5b = 5ax - 55bx - 7a + 77b$$
$$72ax \qquad + 48bx = \qquad\qquad 48a + 72b$$
$$24x(3a + 2b) = 24(2a + 3b)$$
$$x = \frac{2a + 3b}{3a + 2b}.$$

c) In jeder Proportion verhält sich die Summe der Zähler zur Summe der Nenner wie ein Zähler zu seinem Nenner.

d) In jeder Proportion verhält sich die Differenz der Zähler zur Differenz der Nenner wie ein Zähler zu seinem Nenner.

$$\frac{a}{b} = \frac{c}{d}.$$

Zur Wiederholung aus der Buchstabenrechnung.

Man setze $\frac{a}{b} = t$; dann ist auch $\frac{c}{d} = t$ und

$$a = b \cdot t$$
$$c = d \cdot t$$
$$a \pm c = t(b \pm d)$$
$$\frac{a \pm c}{b \pm d} = t = \frac{a}{b} = \frac{c}{d}$$

Beispiele:

$$\frac{a+x}{m+a} = \frac{a-x}{m-a}$$
$$\frac{2a}{2m} = \frac{a+x}{m+a}$$
$$\frac{x}{a} = \frac{a}{m}$$
$$x = \frac{a^2}{m}$$

$$\frac{x-a}{x-2} = \frac{x+b}{x-3}$$
$$\frac{-a-b}{1} = \frac{x-a}{x-2}$$
$$-ax - bx + 2a + 2b = x - a$$
$$ax + bx + x = 3a + 2b$$
$$x(a+b+1) = 3a + 2b$$
$$x = \frac{3a+2b}{a+b+1}$$

e) In jeder Proportion verhält sich die Summe der Zähler zur Summe der Nenner wie die Differenz der Zähler zur Differenz der Nenner.

$$\frac{a}{b} = \frac{c}{d}.$$

Es war $\frac{a+c}{b+d} = t$, aber auch $\frac{a-c}{b-d} = t \cdot$

Also wird

$$\frac{a+c}{b+d} = \frac{a-c}{b-d}$$

oder

$$\frac{a+c}{a-c} = \frac{b+d}{b-d}$$

Beispiel:

$$\frac{7x-5}{5x-7} = \frac{a-11b}{11a-b}$$

$$\frac{7x-5}{a-11b} = \frac{5x-7}{11a-b}$$

$$\frac{12x-12}{2x+2} = \frac{12a-12b}{-10a-10b}$$

$$\frac{x-1}{x+1} = \frac{a-b}{-5a-5b}$$

$$\frac{2x}{-2} = \frac{-4a-6b}{6a+4b}$$

$$x = \frac{2a+3b}{3a+2b}$$

f) Statt Zähler mit Zähler und Nenner mit Nenner zusammenzufassen, kann man ebensogut einen Zähler mit seinem Nenner zusammennehmen. Dadurch entstehen die Formelgruppen:

$$\frac{a}{b} = \frac{c}{d}$$

$$\frac{a+b}{b} = \frac{c+d}{d}; \quad \frac{a-b}{b} = \frac{c-d}{d}$$

$$\frac{a+b}{a} = \frac{c+d}{c}; \quad \frac{a-b}{a} = \frac{c-d}{c}$$

$$\frac{a+b}{a-b} = \frac{c+d}{c-d} \quad \text{usw.}$$

Beispiel:

An einem zweiarmigen Hebel von der Länge $l = 230$ mm greifen die Kräfte $P_1 = 1{,}2$ kg und $P_2 = 0{,}85$ kg an. In welchem Punkte muß er unterstützt werden, damit Gleichgewicht eintritt? (Fig. 12)

$$\frac{P_1}{P_2} = \frac{a_2}{a_1}; \quad \frac{a_1}{a_2+a_1} = \frac{P_2}{P_1+P_2}$$

$$1. \quad a_1 = \frac{P_2 \cdot l}{P_1+P_2}$$

$$\frac{a_2}{a_2+a_1} = \frac{P_1}{P_1+P_2}$$

$$2. \quad a_2 = \frac{P_1 \cdot l}{P_1+P_2}$$

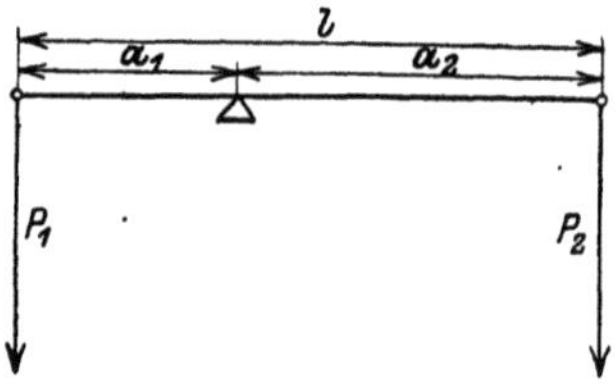

Fig. 12.

$$a_1 = \frac{0{,}85 \cdot 230}{1{,}2+0{,}85} = \frac{195{,}5}{2{,}05} = 95 \text{ mm}$$

$$195{,}5 : 2{,}05 = 95{,}4$$
$$\underline{1845}$$
$$110$$
$$\underline{103}$$
$$7$$

$$a_2 = \frac{1{,}2 \cdot 230}{2{,}05} = \frac{276}{2{,}05} = 135 \text{ mm} = (1 - a_1).$$

$$276 : 2{,}05 = 135$$
$$\underline{205}$$
$$71$$
$$\underline{62}$$
$$9$$

4. Unendlich große und unendlich kleine Zahlen. Die Aufgabe, eine beliebige Zahl durch Null zu dividieren, ist nicht lösbar; denn es müßte z. B. 3 : 0 eine Zahl sein, die mit 0 multipliziert 3 ergäbe. Solch eine Zahl ist nicht vorhanden. Um bei der Division keine Lücke zu lassen, hat man als Ergebnis der Division einer beliebigen Zahl durch 0 die uneigentliche Zahl ∞, genannt unendlich groß, eingeführt. Also ist

$$\frac{a}{0} = \infty; \quad \text{und umgekehrt} \quad \frac{a}{\infty} = 0.$$

Dagegen ist die Division 0 : 0 sehr wohl ausführbar, aber das Ergebnis ist unbestimmt. Man soll ja eine Zahl suchen, die mit 0 multipliziert 0 ergibt. Das tut aber jede Zahl. Folglich ist

$$\frac{0}{0} = a,$$

wo a irgendeine positive oder negative Zahl von $-\infty$ bis $+\infty$ bedeutet.

Es ist sehr zu beachten, daß 0 : 0 jeden beliebigen Wert annehmen kann und durchaus nicht gleich 1 zu sein braucht, wie der Quotient a : a einer beliebigen Zahl a. Ein Beispiel möge es zeigen.

Es soll die Gleichung gelöst werden

$$\frac{5 + 2x}{6x - 7} = \frac{5 + x}{3x - 7}$$

Da eine Proportion vorliegt, kann man den Satz von der

Differenz der Zähler und Nenner anwenden und erhält

$$\frac{x}{3x} = \frac{5+x}{3x-7}.$$

Hier könnte man zunächst einmal links durch x kürzen, also $x:x = 1$ setzen. Dann aber würde

$$3x - 7 = 15 + 3x$$

also -7 gleich 15. Das ist unmöglich. Folglich war $x:x \neq 1$, was aber nur für $x = 0$ der Fall ist. Wie man sich leicht durch die Probe überzeugt, ist $x = 0$ die Lösung der Gleichung.

Man merke sich, daß man niemals durch einen Ausdruck, der die Unbekannte enthält, kürzen darf, bevor man untersucht hat, ob dieser Ausdruck gleich Null wird.

Dritter Abschnitt.

Funktionen und ihre graphische Darstellung.

1. Der Begriff Funktion. An einem Thermometer sei von Stunde zu Stunde die Temperatur abgelesen. Die abgelesenen Werte sind in der nebenstehenden Tabelle aufgeschrieben. Man sieht, daß sich die Temperatur zugleich mit der Zeit geändert hat. Die Temperatur ist von der Zeit abhängig oder, wie man sich in der Mathematik ausdrückt: die Temperatur ist eine Funktion der Zeit. In mathematischer Formelsprache schreibt man kurz

$$t = f(z)$$

wo t, f, z statt der Worte Temperatur, Funktion, Zeit gesetzt sind.

Zeit	Temperatur
8 Uhr morg.	$5°$
9 -	$5½°$
10 -	$6°$
11 -	$7°$
12 -	$9°$
1 -	$11°$
2 -	$12°$
3 -	$10½°$
4 -	$9°$
5 -	$7°$
6 -	$5°$
7 -	$4½°$
8 -	$4°$

2. Veränderliche und konstante Größen. Damit sind als etwas Neues veränderliche oder variable Größen eingeführt, d. h. Zahlen, denen in der Formel $t = f(z)$ jeder beliebige Wert beigelegt werden kann. Gerade die Verwendung veränderlicher Größen ist das Wesentliche bei der Einführung der Funktionen. Die Zeit kann beliebig in dem obigen Beispiel ausgewählt werden, sie heißt deshalb die unabhängige Veränderliche; dagegen ist durch die bestimmte Auswahl einer Zeit jedesmal die zugehörige Temperatur bestimmt. Die Temperatur heißt deshalb die **abhängige Veränderliche**.

Im Gegensatz zu den veränderlichen Größen heißen alle Größen mit einem fest gegebenen Zahlenwert **konstant**.

Man sagt deshalb: **Wenn jedem Wert einer unabhängigen Veränderlichen z. B. x ein bestimmter (im allgemeinen veränderlicher) Wert einer abhängigen Veränderlichen z. B. y zugeordnet ist, so heißt y eine Funktion von x.**

Beispiele:

$l_t = l_0(1 + \alpha t)$, die Länge eines Stabes bei der Temperatur t^0 ist eine Funktion der Temperatur t.

$p \cdot v =$ konst., das Mariottesche Gesetz.

$p \cdot v = R \cdot T$, das Mariotte-Gay-Lussacsche Gesetz.

Aber auch:

Der Siedepunkt des Wassers ist eine Funktion des Druckes.

Der Eisenbahnverkehr ist eine Funktion der Jahreszeit.

3. Das Achsenkreuz und die graphische Darstellung der Funktionen. Zeichnet man in bekannter Weise ein rechtwinkliges Achsenkreuz, s. Fig. 13, so gehören zu jedem Punkte P zwei Zahlen: seine Koordinaten. Man schreibt P (3; 2,5), d. h. P hat die Abszisse 3 und die Ordinate 2,5. Umgekehrt ist durch das Zahlenpaar 3 und 2,5 der Punkt eindeutig bestimmt. Damit wird der Punkt zum geometrischen Bilde des Zahlenpaares.

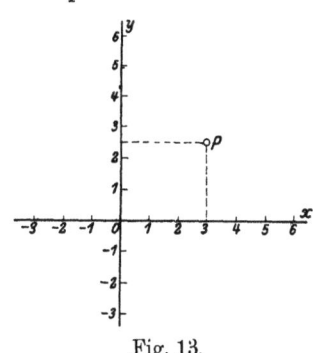

Fig. 13.

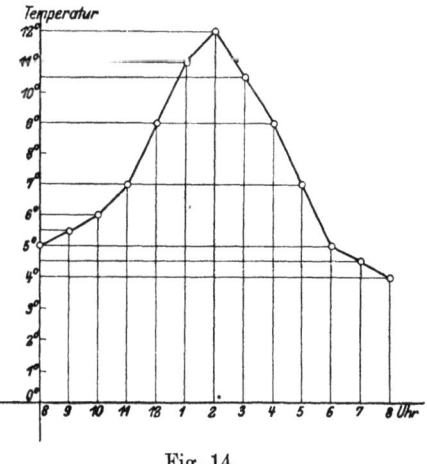

Fig. 14.

Hat man eine Funktion $y = f(x)$ zwischen den zwei Variabeln y und x gegeben, so gehört zu jedem x ein bestimmtes y; d. h.

durch die Funktion sind beliebig viele Zahlenpaare einander zugeordnet. Die Temperaturtabelle, wie jede Zahlentabelle überhaupt, besteht aus solchen Zahlenpaaren. Zeichnet man jedes Zahlenpaar auf, indem man in das rechtwinklige Achsenkreuz den zugehörigen Punkt einträgt, so erhält man ein Bild des Vorganges, den die Funktion darstellt. In Fig. 14 ist das Bild des Temperaturverlaufs nach der obigen Tabelle dargestellt. Handelt es sich um einen Vorgang, der einen stetig sich ändernden Verlauf nahm, so kann man die einzelnen Punkte durch eine Kurve verbinden. Die Kurve heißt das Diagramm der Funktion.

Je mehr Werte auf dem Thermometer abgelesen wurden, um so genauer wird das Diagramm den wahren Temperaturverlauf wiedergeben. Anderseits können nachträglich dem Bilde Temperaturen entnommen werden zu Zeiten, an denen tatsächlich nicht auf dem Thermometer abgelesen wurde.

Noch sei darauf hingewiesen, daß man beim praktischen Entwerfen von Diagrammen nicht dieselbe Längeneinheit auf beiden Achsen abzutragen braucht.

4. Die gleichseitige Hyperbel. Wie lang sind die Seiten eines Rechtecks zu wählen, wenn der Inhalt 12 qcm betragen soll?

Die Aufgabe besitzt unzählig viele Lösungen; aber wählt man eine Seite aus, so ist die andere damit eindeutig bestimmt, d. h. die eine Seite ist eine Funktion der andern. Nennt man g die Grundlinie und h die Höhe des Rechtecks, so kann man $g = f(h)$ setzen. Aber der mathematische Ausdruck der Funktion ist ja bekannt, da $g \cdot h = 12$ sein soll. Also wird

$$g = \frac{12}{h}.$$

Das Bild dieser Funktion nennt man eine gleichseitige Hyperbel. Um sie zu zeichnen, berechnet man zuerst eine Tabelle. Darauf trägt man die gefundenen Wertepaare als Punkte auf und verbindet die Punkte durch die gesuchte Kurve. Übrigens bilden die Koordinaten jedes Punktes zusammen mit den Abschnitten auf den Achsen die gesuchten Rechtecke selbst, wie man in Fig. 15 sofort sieht.

Man könnte die Betrachtung auch umkehren, indem man die Kurve, also das geometrische Gebilde, zuerst gegeben denkt und fragt, mit Hilfe welcher Gleichung man die Koordinaten der Punkte berechnen kann. Man findet die Geichung

$$g \cdot h = 12.$$

In diesem Sinne heißt $g \cdot h = 12$ die **Gleichung der Kurve**.

Ganz allgemein soll jede Kurve, die durch eine Gleichung von der Form

$$x \cdot y = a,$$

wo a irgendeine Konstante bedeutet, dargestellt werden kann, eine gleichseitige Hyperbel heißen.

h	g
0	∞
1	12
2	6
3	4
4	3
5	2,4
6	2
7	1,7
. . . . .	. . . . .
12	1
. . . . .	. . . . .
∞	0

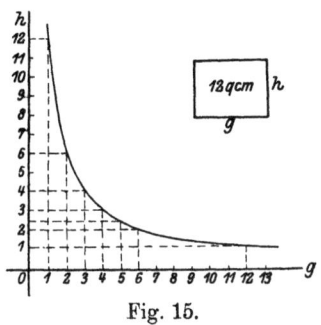

Fig. 15.

Setzt man für x einen negativen Wert, so wird auch y negativ, falls a positiv wie oben ist. Deshalb besitzt die gleichseitige Hyperbel noch einen zweiten Zweig, der im dritten Viertel liegt, sonst genau den gleichen Verlauf nimmt wie der erste Zweig im ersten Viertel.

Ist a negativ, so liegen die beiden Zweige im zweiten bzw. vierten Viertel.

5. Nomogramme. Bisher ist nur das graphische Bild von Funktionen mit zwei Variabeln entworfen worden. Wie man bei drei Variabeln zu verfahren hat, soll an einem einfachen Beispiel gezeigt werden. Es sei

$$x \cdot y = z.$$

Man setzt für z der Reihe nach bestimmte Werte ein: $z = 5$, 10, 15, 20, 25, 30 . . . . . , und zeichnet einzeln die Kurven $x \cdot y = 5$; $x \cdot y = 10$; $x \cdot y = 15$ usw. Dann erhält man ein sogenanntes Nomogramm der Funktion $x \cdot y = z$,

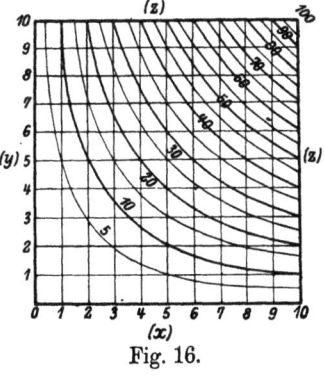

Fig. 16.

das Fig. 16 zeigt. Jede Kurve wird mit dem zugehörigen Werte von z bezeichnet; man nennt diese Zahlen die Koten der Kurven. Die Fig. 16 ist eine vollständige Multiplikationstafel. Soll z. B. 8 · 7 abgelesen werden; so bestimmt man den Schnittpunkt der Koordinaten, die durch die Punkte 7 bzw. 8 der Achsen gehen, und findet durch Abschätzen, daß der Schnittpunkt auf einer Kurve mit der Kote 56 liegen würde. Also hat man 8 · 7 = 56 abgelesen.

Nomogramme findet man gerade in neuester Zeit außerordentlich häufig in der technischen Literatur, besonders in einer wesentlich verbesserten Form, die später angegeben werden wird[1]).

6. Die Funktion ersten Grades. Jetzt soll wieder von Funktionen mit zwei Variabeln gesprochen werden, die in der Form $y = f(x)$ gegeben sind. Kommt x, die unabhängige Variable, auf der rechten Seite nur in der ersten Potenz vor, so nennt man y eine Funktion ersten Grades von x.

Zuerst sollen die beiden Funktionen

I. $y = 2x$ und II. $y = 3x$

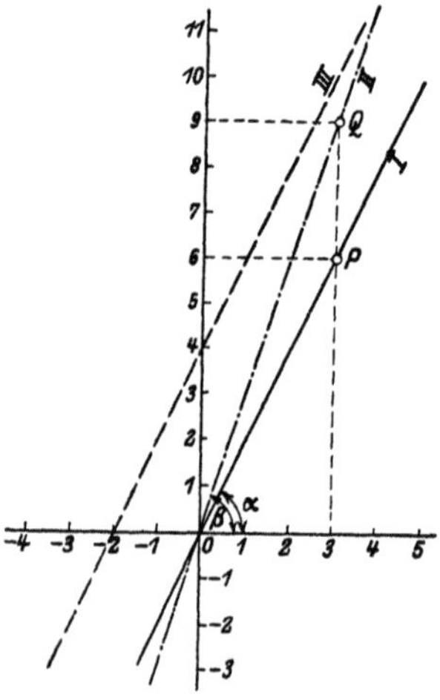

graphisch dargestellt werden.

Es wachsen y und x proportional; nach den bekannten Sätzen der Geometrie über Proportionen müssen daher die Bilder der Funktionen gerade Linien sein. Setzt man $x = 0$, so wird auch $y = 0$; beide Geraden gehen durch den Koordinatenanfangspunkt. Um die Geraden zeichnen zu können, muß man noch je einen Punkt berechnen. In I ist z. B. P (3; 6) und in II Q (3; 9) je ein Punkt. In Fig. 17 sind beide Geraden gezeichnet. Man erkennt, daß die Gerade II steiler verläuft als die Gerade I, offenbar weil die Vorzahl von x im zweiten Falle größer ist als im ersten. Diese Vorzahl von x heißt deshalb die Richtungskonstante oder auch das Maß für die Steigung der Geraden Kurz sagt man wohl auch die Steigung der Geraden. Die Steigung ist gleich dem Tangens des Winkels, den

Fig. 17.

---

[1]) Durch drei Koordinaten x, y, z ist in einem räumlichen Achsenkreuz ein Punkt bestimmt. Man kann im Raume die Fläche $x \cdot y = z$ gebildet denken. Durch die Fläche denke man sich parallele Schnitte zur (x, y)-Ebene gelegt in den Abständen $z = 5, 10, 15 \ldots$ von dieser Ebene. Die Projektionen jener Schnitte auf die (x, y)-Ebene liefern das oben gezeichnete Nomogramm.

Funktionen und ihre graphische Darstellung.

die Gerade mit der positiven Richtung der x-Achse einschließt. Aus der Figur liest man nämlich ab:

$$\operatorname{tg} \alpha = \frac{6}{3} = 2; \quad \operatorname{tg} \beta = \frac{9}{3} = 3$$

$$\alpha = 63° 26'; \quad \beta = 71° 34'.$$

Tritt zu 2 x noch ein nur konstanter Summand hinzu, betrachtet man also z. B. die Funktion

$$\text{III.} \quad y = 2x + 4,$$

so ist jede Ordinate der Geraden I um dasselbe Stück 4 zu verlängern. Das Bild der Funktion III wird eine parallele Gerade zu I. Insbesondere wird auch der Nullpunkt um das Stück 4 auf der Achse verschoben, so daß die Gerade auf der y-Achse das Stück 4 abschneidet. Zusammenfassend ist das Ergebnis:

Jede Funktion ersten Grades $y = ax + b$ besitzt als graphisches Bild eine gerade Linie. Die Vorzahl a von x heißt die Richtungskonstante oder die Steigung der Geraden; sie ist gleich dem Tangens des Winkels, den die Gerade mit der positiven Richtung der x-Achse bildet. Das von x freie Glied b gibt an, welches Stück die Gerade von der y-Achse abschneidet.

Die Gerade geht durch den Nullpunkt des Achsenkreuzes, wenn das nur konstante Glied Null ist, die Funktion also die einfache Form $y = ax$ hat.

Beispiele: 1. $3x + 4y = 24$.

Denkt man die Funktion nach y aufgelöst, so enthält die rechte Seite x nur in der ersten Potenz. Also ist es die Gleichung einer Geraden.

Man bestimmt zwei Punkte, indem man am einfachsten zuerst $x = 0$ dann $y = 0$ setzt. Die Punkte sind die Schnittpunkte der Geraden mit den Achsen. Man erhält

$$x = 0; \; y = 6 \quad \text{und} \quad y = 0; \; x = 8.$$

Nach y aufgelöst, heißt die Gleichung

$$y = -0{,}75\,x + 6,$$

daher ist

$$\operatorname{tg} \alpha = -0{,}75; \quad \alpha = 143° 10'$$

2. Ein Kupferdraht von der Länge l, gemessen in Metern, dem Querschnitt q, gemessen in Quadratmillimetern, besitzt den

Widerstand, gemessen in Ohm, von der Größe

$$W = \frac{l}{55\,q}$$

Es soll eine Figur gezeichnet werden, aus der für gegebene W und l der Querschnitt q abgelesen werden kann.

Die Formel ist eine Funktion zwischen drei Variabeln, deren Nomogramm zu zeichnen ist. Setzt man der Reihe nach für q die Werte 0,1; 0,2; ... 1 ein, so erhält man die Funktionen

$$5{,}5\,W = l; \quad 11\,W = l; \quad 16{,}5\,W = l; \quad \text{usw.}$$

Das sind aber gerade Linien durch den Koordinatenanfangspunkt. In Fig. 18 sind sie gezeichnet.

Beim Entwerfen des Nomogramms hat man darauf zu achten, daß die benachbarten Geraden nicht zu nahe beieinanderliegen, aber auch, daß sie nicht zu große Lücken zwischen sich lassen, damit man noch gut interpolieren kann. Das erste erreicht man, indem man die Maßeinheiten entsprechend wählt; den Abstand zwischen den Kurven kann man verringern, wenn man weitere Geraden einschaltet, wie hier z. B. für $q = 0{,}15$.

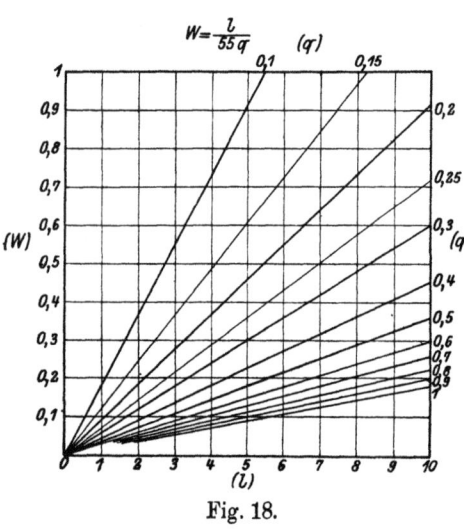

Fig. 18.

7. Graphische Auflösung von Gleichungen ersten Grades.

Es soll die Gleichung

$$\frac{1}{2}x + \frac{1}{3}x = \frac{7}{4}$$

gelöst werden. Zunächst bringt man sie auf die Form

$$\frac{1}{2}x + \frac{1}{3}x - \frac{7}{4} = 0$$

und betrachtet den links stehenden Ausdruck als eine Funktion von x.

Funktionen und ihre graphische Darstellung. 31

Demgemäß setzt man

$$\frac{1}{2}x + \frac{1}{3}x - \frac{7}{4} = y$$

und läßt hierin x alle Werte von $-\infty$ bis $+\infty$ durchlaufen. Das Bild der Funktion ist eine gerade Linie, von der man die beiden Punkte

$$x = 0; \; y = -1{,}75 \quad \text{und} \quad x = 6; \; y = 3{,}25$$

berechnet. In Fig. 19 ist sie aufgezeichnet.

y ist gleich Null in allen Punkten der x-Achse und nur in diesen. Daher erhält man den Wert von x, für den $y = 0$ wird, also die Wurzel der Gleichung, im Schnittpunkt der Geraden mit der x-Achse. Man liest $x = 2{,}1$ ab.

Es sind die Gleichungen

$$\text{I.} \; \frac{5}{3}x - \frac{1}{2}y = 2$$

$$\text{II.} \; 10x + 3y = 60$$

zu lösen.

Jede der Gleichungen ist eine Funktion zwischen den Variabeln x und y, deren Bilder gerade Linien sind. Man berechnet je zwei Punkte

I. $x = 0; \; y = -4 \quad \text{und} \quad y = 0; \; x = 1{,}2$
II. $x = 0; \; y = 20 \quad \text{und} \quad y = 0; \; x = 6$.

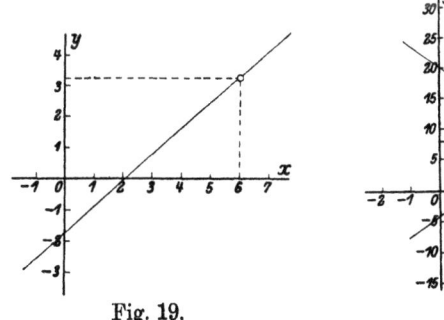

Fig. 19. Fig. 20.

In Fig. 20 sind die Geraden gezeichnet.

Jedem Zahlenpaar, das einer der Gleichungen genügt, entspricht ein Punkt. Dem Zahlenpaar, das beiden Gleichungen genügt, muß ein Punkt entsprechen, der auf beiden Geraden zugleich liegt. Das ist der Schnittpunkt der Geraden. Seine Koordinaten sind die gesuchten Wurzeln der Gleichungen. Man liest ab

$$x = 3{,}6;\quad y = 8.$$

8. Die Funktion zweiten Grades. Die allgemeinste Form der Funktion zweiten Grades, die also x in der zweiten und keiner höheren Potenz enthält, ist

$$y = ax^2 + bx + c,$$

wo a, b und c irgendwelche Konstanten sind.

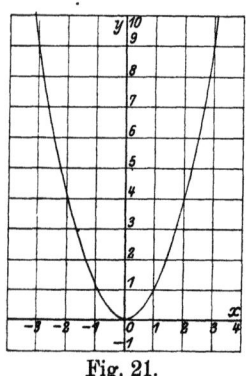

Fig. 21.

x	y
0	0
1	1
2	4
3	9
4	16
. . . .	. . . .
−1	+ 1
−2	+ 4
−3	+ 9
−4	+ 16
. . . .	. . . .

Es werde der einfachste Fall $y = x^2$ zuerst betrachtet. Sein Bild, das nach der obenstehenden Tabelle in Fig. 21 gezeichnet ist, heißt eine Parabel. Die Parabel liegt zur y-Achse symmetrisch. Die Symmetrieachse der Parabel heißt auch bei jeder beliebigen Lage der Kurve ihre Achse. Das charakteristische Merkmal der Kurve ist: Wenn die eine Schar der Koordinaten (hier die Abszissen) nach der gewöhnlichen Zahlenreihe zunimmt, dann wächst die andere Schar der Koordinaten (hier die Ordinaten) quadratisch.

Die Kurve ist zugleich eine graphische Tabelle der Quadratzahlen und, umgekehrt, der Wurzeln. Zu jeder Zahl gehört eine Quadratzahl. Alle Quadratzahlen sind positiv. Aber zu jedem positiven y erhält man zwei Wurzelwerte, die denselben absoluten Betrag, aber entgegengesetztes Vorzeichen besitzen. Quadratwurzeln von negativen Zahlen gibt es dagegen nicht.

9. Graphische Auflösung von Gleichungen zweiten Grades. Es soll die Gleichung

$$x^2 + 6x + 7 = 0$$

gelöst werden. Genau wie oben denkt man sich x als eine Variable

Funktionen und ihre graphische Darstellung. 33

und setzt
$$x^2 + 6x + 7 = y.$$
Das Bild dieser Funktion ist die in Fig. 22 gezeichnete Parabel. Die Wurzeln hat man in den Schnittpunkten der Kurve mit der x-Achse abzulesen; man findet
$$x_1 = -1,6;\ x_2 = -4,4.$$

x	y
0	7
1	14
2	23
. . . .	. . . .
—1	+ 2
—2	— 1
—3	— 2
—4	— 1
—5	+ 2
—6	+ 7
. . . .	. . . .

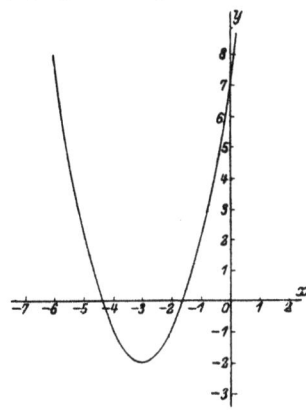

Fig. 22.

Die Parabel kann drei wesentlich verschiedene Lagen einnehmen. Sie kann erstens die x-Achse schneiden und dann immer in zwei Punkten. In diesem Falle besitzt die quadratische Gleichung zwei reelle voneinander verschiedene Wurzeln. Die Parabel kann zweitens die x-Achse berühren; dann sind die beiden Wurzeln reell und einander gleich. Drittens kann sie ganz oberhalb oder unterhalb der x-Achse verlaufen, ohne sie zu schneiden. Die Gleichung besitzt keine reellen Wurzeln.

Reell heißen sämtliche Zahlen, die man auf den Maßstäben der Achsen ablesen kann.

Die der Zeichnung entnommenen Werte werden in den meisten Fällen genau genug sein. Ergibt sich die Notwendigkeit, noch eine Stelle mehr zu bestimmen, so kann man wie folgt verfahren. Der bei sorgfältiger Zeichnung nur kleine Fehler sei mit δ bezeichnet, so daß die erste Wurzel in Wahrheit den Wert
$$x_1 = -1,6 + \delta$$
besitzt. Dieser Wert muß die Gleichung erfüllen; also ist
$$(-1,6 + \delta)^2 + 6(-1,6 + \delta) + 7 = 0$$
$$2,56 - 3,2\delta + \delta^2 - 9,6 + 6\delta + 7 = 0.$$

Neuendorff, Lehrbuch der Mathematik. 2. Aufl. 3

34   Algebra.

Man will nur eine weitere Dezimalstelle bestimmen; auf diese kann δ^2 keinen Einfluß mehr haben, kann also fortgelassen werden. Dadurch bleibt für δ eine Gleichung ersten Grades übrig.

$$2{,}8\,\delta = 0{,}04$$
$$\delta = \frac{0{,}04}{2{,}8} = 0{,}01.$$

Folglich ist der verbesserte Wert
$$x_1 = -1{,}6 + 0{,}01 = -1{,}59.$$

Genau so könnte man x_2 verbessern. Da aber, wie später gezeigt werden wird, die Summe der Wurzeln gleich der mit umgekehrtem Vorzeichen versehenen Vorzahl von x sein muß, so findet man sogleich aus
$$x_1 + x_2 = -6,$$
daß
$$x_2 = -4{,}41$$
sein muß.

10. Graphische Auflösung von Gleichungen beliebigen Grades. Die für Gleichungen ersten und zweiten Grades hergeleiteten Verfahren sind wertvoll zur Auflösung von Gleichungen höheren Grades. Als Beispiel soll die Gleichung

$$x^3 - 3x^2 - 12x + 30 = 0$$

gelöst werden. Man zeichnet, siehe Fig. 23, die Funktion

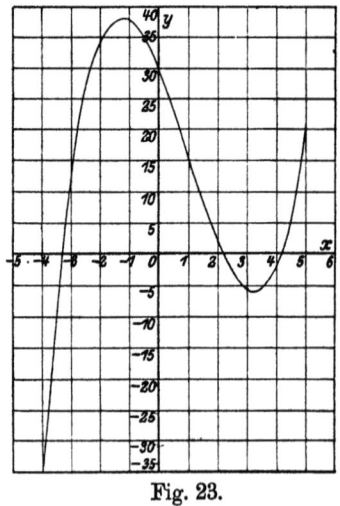

Fig. 23.

x	y
0	30
1	16
2	2
3	-6
$3{,}5\}$	$\{-5{,}9$
4	-2
5	$+20$
. . . . .	. . . . .
-1	$+38$
-2	$+34$
-3	$+12$
$-3{,}5\}$	$\{-7{,}6$
-4	-34
. . . . .	. . . . .

$$x^3 - 3x^2 - 12x + 30 = y$$

auf und liest in den drei Schnittpunkten mit der x-Achse die drei

Wurzeln ab
$$x_1 = -3{,}3;\; x_2 = +2{,}2;\; x_3 = +4{,}2.$$

Diesmal ist die Maßeinheit auf der y-Achse wesentlich kleiner gewählt worden als die auf der x-Achse. Man achte darauf, daß die Kurven die x-Achse genügend steil schneiden, damit eine zuverlässige Ablesung möglich bleibt.

Um die Kurve sicher zeichnen zu können, muß man im allgemeinen je zwei Punkte oberhalb und unterhalb der x-Achse in nicht zu großer Entfernung von ihr berechnen. Deshalb sind hier die Werte $x = \pm 3{,}5$ eingeschaltet worden. Aber mehr Punkte sind nicht notwendig; eher kommt man häufig mit weniger aus.

Die rechnerische Verbesserung der Ergebnisse erfolgt, wenn nötig, genau wie oben. Man läßt, da δ nur klein ist, δ^2 und δ^3 fort, so daß eine Gleichung ersten Grades für δ bleibt. Es sei z. B.
$$x_1 = -3{,}3 + \delta.$$
Dann muß sein
$$(-3{,}3 + \delta)^3 - 3(-3{,}3 + \delta)^2 - 12(-3{,}3 + \delta) + 30 = 0$$
$$35{,}937 + 32{,}67\delta - 32{,}67 + 19{,}8\delta + 39{,}6 - 12\delta + 30 = 0$$
$$40{,}47\delta = -0{,}993$$
$$\delta = \frac{-99{,}3}{4047} = -0{,}02$$
$$x_1 = -3{,}3 - 0{,}02 = -3{,}32.$$

Bei sorgfältiger Zeichnung auf Millimeterpapier kann übrigens jede der Wurzeln auf zwei Dezimalstellen genau sofort abgelesen werden.

Als letztes Beispiel mag noch ein Gleichungspaar höheren Grades mit zwei Unbekannten folgen.
$$x^2 + y^2 = 25$$
$$x \cdot y = 3.$$

Die erste Gleichung ist, wie man unmittelbar erkennt, die eines Kreises um den Nullpunkt mit dem Radius 5. Die zweite liefert eine gleichseitige Hyperbel. Sie ist hier in bekannter Weise zu konstruieren (der ganz elementare Beweis für die Richtigkeit der Konstruktion folgt später in der Kurvenlehre). Die Schnittpunkte beider Kurven, siehe

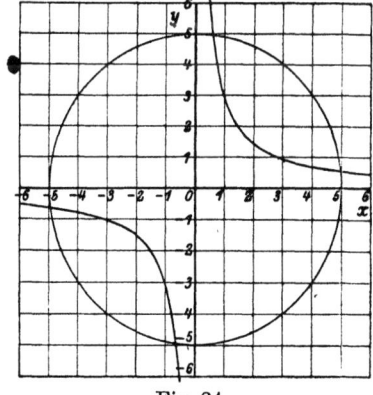

Fig. 24.

Fig. 24, liefern die vier Lösungspaare:

$$x_1 = 4{,}9;\ x_2 = 0{,}6;\ x_3 = -0{,}6;\ x_4 = -4{,}9$$
$$y_1 = 0{,}6;\ y_2 = 4{,}9;\ y_3 = -4{,}9;\ y_4 = -0{,}6.$$

11. Die Funktionsskala. Das Diagramm der Funktion $y = x^2$ ist eine Parabel, wenn man, wie üblich, auf den Achsen die metrische Skala abträgt. In vielen Fällen ist es möglich, eine sehr viel einfachere Kurve als Bild der Funktion zu erhalten, wenn man statt der metrischen auf einer oder beiden Achsen eine andere Skala abträgt.

Hier z. B. setzt man

$$x^2 = z,$$

trägt auf der x-Achse die z-Werte ab, schreibt aber das zugehörige x an die Teilpunkte. In Fig. 25 ist die neue Skala für x ge-

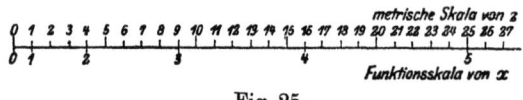

Fig. 25.

bildet. Man nennt sie eine Funktionsskala von x, weil ja die Teilpunkte nach einer Funktion von x angeordnet sind.

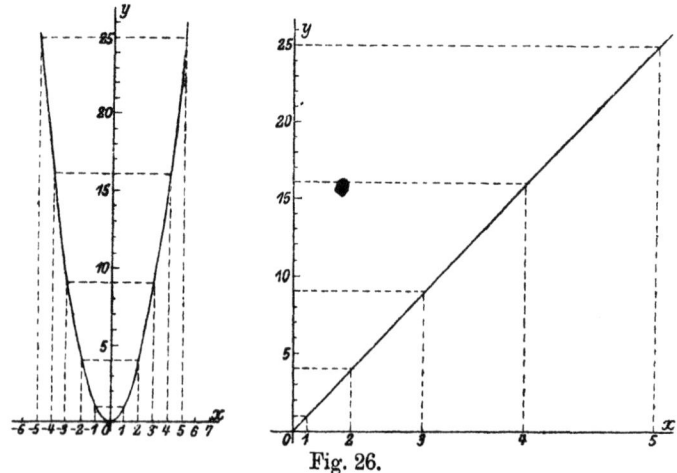

Fig. 26.

Mit Benutzung dieser neuen Teilung auf der x-Achse wird das Bild der Funktion wesentlich vereinfacht. Die Gleichung lautet ja jetzt

$$y = x^2 = z;$$

das ist aber eine unter 45° geneigte Gerade. In Fig. 26 sind beide Bilder der Funktion nebeneinander gesetzt. Der Nachteil des zweiten Bildes ist der, daß sich schwieriger interpolieren läßt.

Als zweites wichtiges Beispiel sei die längst bekannte Funktionsskala des Rechenschiebers erwähnt. Sie wird so häufig verwendet, daß man sogar im Handel quadratisch geteiltes Papier mit logarithmischer Teilung für wenige Pfennige erhält.

Seine Verwendung sei an dem einfachen Beispiel der Multiplikationstabelle
$$a \cdot b = c$$
erläutert. Da die Teilungen logarithmisch sind, hat man dafür
$$\log a + \log b = \log c$$
zu schreiben. Setzt man
$$\log a = x; \quad \log b = y; \quad \log c = z,$$
so lautet die Gleichung
$$x + y = z$$
oder $y = -x + z$.

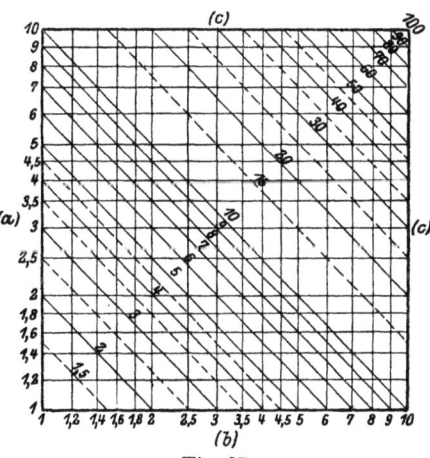

Fig. 27.

Für konstant gewähltes z sind das gerade Linien, die mit der positiven Richtung der x-Achse Winkel von 135° einschließen. Freilich muß auf den Achsen die logarithmische Teilung abgetragen sein. Dann aber geht man am einfachsten auf die ursprüngliche Gleichung
$$a \cdot b = c$$
zurück. Sucht man z. B. die Gerade
$$a \cdot b = 7,$$
die also die Kote 7 trägt, so erhält man

für $a = 1$, $b = 7$

und für $b = 1$, $a = 7$;

d. h. die Gerade verbindet die Teilpunkte 7 der beiden Achsen, da ja alle Punkte mit der Ordinate $a = 1$ bei der logarithmischen

Teilung auf der horizontalen Achse, und alle Punkte mit der Abszisse $b = 1$ auf der vertikalen Achse liegen.

Das Nomogramm ist in Fig. 27 gezeichnet.

Schon oben war erwähnt worden, daß man Nomogramme noch in anderer, wesentlich schönerer Form zu zeichnen vermag. Die

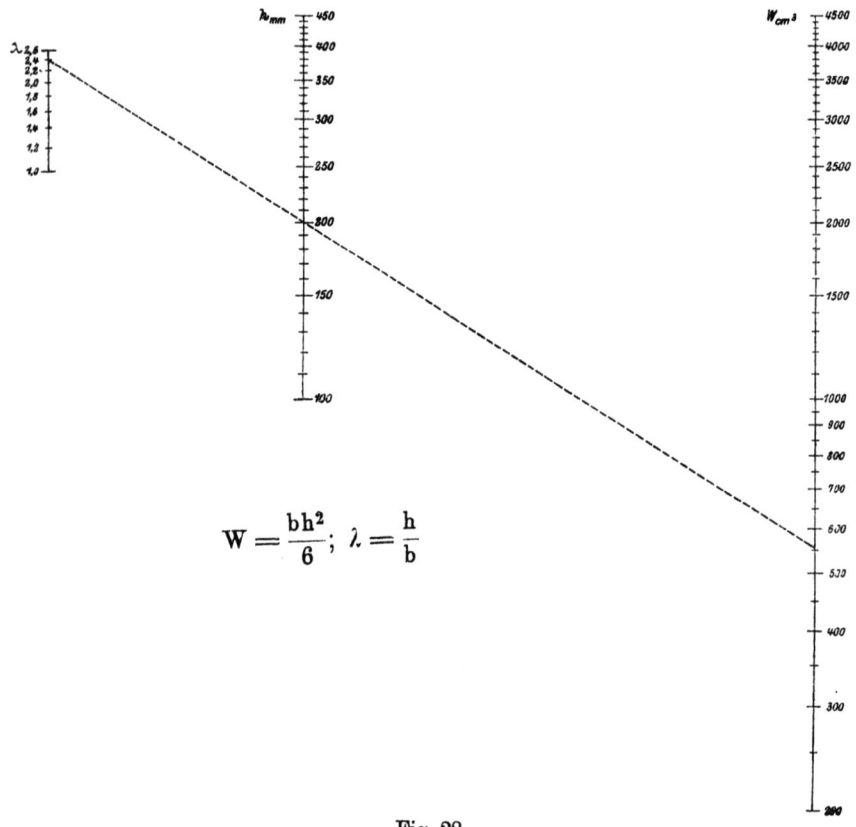

$$W = \frac{bh^2}{6}; \quad \lambda = \frac{h}{b}$$

Fig. 28.

keineswegs schwierige mathemetische Theorie dieser neuen Form geht doch über die hier zur Verfügung stehenden Kenntnisse hinaus. Aber grade so wie die Berechnung der Logarithmentafel dem nicht bekannt zu sein braucht, der mit der Logarithmentafel rechnen will, sofern er nur weiß, wie er mit ihr zu rechnen hat, so kann es auch ganz gleichgültig bleiben, wie die Nomogramme entworfen sind, wenn man sie nur zu benutzen versteht.

Das wesentlich Neue ist: Statt der kotierten Kurvenscharen der alten Form hat man nur eine Kurve, die eine Funktionsskala trägt. Fand man bisher die drei zusammengehörigen Werte in einem Punkt, in dem sich drei Kurven, nämlich die zwei Koordinaten und eine kotierte Kurve, schnitten, so liegen jetzt die drei zusammengehörigen Werte auf einer Geraden, welche die drei Zahlenwerte verbindet. Als leicht nachzurechnendes Beispiel ist in Fig. 28 ein Nomogramm für die Widerstandsmomente eines Rechtecks in der neuen Form gezeichnet. Eine solche Verbindungsgerade ist eingezeichnet; sie liefert für $\lambda = 2{,}4$ und $h = 200$ mm das Widerstandsmoment $W = 560$ cm^3.

Auch für vier und mehr Variable läßt sich meist ein Nomogramm ähnlicher Art zeichnen. Entsprechend den verschiedenen Methoden, die beim Entwerfen möglich sind, ist auch die Art der Ablesung verschieden. Allen gemeinsam ist, daß zusammengehörige Werte auf Geraden zu suchen sind. Jeder fertigen Tabelle muß eine kurze Anleitung zum Ablesen beigegeben werden. Es ist nicht schwierig, sich in der technischen Literatur Beispiele aller Art zu suchen.

12. Der Inhalt bei der gleichseitigen Hyperbel. Gegeben sei die gleichseitige Hyperbel mit der Gleichung $x \cdot y = 1$. **Es soll ein Abschnitt berechnet werden, der von einem Stück der Kurve, den Grenzordinaten und der x-Achse eingeschlossen wird**[1]).

a) **Der Abschnitt von der Abszisse 1 bis x ist ebensogroß wie der Abschnitt von der beliebigen Abszisse a bis $a \cdot x$.**

Die Richtigkeit des Satzes kann man leicht einsehen. Da $y = 1 : x$ ist, so nehmen die Ordinaten in demselben Verhältnis ab, wie die Abszissen zunehmen. Denkt man die Flächen in schmale rechteckige Streifen zerlegt, so wird also die Breite im selben Maße zunehmen müssen, wie die Höhen abnehmen. Ein Streifen von der Breite $x - 1$ liegt zwischen den Höhen 1 und $1 : x$; dagegen liegt ein Streifen von der Breite $ax - a = a(x - 1)$ nur zwischen den Höhen $1 : a$ und $1 : ax$. Die Breite ist zwar a-mal so

---

[1]) Wie der Kreis eine spezielle Ellipse, gewissermaßen die gleichseitige Ellipse, ist, so ist die gleichseitige Hyperbel ein spezieller Fall der allgemeinen Hyperbel. Die Berechnung des Kreisinhalts führt auf die bekannte Zahl $\pi = 3{,}1416$; gradeso führt die Berechnung des hier geforderten Abschnitts der gleichseitigen Hyperbel zu einer ganz ähnlichen transzendenten Zahl $e = 2{,}71828$. Wählt man den Kreisradius $r = 1$, so wird der Kreisinhalt unmittelbar $= \pi$; ähnlich so ist es auch hier vorteilhaft, von der gleichseitigen Hyperbel $x \cdot y = 1$ auszugehen.

groß geworden, aber die Höhe auch nur der a^{te} Teil wie vorher. Daher werden beide Flächen gleichen Inhalt besitzen.

Der exakte Beweis wäre so zu führen. In Fig. 29 sind die Flächen in je vier gleichbreite Streifen zerlegt und durch Rechtecke ersetzt. Die Inhalte dieser Streifen sind, da die Höhen jedesmal $y = \dfrac{1}{x}$ sind,

$$i_1 = 1 \cdot \frac{x-1}{4}; \qquad i'_1 = \frac{1}{a} \cdot \frac{ax-a}{4} = 1 \cdot \frac{x-1}{4}$$

$$i_2 = \frac{1}{1+\frac{x-1}{4}} \cdot \frac{x-1}{4}; \qquad i'_2 = \frac{1}{a+\frac{ax-a}{4}} \cdot \frac{ax-a}{4} = \frac{1}{1+\frac{x-1}{4}} \cdot \frac{x-1}{4}$$

$$i_3 = \frac{1}{1+2\frac{x-1}{4}} \cdot \frac{x-1}{4}; \qquad i'_3 = \frac{1}{a+2\frac{ax-a}{4}} \cdot \frac{ax-a}{4} = \frac{1}{1+2\frac{x-1}{4}} \cdot \frac{x-1}{4}$$

usw.

Immer ist $i_1 = i'_1$; $i_2 = i'_2$ usw.

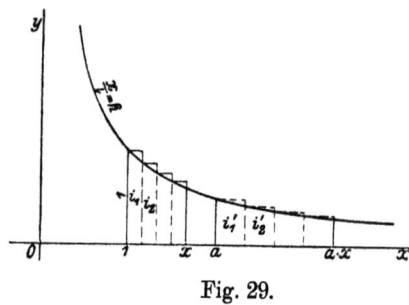

Fig. 29.

Die Teilung der Flächen kann beliebig fortgesetzt werden, so daß die Summe der Rechtecke beliebig genau gleich dem Inhalte der von der Kurve begrenzten Fläche gemacht werden kann. Dann wird allgemein

$$i_n = i'_n$$

und

$$\Sigma i_n = \Sigma i'_n.$$

Man kann den gefundenen Satz in einer Formel kurz so ausdrücken

$$\overset{x}{\underset{1}{J}} = \overset{a \cdot x}{\underset{a}{J}}.$$

b) Jetzt sollen die Abschnitte immer mit der Abszisse 1 beginnend gedacht werden. Sollte der Abschnitt an irgendeiner anderen Stelle liegen, so kann er immer bis zur Abszisse 1 verschoben werden, wie der vorhergehende Satz lehrt.

Dann läßt sich die folgende Formel über die Addition zweier Abschnitte beweisen:

$$\overset{x_1}{\underset{1}{J}} + \overset{x_2}{\underset{1}{J}} = \overset{x_1 \cdot x_2}{\underset{1}{J}}.$$

Funktionen und ihre graphische Darstellung. 41

In Fig. 30 sind die beiden Abschnitte von 1 bis x_1 und von 1 bis x_2 durch verschiedene Schraffierung hervorgehoben. Den zweiten verschiebt man nach rechts bis er in x_1 beginnt statt in 1, dann muß er, wie vorher gezeigt, bei $x_1 \cdot x_2$ aufhören, damit sein Inhalt gleich bleibt. Damit ist aber ein zusammenhängender Abschnitt von 1 bis $x_1 \cdot x_2$ entstanden. In Formeln:

$$\overset{x_1}{\underset{1}{J}} + \overset{x_2}{\underset{1}{J}} = \overset{x_1}{\underset{1}{J}} + \overset{x_1 \cdot x_2}{\underset{x_1}{J}} = \overset{x_1 \cdot x_2}{\underset{1}{J}}.$$

c) Da alle Inhalte in 1 beginnen, so hängt ihre Größe nur noch von der Endabszisse x ab. Mit andern Worten, die Inhalte sind Funktionen von x. Also ist $J = f(x)$, und die letzte Gleichung wird

$$f(x_1) + f(x_2) = f(x_1 \cdot x_2).$$

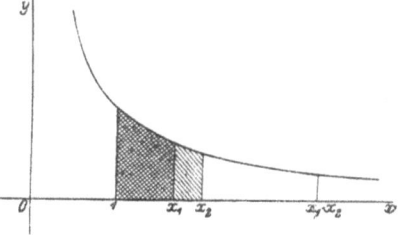

Fig. 30.

In dieser charakteristischen Funktionalgleichung erkennt man unschwer die Logarithmengleichung

$$\log x_1 + \log x_2 = \log(x_1 \cdot x_2)$$

wieder. Es mag daher sofort die Funktion mit Logarithmus bezeichnet werden; auch der Nachweis, daß es sich wirklich um Logarithmen handelt, wird sogleich erbracht werden. Diese neuen Logarithmen sollen natürliche Logarithmen genannt werden. Daß es keine dekadischen sind, läßt sich leicht feststellen, wenn man nur irgendeinen Flächeninhalt, etwa bis zur Abszisse 2, durch Nachmessen feststellt. Zur Unterscheidung von den dekadischen Logarithmen schreibt man

$$\ln x_1 + \ln x_2 = \ln(x_1 \cdot x_2).$$

d) Jetzt soll der Nachweis folgen, daß es sich wirklich um die gewöhnliche logarithmische Funktion handelt. Es ist

$$\ln x^n = n \cdot \ln x.$$

Ist nämlich n eine positive, ganze Zahl, so gilt
$$\ln x^n = \ln[x \cdot x \cdot x \ldots (\text{n-mal})] = \ln x + \ln x + \ln x + \ldots (\text{n-mal})$$
$$= n \cdot \ln x.$$

Weiter sieht man aus der Figur, daß $\ln 1 = 0$ ist. Daraus folgt

$$\ln x + \ln \frac{1}{x} = \ln x \cdot \frac{1}{x} = \ln 1 = 0$$

oder

$$\ln \frac{1}{x} = -\ln x$$

und für negative ganze Exponenten

$$\ln x^{-n} = \ln \frac{1}{x^n} = -\ln x^n = -n \ln x.$$

Endlich kann die Formel auch für Bruchexponenten bewiesen werden. Setzt man

$$x^{\frac{p}{q}} = z, \text{ so wird } x^p = z^q$$

also

$$\ln x^p = \ln z^q$$

oder

$$p \cdot \ln x = q \cdot \ln z$$

und

$$\ln z = \frac{p}{q} \ln x.$$

Daß aber $z = x^{\frac{p}{q}}$ ist, so lautet die letzte Formel

$$\ln x^{\frac{p}{q}} = \frac{p}{q} \ln x.$$

Somit ist für alle Arten von Exponenten bewiesen, daß

$$\ln x^n = n \cdot \ln x$$

ist.

Irgendein Inhalt hat sicherlich die Größe 1. Da $J = \ln x$ ist, so gibt es folglich einen Logarithmus, der den Wert 1 besitzt. Die Abszisse, bis zu der dieser Inhalt 1 sich erstreckt, sei e genannt, so daß

$$\ln e = 1$$

wird. Hierauf die letzte Formel angewendet, liefert

$$\ln e^n = n \cdot \ln e = n.$$

Dies aber ist die gewöhnliche Definitionsgleichung der Logarithmen zur Basis e.

Es sei hier nochmals an die Logarithmendefinition erinnert. Aus

$$a^n = b \text{ folgt } n = \overset{a}{\log} b$$

oder, da ja $b = a^n$ ist:
$$n = \log_a a^n$$
Zusammengefaßt, ist das Ergebnis:
$$J = \ln x$$
oder auch
$$e^J = x$$

e) Zur Berechnung der Basis e kann man noch eine Formel herleiten. Zu dem Zwecke berechnet man den Inhalt eines Abschnitts ganz ähnlich, wie man es beim Kreis tat, um π zu erhalten. Man ersetzt doch den Kreis durch ein regelmäßiges Vieleck, zerlegt also den Kreisinhalt in lauter gleich große Dreiecke, deren Spitzen im Kreismittelpunkt liegen. Gradeso macht man es hier; nur muß man statt der Dreiecke gleichgroße Rechtecke wählen.

In Fig. 31 ist die Zerlegung in gleichgroße Streifen angedeutet. Der erste soll von 1 bis a reichen. Damit der nächste gleichgroß wird, muß er, wie oben bewiesen, von a bis $a \cdot a = a^2$ reichen, der dritte von a^2 bis a^3 usw., der n^{te} von a^{n-1} bis a^n. Damit soll die ganze Fläche aus-

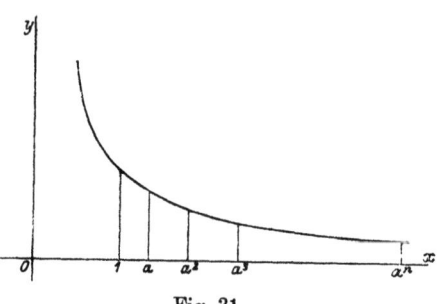

Fig. 31.

gefüllt sein, folglich muß $a^n = x$ werden. In Formeln ist die Zerlegung so auszudrücken
$$J_1^x = J_1^a + J_a^{a^2} + J_{a^2}^{a^3} + \cdots + J_{a^{n-1}}^{a^n},$$
wo
$$a^n = x$$
ist.

Ersetzt man die Streifen der Figur zuerst durch Rechtecke, so ist jeder Inhalt
$$J_1^a = 1\,(a-1)$$
also der ganze Inhalt aller Rechtecke
$$J_1^x = n\,(a-1)$$

Noch weiß man nicht, wie groß a zu wählen ist. Die Zahl a muß offenbar herausgeschafft werden, da man ja, um den wahren Inhalt zu bekommen, n unendlich groß machen muß. Aus der letzten Gleichung folgt, daß

$$a = 1 + \frac{J}{n}$$

ist. Anderseits war $x = a^n$ und endlich, weil, wie schon oben gezeigt,

$$x = e^J$$

ist,

$$a^n = e^J = \left(1 + \frac{J}{n}\right)^n \text{ für } n = \infty.$$

Dies schreibt man kurz so

$$e^J = \left[\left(1 + \frac{J}{n}\right)^n\right]_{n=\infty}.$$

Wählt man insbesondere das Flächenstück, dessen Inhalt J gleich 1 ist, so wird

$$e = \left[\left(1 + \frac{1}{n}\right)^n\right]_{n=\infty}.$$

Man bekommt

für $n = 1$ den Wert 2
„ $n = 2$ „ „ 2,25
„ $n = 3$ „ „ 2,37
„ $n = 4$ „ „ 2,44 usw.

Zur praktischen Berechnung von e ist die Formel nicht brauchbar. Nach besseren Formeln findet man

$$e = 2{,}71828\ldots\ldots$$

f) Endlich mag auch noch die Gleichung der gleichseitigen Hyperbel in der allgemeinen Form

$$x \cdot y = c$$

angenommen werden, wo c irgendeine Konstante bedeutet.

Man teilt die Strecke von 1 bis x genau wie vorher ein. Aus $x \cdot y = c$ folgt aber für $x = 1$ die erste Ordinate $y = c$, so daß der Inhalt eines einzelnen Rechtecks wird

$$\overset{a}{\underset{1}{J}} = c\,(a - 1)$$

und folglich
$$J = nc(a-1); \quad a = 1 + \frac{\frac{J}{c}}{n}$$

$$x = \left[\left(1 + \frac{\frac{J}{c}}{n}\right)^n\right]_{n=\infty}.$$

Es tritt, mit andern Worten, an die Stelle von J überall $\frac{J}{c}$; daher wird
$$\frac{J}{c} = \ln x \quad \text{oder} \quad J = c \cdot \ln x.$$

Soll ein Flächenstreifen zwischen den Abszissen x_1 und x_2 berechnet werden, so faßt man ihn als Differenz der beiden Abschnitte von 1 bis x_1 und 1 bis x_2 auf und findet
$$J = c\ln x_2 - c\ln x_1 = c(\ln x_2 - \ln x_1)$$
$$J = c\ln\frac{x_2}{x_1}.$$

Da $x_1 \cdot y_1 = c$ und $x_2 \cdot y_2 = c$ ist, so wird
$$\frac{x_2}{x_1} = \frac{y_1}{y_2},$$
also ist der Inhalt auch
$$J = c\ln\frac{y_1}{y_2}.$$

g) Die natürlichen Logarithmen findet man aus Tabellen. Eine graphische Tabelle läßt sich leicht herstellen, wenn man näherungsweise einige Inhalte bestimmt, indem man z. B. die gleichseitige Hyperbel auf Millimeterpapier aufzeichnet und die Quadratmillimeter abzählt. Zugleich benutzt man die Formel
$$\ln x_1 + \ln x_2 = \ln(x_1 \cdot x_2),$$
um noch einige Werte mehr zu berechnen. Die gefundenen Werte trägt man als Ordinaten auf und verbindet die Endpunkte durch eine Kurve, dann hat man eine vollständige graphische Tabelle.

Vierter Abschnitt.
Die algebraische Auflösung von Gleichungen.
1. Die Auflösung der quadratischen Gleichungen. Eine Gleichung, welche die Unbekannte x in der zweiten und keiner höheren Potenz enthält, heißt eine quadratische Gleichung. Die allgemeinste Form einer solchen ist

$$\alpha x^2 + \beta x + \gamma = 0,$$

wenn α, β, γ irgendwelche Konstanten sind.

Dabei sind aber nur zwei konstante Größen wesentlich, denn es läßt sich schreiben

$$x^2 + \frac{\beta}{\alpha} x + \frac{\gamma}{\alpha} = 0$$

oder auch

$$x^2 + ax + b = 0,$$

wenn $\frac{\beta}{\alpha} = a$ und $\frac{\gamma}{\alpha} = b$ gesetzt wird.

Auf diese Normalform ist jede quadratische Gleichung zu bringen. Die Größe der Wurzeln ist allein bestimmt durch die Werte der zwei Konstanten a und b. Setzt man für a und b alle Zahlen von $-\infty$ bis $+\infty$ ein, so erhält man alle möglichen Gleichungen und auch Wurzelwerte. Besonders einfach werden die Ergebnisse, wenn a oder b gleich Null ist, so daß man vier Fälle unterscheiden kann.

I. $a = 0$; $b = 0$
$$x^2 = 0$$
$$x_1 = 0; \; x_2 = 0$$

II. $a \neq 0$; $b = 0$
$$x^2 + ax = 0$$
$$x(x + a) = 0.$$

Wenn ein Produkt 0 sein soll, so muß ein Faktor 0 sein. Also ist entweder

$$x_1 = 0$$

oder

$$x + a = 0; \; x_2 = -a.$$

Die algebraische Auflösung von Gleichungen. 47

III. $a = 0$; $b \neq 0$
$$x^2 + b = 0$$
$$x^2 = -b$$
$$x = \pm \sqrt{-b}$$
$$x_1 = +\sqrt{-b}; \quad x_2 = -\sqrt{-b}.$$

Man erhält nur reelle Wurzelwerte, wenn b eine negative Zahl, also $-b$ positiv ist. Wurzeln aus negativen Radikanden heißen imaginäre Zahlen im Gegensatz zu den reellen Zahlen.

IV. $a \neq 0$; $b \neq 0$
$$x^2 + ax + b = 0$$
$$x^2 + ax = -b.$$

Man ergänzt die linke Seite zu einem vollständigen Quadrat nach der Formel $a^2 + 2ab + b^2 = (a+b)^2$.

$$x^2 + 2\frac{a}{2}x + \left(\frac{a}{2}\right)^2 = \left(\frac{a}{2}\right)^2 - b$$

$$\left(x + \frac{a}{2}\right)^2 = \frac{a^2}{4} - b$$

$$x + \frac{a}{2} = \pm \sqrt{\frac{a^2}{4} - b}$$

$$x = -\frac{a}{2} \pm \sqrt{\frac{a^2}{4} - b}$$

$$x_1 = -\frac{a}{2} + \sqrt{\frac{a^2}{4} - b}; \quad x_2 = -\frac{a}{2} - \sqrt{\frac{a^2}{4} - b}.$$

Beispiel:
$$3x^2 + 8x + 5 = 0$$
$$x^2 + \frac{8}{3}x + \frac{5}{3} = 0$$
$$x^2 + \frac{8}{3}x = -\frac{5}{3}$$
$$x^2 + 2 \cdot \frac{4}{3}x + \left(\frac{4}{3}\right)^2 = \frac{16}{9} - \frac{5}{3}$$
$$\left(x + \frac{4}{3}\right)^2 = \frac{1}{9}$$

$$x + \frac{4}{3} = \pm \frac{1}{3}$$
$$x = -\frac{4}{3} \pm \frac{1}{3}$$
$$x_1 = -1; \quad x_2 = -\frac{5}{3}.$$

2. Beziehungen zwischen den Wurzeln und Vorzahlen.

In jeder in der Normalform gegebenen quadratischen Gleichung ist die Summe der Wurzeln gleich der Vorzahl von x, aber mit entgegengesetztem Vorzeichen, und das Produkt der Wurzeln gleich dem von x freien Gliede mit demselben Vorzeichen.

$$x_1 = -\frac{a}{2} + \sqrt{\frac{a^2}{4} - b}$$
$$x_2 = -\frac{a}{2} - \sqrt{\frac{a^2}{4} - b}$$
$$\overline{x_1 + x_2 = -a}$$

und nach der Formel

$$(a+b)(a-b) = a^2 - b^2$$
$$x_1 \cdot x_2 = \frac{a^2}{4} - \left(\frac{a^2}{4} - b\right)$$
$$x_1 \cdot x_2 = +b.$$

Beispiel:
$$x^2 - 5x + 6 = 0$$
$$+5 = x_1 + x_2; \quad +6 = x_1 \cdot x_2$$
$$x_1 = 2; \quad x_2 = 3.$$

Jede quadratische Gleichung mit den Wurzeln x_1 und x_2 läßt sich auf die Form $(x - x_1)(x - x_2) = 0$ bringen.

$$x^2 + ax + b = 0$$
$$a = -(x_1 + x_2); \quad b = x_1 \cdot x_2$$
$$x^2 - (x_1 + x_2) x + x_1 \cdot x_2 = 0$$
$$x^2 - x \cdot x_1 - x \cdot x_2 + x_1 \cdot x_2 = 0$$
$$x(x - x_1) - x_2(x - x_1) = 0$$
$$(x - x_1)(x - x_2) = 0.$$

Die algebraische Auflösung von Gleichungen. 49

Aus
$$x = -\frac{a}{2} \pm \sqrt{\frac{a^2}{4} - b}$$
folgt: Man erhält

2 reelle, verschiedene Wurzeln, wenn $\frac{a^2}{4} > b$,

2 reelle, gleiche " " $\frac{a^2}{4} = b$,

2 imaginäre " . " $\frac{a^2}{4} < b$ ist.

3. Die Auflösung quadratischer Gleichungen mit dem Rechenschieber. Man stecke den Schieber umgekehrt in den Rechenstab hinein. Dann stehen die Teilungen untereinander, wie es Fig. 32 zeigt. Unter jeder Zahl a der oberen Teilung steht unten 10:a, denn auf der unteren Teilung mißt man das Stück,

Fig. 32.

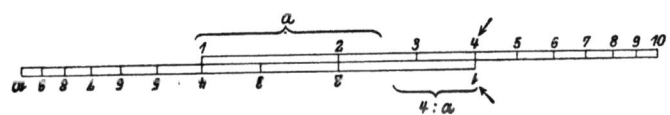

Fig. 33.

welches a zu 10 ergänzt. Bei unserer logarithmischen Teilung hat das Stück aber die Länge 10:a. Ganz entsprechend liest man in Fig. 33, bei welcher die 1 der unteren Teilung unter die 4 der oberen gestellt ist, zu jeder oberen Zahl a unten 4:a ab.

Irgendeine quadratische Gleichung, z. B.
$$x^2 - 8x + 12 = 0,$$
läßt sich auf die Form bringen
$$x - 8 + \frac{12}{x} = 0,$$
oder
$$x + \frac{12}{x} = 8.$$

Neuendorff, Lehrbuch der Mathematik. 2. Aufl. 4

Stellt man die 1 des Schiebers unter die 12 der oberen Teilung, so hat man je zwei Zahlen untereinander, die x und 12 : x bedeuten. Man sucht jetzt diejenigen, die zusammen die

Fig. 34.

Summe 8 besitzen. Man findet in Fig. 34 sofort die Werte 6 und 2. Also sind die Wurzeln

$$x_1 = 6 \text{ und } x_2 = 2.$$

4. Nomogramme zur Auflösung quadratischer Gleichungen.
Wie schon erwähnt, erhält man alle möglichen quadratischen Gleichungen, wenn man für a und b alle Werte von $-\infty$ bis $+\infty$ setzt, mit andern Worten, wenn man a, b und x als Variable auffaßt. Damit wird die Methode der Nomographie anwendbar, die früher für Funktionen mit drei Variabeln entwickelt wurde. Zu dem Zwecke setzt man für x konstante Werte ein; dann behält man Gleichungen ersten Grades, deren Bilder gerade Linien sind. Z. B.

$$x = 1; \quad 1 + a + b = 0$$
$$a = 0; \quad b = -1 \text{ und } b = 0; \quad a = -1$$
$$x = 2; \quad 4 + 2a + b = 0$$
$$a = 0; \quad b = -4 \text{ und } b = 0; \quad a = -2 \text{ usw.}$$

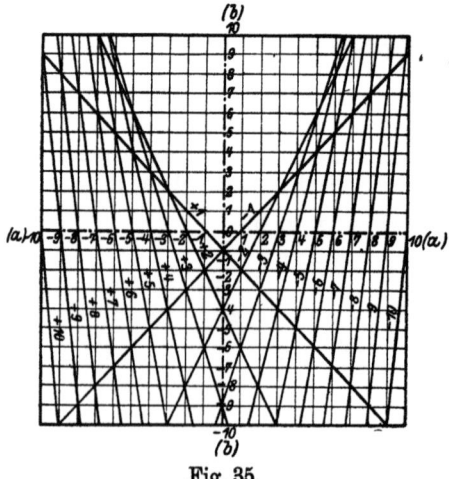

Fig. 35.

Die Geraden umhüllen als Tangenten eine Parabel und können, sobald man nur 2 in diesem Falle kennt, leicht konstruiert werden, wenn man die langwierige Ausrechnung, die oben angedeutet ist, vermeiden will. In Fig. 35 ist das Nomogramm gezeichnet. Als Beispiel betrachte man die Gleichung $x^2 - 6x + 6 = 0$. Man liest die Wurzeln $x_1 = 4,7$; $x_2 = 1,3$ ab.

Die algebraische Auflösung von Gleichungen.

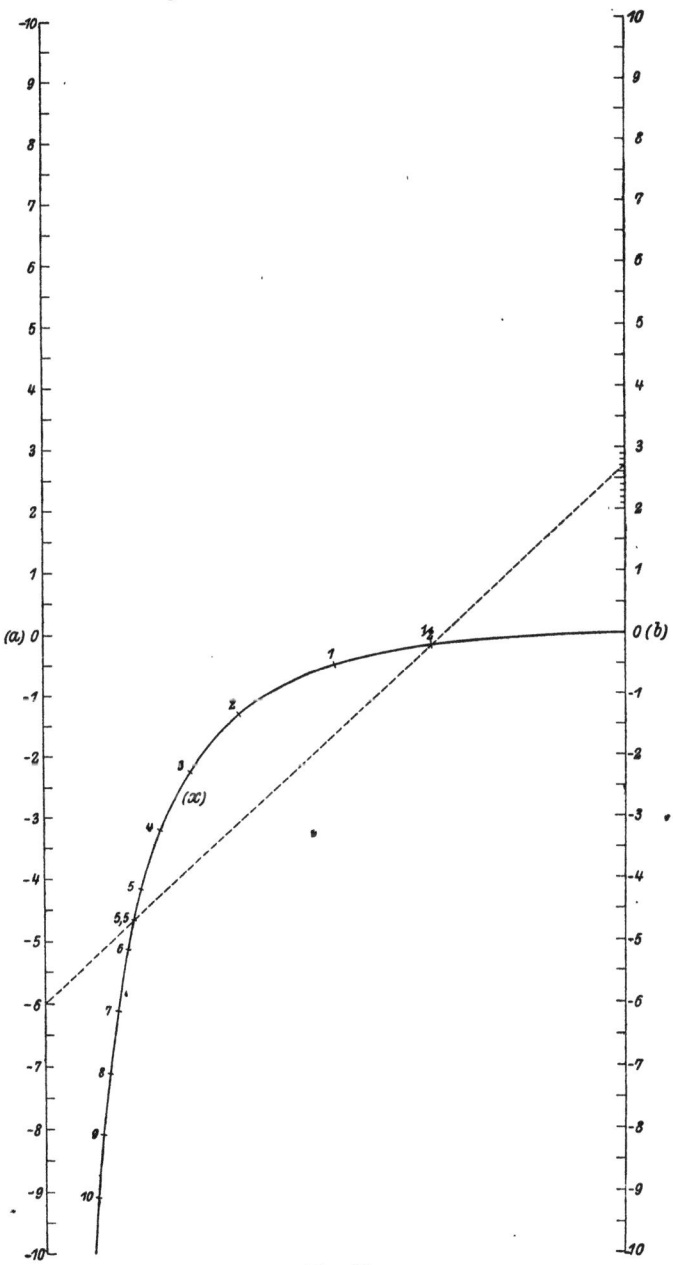

Fig. 36.

In Fig. 36 ist ein Nomogramm in der verbesserten, früher beschriebenen Methode entworfen.

Die gestrichelte Gerade liefert zur Gleichung
$$x^2 - 6x + 2{,}75 = 0$$
die beiden Wurzeln
$$x_1 = 0{,}5; \quad x_2 = 5{,}5.$$

Auf der linken Geraden ist a, auf der rechten b abzulesen. Auf der Kurve können zunächst nur positive Wurzelwerte gefunden werden. Für die negativen verfährt man wie folgt. Die Gleichung sei:
$$x^2 + x - 6 = 0.$$

Zu $a = 1$ und $b = -6$ findet man die Wurzel $x_1 = 2$. Jetzt setzt man $x = -z$, dann wird die Gleichung
$$z^2 - z - 6 = 0.$$

Zu $a = -1$ und $b = -6$ findet man die Wurzel $z = 3$, also ist die zweite Wurzel $x_2 = -z = -3$.

5. Gleichungen mit mehreren Unbekannten. Soll eine Lösung der Aufgabe möglich sein, so braucht man genau so viele Gleichungen, wie Unbekannte vorhanden sind. Man löst die Gleichungen, indem man eine Unbekannte nach der andern herausschafft, bis nur eine Gleichung mit einer Unbekannten übrigbleibt. So leitet man z. B. aus drei Gleichungen mit drei Unbekannten zuerst zwei Gleichungen mit zwei Unbekannten, dann eine Gleichung mit einer Unbekannten her. Diese wird in gewöhnlicher Weise aufgelöst. Die Zurückführung auf weniger Unbekannte geschieht hauptsächlich nach zwei Methoden.

Die Additionsmethode.
$$\begin{array}{l|l} 3x + 4y = 18 & 5 \\ 5x + 7y = 31 & -3 \end{array}$$

Man multipliziert die obere Gleichung mit 5, die untere mit -3, damit die Unbekannte x in den beiden Gleichungen dieselbe Vorzahl mit entgegengesetztem Vorzeichen erhält. Darauf schafft man diese Unbekannte durch Addition der Gleichungen heraus.

$$\begin{array}{r} 15x + 20x = 90 \\ -15x - 21y = -93 \\ \hline -y = -3 \\ y = 3. \end{array}$$

Genau entsprechend kann man y herausschaffen.

$$21x + 28y = 126$$
$$-20x - 28y = -124$$
$$x = 2.$$

Die Einsetzungsmethode.
$$(x+2)^2 + (y+3)^2 = 89$$
$$x + y = 8.$$

Aus der zweiten Gleichung berechnet man x
$$x = 8 - y$$

und setzt diesen Wert in die erste Gleichung ein.
$$(10-y)^2 + (y+3)^2 = 89$$
$$100 - 20y + y^2 + y^2 + 6y + 9 = 89$$
$$2y^2 - 14y = -20$$
$$y^2 - 7y = -10$$
$$y^2 - 2 \cdot \frac{7}{2} y + \left(\frac{7}{2}\right)^2 = \frac{49}{4} - 10$$
$$\left(y - \frac{7}{2}\right)^2 = \frac{9}{4}$$
$$y - \frac{7}{2} = \pm \frac{3}{2}$$
$$y = \frac{7}{2} \pm \frac{3}{2}$$
$$y_1 = 5; \quad y_2 = 2.$$

Die gefundenen Werte setzt man in die Gleichung $x = 8 - y$ ein, so daß die zugehörigen x-Werte sind
$$x_1 = 3; \quad x_2 = 6.$$

Fünfter Abschnitt.

Potenzen, Wurzeln und Logarithmen.

1. Das Potenzieren und seine Umkehrungen. In Fig. 37—39 sind die drei Kurven $x + y = 4$; $x \cdot y = 4$ und $x^y = 64$ gezeichnet. Die erste und die zweite Kurve liegen symmetrisch zu den Achsen; sie ändern sich also nicht, wenn man x und y miteinander vertauscht. Es bleiben ja auch Summe und Produkt unverändert, wenn man die Summanden bzw. Faktoren vertauscht. Daher besitzen diese Rechnungsarten nur je eine Umkehrung, nämlich die Subtraktion bzw. Division. Betrachtet man x als die gegebene Größe, so liest man auf der y-Achse sämtliche Differenzen 4 — x bzw. sämtliche Quotienten 4 : x ab. Aber genau so liest man umgekehrt auf der x-Achse 4 — y bzw. 4 : y ab, wenn man y als gegebene Größe betrachtet.

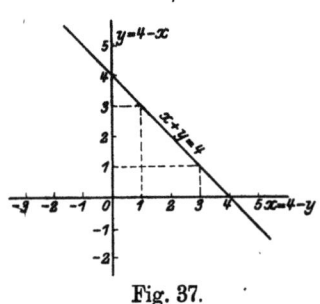

Fig. 37.

Ganz anderes Verhalten zeigt die Funktion $x^y = 64$. Die Kurve liegt nicht symmetrisch zu den Achsen, d. h. also, bei einer Potenz darf man x und y nicht miteinander vertauschen. Nur $2^4 = 4^2$ und $(-2)^{-4} = (-4)^{-2}$ gestatten diese Vertauschung. Daher besitzen auch die Potenzen zwei Umkehrungen, die man Wurzeln und Logarithmen genannt hat. Löst man nach der Basis x auf, so erhält man aus

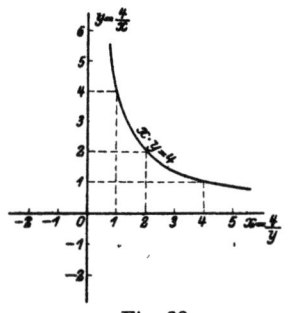

Fig. 38.

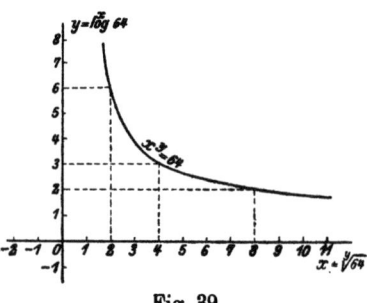

Fig. 39.

$$x^y = 64; \quad x = \sqrt[y]{64};$$

y heißt der Wurzelexponent, 64 der Radikand.

Löst man nach dem Exponenten y auf, so erhält man aus

$$x^y = 64; \quad y = \overset{x}{\log} 64;$$

x heißt die Basis des Logarithmus.

Diese Werte können zugleich auf den Achsen abgelesen werden.

Man findet z. B.

$$\sqrt[6]{64} = 2; \quad \sqrt[3]{64} = 4; \quad \sqrt[2]{64} = 8$$
$$\overset{2}{\log} 64 = 6; \quad \overset{4}{\log} 64 = 3; \quad \overset{8}{\log} 64 = 2.$$

2. Die Potenzen mit positiven, ganzen Exponenten. Eine Potenz a^n, wenn n eine positive, ganze Zahl ist, ist die Abkürzung für das Produkt aus n gleichen Faktoren a. In Formeln

$$a^n = a \cdot a \cdot a \ldots \text{(n-mal)}.$$

Aus dieser Definition ergeben sich die folgenden fünf Regeln für das Rechnen mit Potenzen.

a) Potenzen mit gleicher Basis werden multipliziert, indem man die Basis mit der Summe der Exponenten potenziert.

$$\begin{aligned}a^p \cdot a^q &= a \cdot a \cdot a \ldots \text{(p-mal)} \cdot a \cdot a \cdot a \ldots \text{(q-mal)} \\ &= a \cdot a \cdot a \ldots \text{(p + q-mal)} \\ &= a^{p+q}.\end{aligned}$$

Beispiele:

$$x^3 \cdot x^7 = x^{10}; \quad n^4(3n^2 + 2n) = 3n^6 + 2n^5.$$

b) Potenzen mit gleichem Exponenten werden multipliziert, indem man das Produkt der Grundzahlen mit dem Exponenten potenziert.

$$\begin{aligned}a^p \cdot b^p &= a \cdot a \cdot a \ldots \text{(p-mal)} \cdot b \cdot b \cdot b \ldots \text{(p-mal)} \\ &= (a \cdot b) \cdot (a \cdot b) \cdot (a \cdot b) \ldots \text{(p-mal)} \\ &= (a \cdot b)^p.\end{aligned}$$

Beispiele:

$$y^7 \cdot z^7 = (y \cdot z)^7; \quad (a-b)^3 \cdot (a+b)^3 = [(a-b)(a+b)]^3$$
$$= (a^2 - b^2)^3.$$

c) Potenzen mit gleicher Basis werden dividiert, indem man die Basis mit der Differenz der Exponenten potenziert.

$$\frac{a^p}{a^q} = \frac{\not{a} \cdot \not{a} \cdot a \ldots \text{(p-mal)}}{\not{a} \cdot \not{a} \cdot a \ldots \text{(q-mal)}} = a \cdot a \cdot a \ldots \text{(p - q-mal)}$$
$$p > q \qquad = a^{p-q}.$$

Beispiele:

$$\frac{t^3}{t^2} = t; \quad a^7 \cdot b + a^3 \cdot c = a^3(a^4 \cdot b + c).$$

d) Potenzen mit gleichem Exponenten werden dividiert, indem

man den Quotienten der Grundzahlen mit dem Exponenten potenziert.

$$\frac{a^p}{b^p} = \frac{a \cdot a \cdot a \ldots (p\text{-mal})}{b \cdot b \cdot b \ldots (p\text{-mal})} = \frac{a}{b} \cdot \frac{a}{b} \cdot \frac{a}{b} \ldots (p\text{-mal}) = \left(\frac{a}{b}\right)^p.$$

Beispiele:

$$\frac{v^3}{n^3} = \left(\frac{v}{n}\right)^3; \quad \frac{(r^3-s^3)^2}{(r-s)^2} = \left(\frac{r^3-s^3}{r-s}\right)^2 = (r^2+rs+s^2)^2.$$

e) Potenzen werden potenziert, indem man die Basis mit dem Produkt der Exponenten potenziert.

$$\begin{aligned}(a^p)^q &= a^p \cdot a^p \cdot a^p \ldots (q\text{-mal}) \\ &= \left. \begin{array}{l} a \cdot a \cdot a \ldots (p\text{-mal}) \\ \cdot a \cdot a \cdot a \ldots (p\text{-mal}) \\ \ldots \ldots \ldots \ldots \\ \cdot a \cdot a \cdot a \ldots (p\text{-mal}) \end{array} \right\} q\text{-Reihen} \\ &= a \cdot a \cdot a \ldots (p \cdot q\text{-mal}) = a^{p \cdot q}.\end{aligned}$$

Beispiele:

$$(d^3)^2 = d^6; \quad [(a-b)^3]^4 = (a-b)^{12}.$$

3. Die Potenzen mit negativen, ganzen Exponenten. Es war z. B.

$$\frac{a^7}{a^4} = a^{7-4} = a^3.$$

Soll diese Rechenregel in allen Fällen rein mechanisch anwendbar bleiben, so kommt man auf negative Exponenten. Z. B. wäre

$$\frac{a^4}{a^7} = a^{4-7} = a^{-3}.$$

Anderseits ist aber

$$\frac{a^4}{a^7} = \frac{1}{a^{7-4}} = \frac{1}{a^3}.$$

Also erfordert die Allgemeingültigkeit der Divisionsregel, daß

$$a^{-3} = \frac{1}{a^3}$$

ist. Man definiert deshalb:

Unter einer Potenz mit einem negativen Exponenten versteht man den reziproken Wert der Potenz, aber mit positivem Exponenten.

$$a^{-n} = \frac{1}{a^n}.$$

Potenzen, Wurzeln und Logarithmen.

Es bleibt noch zu beweisen, daß neben der Divisionsregel auch alle andern Rechenregeln für Potenzen bei dieser Definition bestehen bleiben.

a) $\quad a^{-p} \cdot a^{-q} = \dfrac{1}{a^p} \cdot \dfrac{1}{a^q} = \dfrac{1}{a^{p+q}} = a^{-(p+q)} = a^{-p-q}$

b) $\quad a^{-p} \cdot b^{-p} = \dfrac{1}{a^p} \cdot \dfrac{1}{b^p} = \dfrac{1}{(a \cdot b)^p} = (a \cdot b)^{-p}$

c) $\quad \dfrac{a^{-p}}{a^{-q}} = \dfrac{1}{a^p} : \dfrac{1}{a^q} = a^{q-p} = a^{-p+q}$

d) $\quad \dfrac{a^{-p}}{b^{-p}} = \dfrac{1}{a^p} : \dfrac{1}{b^p} = 1 : \dfrac{a^p}{b^p} = 1 : \left(\dfrac{a}{b}\right)^p = \left(\dfrac{a}{b}\right)^{-p}$

e) $\quad (a^{-p})^{-q} = \dfrac{1}{(a^{-p})^q} = \dfrac{1}{(1 : a^p)^q} = \dfrac{1}{1 : a^{p \cdot q}} = a^{p \cdot q}$.

Anmerkung. Es ist
$$a^0 = a^{n-n} = \dfrac{a^n}{a^n} = 1$$
zu setzen.

Beispiele:
$$x^{-3} \cdot x^2 = x^{-1} = \dfrac{1}{x}; \quad (-c)^{-4} = \dfrac{1}{(-c)^4} = \dfrac{1}{c^4};$$
$$\dfrac{(u^2)^{-3}}{u^{-2}} = \dfrac{u^2}{(u^2)^3} = \dfrac{u^2}{u^6} = \dfrac{1}{u^4}.$$

4. Die Potenzen mit gebrochenen Exponenten. Es war z. B. $(3^2)^3 = 3^6$. Soll diese Rechenregel immer gelten, auch wenn der Exponent ein Bruch ist, so müßte z. B. $\left(3^{\frac{2}{3}}\right)^3 = 3^2$ sein, und es wäre $3^{\frac{2}{3}}$ eine solche Zahl x, daß aus
$$3^{\frac{2}{3}} = x; \quad 3^2 = x^3$$
folgen würde. Hiernach ließe sich x durch Ausprobieren berechnen. Die Allgemeingültigkeit der Potenzierungsregel erfordert deshalb die Definition:

Unter einer Potenz mit einem Bruchexponenten $a^{\frac{p}{q}}$ versteht man eine solche Zahl x, daß $a^p = x^q$ wird.

Es bleibt zu zeigen, daß bei Zugrundelegung dieser Definition auch alle andern Rechenregeln der Potenzen erhalten bleiben.

a) $\left(a^{\frac{1}{q}}\right)^p = ?$ $a^{\frac{1}{q}} = x;$ $a = x^q$

$$a^p = x^{p \cdot q} = (x^p)^q$$

$$a^{\frac{p}{q}} = x^p = \left(a^{\frac{1}{q}}\right)^p$$

b) $a^{\frac{p}{q}} \cdot a^{\frac{r}{s}} = a^{\frac{p \cdot s}{q \cdot s}} \cdot a^{\frac{r \cdot q}{q \cdot s}} = \left(a^{\frac{1}{q \cdot s}}\right)^{p \cdot s} \cdot \left(a^{\frac{1}{q \cdot s}}\right)^{r \cdot q}$

$$= \left(a^{\frac{1}{q \cdot s}}\right)^{p \cdot s + r \cdot q} = a^{\frac{p \cdot s + q \cdot r}{q \cdot s}} = a^{\frac{p}{q} + \frac{r}{s}}$$

c) $a^{\frac{p}{q}} \cdot b^{\frac{p}{q}} = ?$ $a^{\frac{p}{q}} = x;$ $a^p = x^q$

$b^{\frac{p}{q}} = y;$ $\dfrac{b^p = y^q}{(a \cdot b)^p = (x \cdot y)^q}$

$$(a \cdot b)^{\frac{p}{q}} = x \cdot y = a^{\frac{p}{q}} \cdot b^{\frac{p}{q}}$$

d) $\dfrac{a^{\frac{p}{q}}}{a^{\frac{r}{s}}} = \dfrac{a^{\frac{p \cdot s}{q \cdot s}}}{a^{\frac{r \cdot q}{q \cdot s}}} = \dfrac{\left(a^{\frac{1}{q \cdot s}}\right)^{p \cdot s}}{\left(a^{\frac{1}{q \cdot s}}\right)^{q \cdot r}} = \left(a^{\frac{1}{q \cdot s}}\right)^{p \cdot s - q \cdot r} = a^{\frac{p \cdot s - q \cdot r}{q \cdot s}}$

$$= a^{\frac{p}{q} - \frac{r}{s}}$$

e) $\dfrac{a^{\frac{p}{q}}}{b^{\frac{p}{q}}} = ?$ $a^{\frac{p}{q}} = x;$ $a^p = x^q$

$b^{\frac{p}{q}} = y;$ $\dfrac{b^p = y^q}{\left(\dfrac{a}{b}\right)^p = \left(\dfrac{x}{y}\right)^q};$ $\left(\dfrac{a}{b}\right)^{\frac{p}{q}} = \dfrac{x}{y} = \dfrac{a^{\frac{p}{q}}}{b^{\frac{p}{q}}}$

f) $\left(a^{\frac{p}{q}}\right)^{\frac{r}{s}} = ?$ $\left(a^{\frac{p}{q}}\right)^{\frac{1}{s}} = x;$ $a^{\frac{p}{q}} = x^s$

$a^p = x^{q \cdot s};$ $a^{p \cdot r} = x^{q \cdot s \cdot r} = (x^r)^{q \cdot s}$

$$a^{\frac{p \cdot r}{q \cdot s}} = x^r = \left(a^{\frac{p}{q}}\right)^{\frac{r}{s}}.$$

Beispiele:

$$y^{\frac{2}{3}} \cdot y^{\frac{1}{2}} = y^{\frac{7}{6}}; \quad \left(y^{\frac{1}{2}}\right)^4 = y^2; \quad \frac{t^{-\frac{2}{3}}}{t^{-2}} = \frac{t^2}{t^{\frac{2}{3}}} = t^{2-\frac{2}{3}} = t^{\frac{4}{3}}.$$

5. Wurzeln. Die n^{te} Wurzel aus a, geschrieben $\sqrt[n]{a}$, ist eine

Zahl x, welche, zur n^{ten} Potenz erhoben, a ergibt. Aus $\sqrt[n]{a} = x$ folgt $a = x^n$.

Anderseits war

$$a^{\frac{1}{n}} = x; \quad a = x^n.$$

Daraus folgt, daß Wurzeln und Bruchexponenten dasselbe ausdrücken, nur in andrer Schreibweise.

$$\sqrt[n]{a} = a^{\frac{1}{n}}.$$

Die Anwendung der schon bekannten Rechenregeln für Bruchexponenten auf Wurzeln ergibt in der neuen Schreibweise:

a) $\sqrt[p]{a} \cdot \sqrt[p]{b} = \sqrt[p]{a \cdot b}$

b) $\sqrt[p]{a} \cdot \sqrt[q]{a} = \sqrt[p \cdot q]{a^q} \cdot \sqrt[p \cdot q]{a^p} = \sqrt[p \cdot q]{a^{p+q}}$

c) $\dfrac{\sqrt[p]{a}}{\sqrt[p]{b}} = \sqrt[p]{\dfrac{a}{b}}$

d) $\dfrac{\sqrt[p]{a}}{\sqrt[q]{a}} = \dfrac{\sqrt[p \cdot q]{a^q}}{\sqrt[p \cdot q]{a^p}} = \sqrt[p \cdot q]{a^{q-p}}$

e) $\left(\sqrt[p]{a}\right)^q = \sqrt[p]{a^q}$

f) $\sqrt[p]{\sqrt[q]{a}} = \sqrt[p \cdot q]{a}$.

Beispiele:

$$\sqrt{z} \cdot \sqrt[3]{z} = \sqrt[6]{z^3} \cdot \sqrt[6]{z^2} = \sqrt[6]{z^5}$$

$$\sqrt{p^5} = \sqrt{p^4 \cdot p} = p^2 \sqrt{p}$$

$$\left(\sqrt[3]{b^2}\right)^6 = (b^2)^{\frac{6}{3}} = (b^2)^2 = b^4.$$

6. Die zweite Wurzel. In Fig. 40 ist die Funktion $y = x^2$ oder umgekehrt $x = \sqrt{y}$ aufgezeichnet. Damit hat man zugleich eine Tabelle der zweiten Wurzeln aller Zahlen. Aus der Figur erkennt man, daß die zweiten Wurzeln zwei-

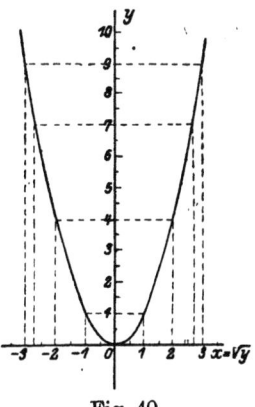

Fig. 40.

deutige Funktionen sind; denn zu jedem Radikanden y gehören zwei Wurzelwerte x, die sich nur durch das Vorzeichen unterscheiden. So ist z. B.
$$\sqrt{9} = \pm 3,$$
denn in der Tat ist
$$(+3)^2 = +9 \text{ und auch } (-3)^2 = +9.$$

Ist der Radikand y negativ, so besitzt er keinen reellen Wurzelwert. Wirklich gibt es auch keine positive oder negative reelle Zahl, die, mit sich selbst multipliziert, einen negativen Wert lieferte.

Im Gegensatz zu den reellen Zahlen nennt man Wurzeln aus negativen Radikanden imaginäre Zahlen. Z. B. ist $\sqrt{-9}$ eine imaginäre Zahl. Jede imaginäre Zahl läßt sich als Produkt aus einer reellen Zahl und $\sqrt{-1}$ schreiben. Zur Abkürzung setzt man $\sqrt{-1} = i$ und nennt i die imaginäre Einheit. Es ist
$$\sqrt{-a} = \sqrt{a(-1)} = \sqrt{a} \cdot \sqrt{-1} = i\sqrt{a}.$$

Die imaginären Zahlen besitzen für den Techniker, solange nicht höhere theoretische Untersuchungen in Frage kommen, kein Interesse.

Weiter kann man in der graphischen Tabelle der Figur 40 z. B. $\sqrt{7} = 2{,}65$ ablesen, d. h. alle wirklich vorhandenen Wurzeln werden durch einen ganz bestimmten Punkt der Zahlenreihe dargestellt. Überlegt man aber, welcher Art diese Zahl $\sqrt{7}$ in Wahrheit ist, so findet man, daß sie weder eine ganze Zahl noch ein Bruch sein kann. Denn es gibt keine ganze Zahl, deren Quadrat 7 wäre; aber auch kein Bruch kann, mit sich selbst multipliziert, eine ganze Zahl, nämlich 7, liefern. Ganze Zahlen und Brüche nennt man rationale Zahlen, alle übrigen reellen Zahlen im Gegensatz dazu irrationale Zahlen. Also gehören die Wurzeln zu den irrationalen Zahlen.

Zu den irrationalen Zahlen gehören auch gewisse Zahlen, die nicht als Wurzeln algebraischer Gleichungen erhalten werden können, transzendente Zahlen genannt; z. B. π, e und die Logarithmen.

In der Zahlenreihe entspricht also jeder irrationalen Zahl ebenfalls ein bestimmter Punkt. Die Strecke vom Nullpunkt bis dahin kann nie genau im gewöhnlichen Maßsystem gemessen werden. Beispiele solcher Strecken sind: die Diagonale im Quadrat mit der Seite 1, der Umfang des Kreises. Praktisch ersetzt man die irrationalen Zahlen durch Brüche, die ihnen auf der Zahlenreihe so nahe gewählt werden können, wie es die Genauigkeit der Rechnung verlangt.

Potenzen, Wurzeln und Logarithmen. 61

Danach würde eine Übersicht über das Zahlensystem, soweit es in der elementaren Algebra in Frage kommt, so aussehen:

$$\underbrace{\overbrace{\text{Rationale Zahlen}}^{\text{Reelle Zahlen}}\quad \overbrace{\text{Irrationale Zahlen}}}\qquad \text{Imaginäre Zahlen}$$

Ganze Zahlen, Brüche Wurzeln, transzendente Zahlen

7. Wurzeln mit geraden und mit ungeraden Exponenten.

In Fig. 41 ist die Funktion $y = x^3$ oder umgekehrt $x = \sqrt[3]{y}$ gezeichnet. Das Bild dieser Funktion, eine kubische Parabel genannt, ist zugleich eine graphische Tabelle der reellen dritten Wurzeln. Man sieht, daß zu jedem positiven und negativen y eine und nur eine reelle dritte Wurzel gehört. So ist $\sqrt[3]{8} = 2$ und $\sqrt[3]{-8} = -2$; denn es ist ja

$$(+2)^3 = +8 \text{ und } (-2)^3 = -8.$$

Weiter ist in Fig 42 die Funktion $y = x^4$ oder $x = \sqrt[4]{y}$ gezeichnet. Das Bild zeigt eine Parabel vierter Ordnung und ist

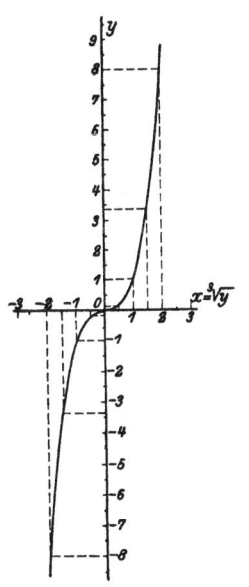

Fig. 41.

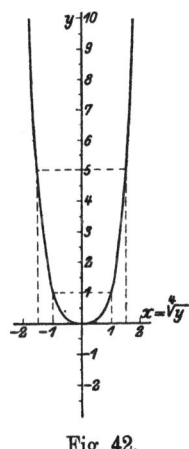

Fig. 42.

zugleich eine Tabelle aller reellen vierten Wurzeln. Wieder gibt es keine reellen Wurzeln zu negativen Radikanden. Aber auch zu den positiven y-Werten findet man nur je zwei reelle Wurzeln, die sich beide durch das Vorzeichen unterscheiden. Daß man nicht mehr als zwei reelle Wurzeln erhält, kann man auch algebraisch leicht einsehen, denn es ist z. B.

$$\sqrt[4]{16} = \sqrt[2]{\sqrt[2]{16}} = \sqrt{\pm 4}$$

$$\sqrt{+4} = \pm 2; \quad \sqrt{-4} = \pm 2i.$$

Die gleichen Betrachtungen lassen sich für jeden Wurzelexponenten durchführen, so daß man zu dem Ergebnis kommt:

Reelle Wurzeln mit geraden Exponenten gibt es nur aus positiven Radikanden. Jede positive Zahl hat zwei solcher Wurzelwerte, die sich nur durch das Vorzeichen unterscheiden. Dagegen besitzt jede positive und negative Zahl eine und nur eine reelle Wurzel mit ungeradem Exponenten.

8. Gleichungen, in denen die Unbekannte im Radikanden vorkommt. Kommt in einer Gleichung die Unbekannte unter dem Wurzelzeichen vor, so ist die Wurzel durch Quadrieren der beiden Seiten der Gleichung zu entfernen. Damit durch das Quadrieren die Wurzeln wirklich fortfallen, müssen sie auf einer Seite entweder allein oder nur als Produkte oder Quotienten stehen. Denn es wäre z. B.

$$[\sqrt{3x} + \sqrt{x+4}]^2 = 3x + 2\sqrt{3x} \cdot \sqrt{x+4} + x + 4$$

dagegen

$$[\sqrt{3x} \cdot \sqrt{x+4}]^2 = 3x(x+4).$$

Beispiel:

$$\sqrt{x - 3a^2} + \sqrt{2x + a^2} = \sqrt{3x + 4a^2}$$

$$x - 3a^2 + 2x + a^2 + 2\sqrt{(x-3a^2)(2x+a^2)} = 3x + 4a^2$$

$$2\sqrt{(x-3a^2)(2x+a^2)} = 6a^2$$

$$\sqrt{2x^2 - 6a^2x + a^2x - 3a^4} = 3a^2$$

$$2x^2 - 5a^2x - 3a^4 = 9a^4$$

$$x^2 - \frac{5}{2}a^2x + \left(\frac{5}{4}a^2\right)^2 = 6a^4 + \left(\frac{5}{4}a^2\right)^2$$

$$\left(x - \frac{5}{4}a^2\right)^2 = \frac{121 a^4}{16}$$

$$x - \frac{5}{4}a^2 = \pm \frac{11}{4}a^2$$

$$x_1 = 4a^2; \quad x_2 = -\frac{3}{2}a^2.$$

Potenzen, Wurzeln und Logarithmen.

x_2 ist keine Lösung der Aufgabe, da die Probe zeigt, daß $\sqrt{2x+a^2}$ ein negatives Vorzeichen haben müßte.[1])

9. Das Fortschaffen der Wurzeln aus dem Nenner. Man läßt zur praktischen Berechnung algebraischer Formeln nicht gern Wurzeln im Nenner stehen, da es sich ja um eine Division durch Dezimalzahlen mit beliebig vielen Stellen handelt. Solche Division ist einerseits unbequem; andererseits ist schlecht zu übersehen, wie viele Dezimalstellen man nehmen soll, um bestimmte Genauigkeit zu erzielen. Man berechne z. B.

$$\frac{7}{\sqrt{3}} = \frac{7}{1,7321}!$$

Wesentlich besser ist es, den Bruch mit $\sqrt{3}$ zu erweitern, also $\dfrac{7\sqrt{3}}{3}$ zu schreiben und dann zu rechnen:

$$\frac{7 \cdot 1,7321}{3} = \frac{12,1247}{3} = 4,0416.$$

Allgemein verfährt man zum Beseitigen der Wurzeln aus dem Nenner, wie folgt:

a) $\dfrac{x}{\sqrt{a}} = \dfrac{x \cdot \sqrt{a}}{\sqrt{a} \cdot \sqrt{a}} = \dfrac{x}{a}\sqrt{a}$

b) $\dfrac{x}{\sqrt{a}+\sqrt{b}} = \dfrac{x(\sqrt{a}-\sqrt{b})}{(\sqrt{a}+\sqrt{b})(\sqrt{a}-\sqrt{b})} = \dfrac{x}{a-b}(\sqrt{a}-\sqrt{b})$

c) $\dfrac{x}{\sqrt{a}-\sqrt{b}} = \dfrac{x(\sqrt{a}+\sqrt{b})}{(\sqrt{a}-\sqrt{b})(\sqrt{a}+\sqrt{b})} = \dfrac{x}{a-b}(\sqrt{a}+\sqrt{b}).$

10. Die Logarithmen. Der Exponent, mit dem man eine Zahl a potenzieren muß, um einen Wert b zu erhalten, heißt der Logarithmus von b zur Basis a, geschrieben $\overset{a}{\log} b$. Also ist

$$a^{\overset{a}{\log} b} = b.$$

Die Rechenregeln für das Rechnen mit Logarithmen sollen hergeleitet werden.

---

[1]) Die falsche Wurzel kommt dadurch zustande, daß beim zweiten Quadrieren ein Vorzeichenunterschied verschwindet. Man erhält infolgedessen genau die gleichen Wurzeln: gleichgültig ob es $+\sqrt{2x+a^2}$ oder $-\sqrt{2x+a^2}$ heißt.

a) Der Logarithmus eines Produktes ist gleich der Summe der Logarithmen von den einzelnen Faktoren.

$$a^{\log_a b} = b$$
$$a^{\log_a c} = c$$
$$\overline{a^{\log_a b + \log_a c} = b \cdot c,}$$

also nach der Definition $\log_a (b \cdot c) = \log_a b + \log_a c$.

b) Der Logarithmus eines Quotienten ist gleich der Differenz der Logarithmen von Zähler und Nenner.

$$a^{\log_a b} = b$$
$$a^{\log_a c} = c$$
$$\overline{a^{\log_a b - \log_a c} = \frac{b}{c},}$$

also nach der Definition $\log_a \frac{b}{c} = \log_a b - \log_a c$.

c) Der Logarithmus einer Potenz ist gleich dem Produkt aus dem Exponenten multipliziert mit dem Logarithmus der Basis. Im folgenden ist die beliebige Basis nicht jedesmal besonders hinzugeschrieben, da sie weiter nicht gebraucht wird.

$$\log a^n = \log [a \cdot a \cdot a \ldots (n\text{-mal})]$$
$$= \log a + \log a + \log a + \ldots (n\text{-mal})$$
$$= n \cdot \log a.$$

Der Logarithmus von 1 zu jeder beliebigen Basis — ausgenommen die auch sonst unbrauchbaren Werte ± 1 — ist 0; denn aus $a^0 = 1$ folgt sofort $\log_a 1 = 0$.

$$\log a^{-n} = \log \frac{1}{a^n} = \log 1 - n \cdot \log a = -n \cdot \log a.$$

Ist $a^{\frac{p}{q}} = x$, so wird $a^p = x^q$. Logarithmiert man auf beiden Seiten, so erhält man

$$p \cdot \log a = q \cdot \log x$$
$$\log x = \frac{p}{q} \cdot \log a.$$

oder
$$\log a^{\frac{p}{q}} = \frac{p}{q} \cdot \log a.$$

Potenzen, Wurzeln und Logarithmen. 65

Insbesondere folgt hieraus:
d) Der Logarithmus einer Wurzel ist gleich dem Logarithmus des Radikanden, dividiert durch den Wurzelexponenten.

$$\log \sqrt[n]{a} = \frac{\log a}{n}.$$

11. Die dekadischen Logarithmen. In Fig. 43 ist nach nebenstehender Tabelle die Funktion $2^x = y$ gezeichnet. Umgekehrt ist $x = \overset{2}{\log} y$, also findet man sämtliche Werte der Logarithmen zur

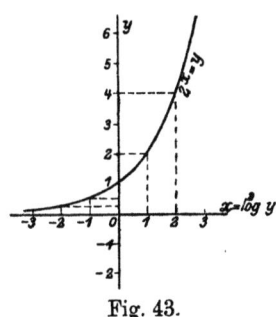

x	y
0	1
1	2
2	4
. . .	. . .
$+\infty$	$+\infty$
-1	0,5
-2	0,25
-3	0,125
. . .	. . .
$-\infty$	0

Fig. 43.

Basis 2. Da y immer positiv ist, so gibt es zur Basis 2 nur von positiven Zahlen reelle Logarithmen. Offenbar kann der Satz sogleich auf alle positiven Zahlen als Basis erweitert werden[1]).

Vor allen anderen Logarithmensystemen sind theoretisch nur die natürlichen Logarithmen zur Basis $e = 2{,}71828\ldots$ ausgezeichnet. Ohne weitere Angabe der Basis bezeichnet man sie zur Unterscheidung mit „ln". Für die praktische Berechnung kommen dagegen allein die dekadischen Logarithmen zur Basis 10 in Betracht. Diese sollen stets gemeint sein, wenn kurz „log" geschrieben wird. Da in beiden Systemen die Basis, e und 10, eine positive Zahl ist, so gibt es in ihnen, wie oben gezeigt, Logarithmen nur von positiven Zahlen.

Zunächst lassen sich sofort die dekadischen Logarithmen der ganzen Potenzen von 10 bestimmen.

Aus $10^0 = 1$ folgt $\log 1 = 0$
$10^1 = 10$ $\log 10 = 1$
$10^2 = 100$ $\log 100 = 2$ usw.
$10^{-1} = 0{,}1.$ $\log 0{,}1 = -1$
$10^{-2} = 0{,}01$ $\log 0{,}01 = -2$ usw.

---

[1]) Wollte man die Kurve $y = (-2)^x$ aufzeichnen, so würde man zu keinem zusammenhängenden Bilde kommen, da durcheinander positive

Der Logarithmus ist hier jedesmal gleich der Anzahl der Nullen und zwar positiv, wenn die Nullen hinter der 1, negativ, wenn die Nullen vor der 1 stehen.

Darauf gründet sich auch der praktische Vorzug der dekadischen Logarithmen, der darauf beruht, daß eine Kommaverschiebung lediglich die sogenannte Kennziffer, nämlich eine ganze Zahl, die vor dem Komma steht, oder die subtrahiert wird, ändert. In den Logarithmentafeln findet man dagegen die Ziffern, die hinter dem Komma stehen, die sogenannte Mantisse.

Also z. B. $\log 2 = 0{,}301$.

Es muß $0{,}\ldots$ heißen, da $\log 1 = 0$ und $\log 10 = 1$ ist, also alle Logarithmen einstelliger Zahlen zwischen 0 und 1 liegen.

$$\log 20 = \log(2 \cdot 10) = \log 10 + \log 2$$
$$= 1 + 0{,}301 = 1{,}301$$
$$\log 0{,}2 = \log(2 \cdot 0{,}1) = \log 2 + \log 0{,}1$$
$$= 0{,}301 - 1.$$

12. Die Berechnung der dekadischen Logarithmen aus den natürlichen und umgekehrt.

Ist $10^a = b$, so folgt nach der Logarithmendefinition

$$a = \log b$$

und, wenn man mit Benutzung der natürlichen Logarithmen logarithmiert,

$$a \ln 10 = \ln b.$$

Also wird

$$\log b \cdot \ln 10 = \ln b$$

oder

$$\log b = \frac{\ln b}{\ln 10}.$$

Man schreibt $\dfrac{1}{\ln 10} = m = 0{,}43429$ und nennt m den Modul der dekadischen Logarithmen.

Ist anderseits $e^c = b$, so wird

$$c = \ln b \quad \text{und} \quad c \cdot \log e = \log b$$

oder

$$\ln b \cdot \log e = \log b$$

$$\ln b = \frac{\log b}{\log e}.$$

($x = 2$), negative ($x = 1$) und imaginäre ($x = 1/2$) Werte für y auftreten. Daraus folgt umgekehrt, daß es zu einer negativen Basis nur einzelne reelle Logarithmen geben kann, nicht aber ein ganzes reelles Logarithmensystem.

Zusammen mit obigem Ergebnis folgt daraus

$$\log e = \frac{1}{\ln 10} = m.$$

13. Exponentialgleichungen. Gleichungen, bei denen die Unbekannte im Exponenten vorkommt, heißen Exponentialgleichungen. Man löst sie, indem man beide Seiten der Gleichung logarithmiert.

1. Beispiel:

$$3^{x+2} = 37$$
$$(x + 2) \log 3 = \log 37$$
$$x + 2 = \frac{\log 37}{\log 3}$$
$$x = \frac{\log 37}{\log 3} - 2 = \frac{1{,}5682}{0{,}4771} - 2.$$

Man beachte wohl, daß die Logarithmen selbst jetzt zu dividieren sind, daß also kein Numerus aufzuschlagen ist.

```
15,682 : 4,771 = 3,287
14 313
─────
 1 369
   954
 ─────
   415
   382
   ───
    33
    33
```

$$x = 3{,}287 - 2 = 1{,}287$$

Ergebnis: **x = 1,287**.

2. Beispiel:

$$\frac{0{,}42^{x+5}}{0{,}36} = 0{,}0284$$

$$x = \frac{\log 0{,}0284 + \log 0{,}36}{\log 0{,}42} - 5 = \frac{0{,}4533 - 2 + 0{,}5563 - 1}{0{,}6232 - 1} - 5$$

$$= \frac{1{,}0096 - 3}{0{,}6232 - 1} - 5 = \frac{-1{,}9904}{-0{,}3768} - 5$$

```
19,904 : 3,768 = 5,283
18 840
─────
 1 064
   754
 ─────
   310
   301
   ───
     9
```

$$x = 5{,}283 - 5 = 0{,}283$$

Ergebnis: **x = 0,28**.

Sechster Abschnitt.

Arithmetische und geometrische Reihen.

1. Der mathematische Begriff der Reihe. Eine Reihe ist eine Summe von Zahlen, die nach einem bestimmten mathematischen Gesetz gebildet werden. Beispiele sind

$$1 + 2 + 3 + \cdots + n;$$

zur Abkürzung geschrieben $\sum_{k=1}^{n} k$ für $n = 1, 2, 3 \ldots$, oder

$$1 + 3 + 5 + 7 + \cdots + (2n+1) = \sum_{k=0}^{n}(2k+1) \text{ für } n = 1, 2, 3 \ldots$$

Durch $(2n + 1)$ ist ausgedrückt, daß es sich immer nur um ungerade Zahlen handelt. Oder endlich

$$2^3 + 4^3 + 6^3 + \cdots + (2n)^3 = \sum_{k=1}^{n}(2k)^3 \text{ für } n = 1, 2, 3 \ldots$$

2. Die arithmetische Reihe. Das einfachste Bildungsgesetz einer Reihe wird man erhalten, wenn man eine konstante Zahl zu jedem Gliede addiert. Man definiert:

Eine Reihe heißt arithmetisch, wenn die Differenz jedes Gliedes, vermindert um das vorhergehende, einen konstanten Wert hat.

Ist a das Anfangsglied, d die Differenz, n die Anzahl der Glieder und s die Summe der Reihe, so wird

$$s = a + (a + d) + (a + 2d) + \cdots + (a + (n-1)d).$$

Oder kurz

$$s = \sum_{k=0}^{n-1}(a + kd).$$

Beispiele arithmetischer Reihen sind

$$s = 1 + 2 + 3 + \cdots + n$$
$$s = -14 - 7 + 0 + 7 + 14 + 21 + \cdots + (7n).$$

In jeder arithmetischen Reihe ist ein beliebiges Glied das arithmetische Mittel zwischen den beiden benachbarten Gliedern. $a + (k-1)d$; $a + kd$; $a + (k+1)d$ sind drei aufeinander folgende Glieder. In der Tat ist

$$a + kd = \frac{a + (k-1)d + a + (k+1)d}{2}.$$

Arithmetische und geometrische Reihen.

Das n^{te} Glied der Reihe werde mit t bezeichnet, so daß $t = a + (n-1)d$ ist. Dann kann die Reihe auch so geschrieben werden

$$s = a + (a+d) + (a+2d) + \cdots + (t-2d) + (t-d) + t.$$

Man sieht, daß die Summe des ersten und des letzten Gliedes gleich der Summe des zweiten und des vorletzten Gliedes usw. ist. Deshalb ermittelt man die Summe der Reihe, indem man eine zweite Reihe in umgekehrter Folge unter die erste schreibt und addiert.

$$\begin{aligned}s &= a + (a+d) + (a+2d) + \cdots + (t-2d) + (t-d) + t \\ s &= t + (t-d) + (t-2d) + \cdots + (a+2d) + (a+d) + a \\ \hline 2s &= (a+t) + (a+t) + (a+t) + \cdots + (a+t) + (a+t) + (a+t) \\ &= n(a+t)\end{aligned}$$

$$s = \frac{n}{2}(a+t) = \frac{n}{2}[2a + (n-1)d].$$

3. Übungen. 1. Die Summe der n ersten ganzen Zahlen ist $s = \frac{n(n+1)}{2}$; denn es ist $a = 1$ und $t = n$ zu setzen. So wird z. B. die Summe der Zahlen von 1 bis 100

$$s = \frac{100 \cdot 101}{2} = 5050.$$

2. In wieviel Stunden legt ein Radfahrer eine Strecke von 90 km zurück, wenn er anfangs mit einer Geschwindigkeit von 20 km in der Stunde fährt und in jeder weiteren Stunde durchschnittlich 1 km weniger zurücklegt?

$$s = 90 \text{ km}; \quad a = 20 \frac{\text{km}}{\text{Std.}}; \quad d = -1; \quad n = ?$$

$$90 = \frac{n}{2}[40 - (n-1)] = \frac{n}{2}(41 - n)$$

$$n^2 - 41n = -180$$

$$n_{\frac{1}{2}} = \frac{41}{2} \pm \sqrt{\frac{1681}{4} - \frac{720}{4}} = \frac{41}{2} \pm \frac{31}{2}.$$

$$n_1 = 36 \text{ Std.}; \quad n_2 = 5 \text{ Std.}$$

Der Radfahrer gebraucht 5 Std.

Der zweite Wert $n_1 = 36$ Std. ergibt sich aus der Summe $20 + 19 + 18 + 17 + 16 + 15 + \cdots + 0 - 1 - 2 - \cdots - 15$.

4. Die geometrische Reihe.

Eine zweite einfache Reihe wird man mit Hilfe der Multiplikation erhalten, wenn man jedes Glied mit einem konstanten Faktor multipliziert. Man definiert:

Eine Reihe heißt geometrisch, wenn der Quotient jedes Gliedes dividiert durch das vorhergehende einen konstanten Wert hat.

Ist a das Anfangsglied, q der Quotient, n die Anzahl der Glieder und s die Summe der Reihe, so wird

$$s = a + a \cdot q + a \cdot q^2 + a \cdot q^3 + \cdots + a \cdot q^{n-1} = \sum_{k=0}^{n-1} a \cdot q^k$$

für $n = 1, 2, 3 \ldots$

Beispiele sind

$$s = 1 + 2 + 4 + 8 + \cdots + 2^n$$

$$s = 3 - \frac{3}{2} + \frac{3}{4} - \frac{3}{8} + - \cdots + \frac{3}{(-2)^n}.$$

Jedes Glied der geometrischen Reihe ist das geometrische Mittel, die mittlere Proportionale, zwischen den beiden benachbarten Gliedern.

Sind $a \cdot q^{k-1}$; $a \cdot q^k : a \cdot q^{k+1}$ die drei benachbarten Glieder, so besteht wirklich die Proportion

$$\frac{a \cdot q^{k-1}}{a \cdot q^k} = \frac{a \cdot q^k}{a \cdot q^{k+1}}.$$

Die Summe von n Gliedern der Reihe erhält man wieder durch einen kleinen Kunstgriff, indem man die folgenden beiden Reihen voneinander subtrahiert:

$$\begin{aligned} s &= a + a \cdot q + a \cdot q^2 + \cdots + a \cdot q^{n-1} \\ q \cdot s &= \phantom{a + {}} a \cdot q + a \cdot q^2 + \cdots + a \cdot q^{n-1} + a \cdot q^n \\ \hline s(1-q) &= a \phantom{{}+ a \cdot q + a \cdot q^2 + \cdots + a \cdot q^{n-1}} - a \cdot q^n \end{aligned}$$

$$s = a \frac{1 - q^n}{1 - q} = a \frac{q^n - 1}{q - 1}.$$

Auch in diese Formel kann man das n^{te} Glied der Reihe $t = a \cdot q^{n-1}$ einführen. Es wird $t \cdot q = a q^n$ also

$$s = \frac{t q - a}{q - 1}.$$

Während die erste Summenformel q in der ersten und n^{ten} Potenz enthält, also nach q im allgemeinen nur näherungsweise aufgelöst werden kann, ist die zweite Summenformel eine Gleichung ersten Grades für q, falls natürlich t selbst schon gegeben ist.

Arithmetische und geometrische Reihen.

Die Auflösung nach a, n oder q liefert die Formeln

$$a = s\frac{1-q}{1-q^n}; \quad n = \frac{\log[s(q-1)+a] - \log a}{\log q}; \quad q = \frac{s-a}{s-t}.$$

5. Die unendliche fallende geometrische Reihe. Ist in der geometrischen Reihe q ein echter Bruch, z. B. 1 : p, so daß also

$$-1 < \frac{1}{p} < +1$$

ist, und läßt man die Anzahl der Glieder n unendlich groß werden, so ist

$$(q^n)_{n=\infty} = \frac{1}{p^\infty} = \frac{1}{\infty} = 0.$$

Auch bei der unendlichen Reihe soll von einer Summe der unendlich vielen Glieder gesprochen werden, indem man darunter den Grenzwert versteht, dem sich die Summe der Glieder beliebig nähert, wenn man eine beliebig große Anzahl addiert. Da in diesem Falle $q^n = 0$ wird, so erhält die Summenformel der geometrischen Reihe die Form

$$s = \frac{a}{1-q}.$$

Daß bei der unendlichen fallenden geometrischen Reihe wirklich eine endliche Summe, also ein endlicher Grenzwert, vorhanden ist, wird später gezeigt werden.

An einem Beispiel kann es sogleich der Anschauung entnommen werden. Nach den Formeln ist

$$s = 1 + \frac{1}{2} + \frac{1}{4} + \frac{1}{8} + \cdots = \frac{1}{1 - \frac{1}{2}} = 2.$$

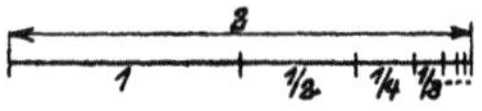

Fig. 44.

Diese Reihe kann geometrisch dargestellt werden durch fortgesetztes Halbieren einer Strecke von der Länge 2, wie es Fig. 44 zeigt.

Siebenter Abschnitt.
Zins- und Zinseszinsrechnung.

1. Die Zinsrechnung. Unter Zinsen versteht man die Vergütung oder den Mietpreis für leihweise Überlassung eines Geldbetrages. Den Betrag der Zinsvergütung gibt man auf 100 M als Kapital und auf die Mietdauer von einem Jahr bezogen an. Man sagt, das Kapital K_0 sei zu 4 Prozent, geschrieben 4 %, verliehen; d. h. die Zinsen sind so zu berechnen, wie einer Zinsvergütung von 4 M für 100 M Kapital während eines Jahres entspricht.

Bezeichnet man mit Z die Zinsen, mit p den Prozentsatz, mit n die Anzahl der Jahre, so besteht folglich die Proportion

$$\frac{K_0}{Z} = \frac{100}{n \cdot p}.$$

Daraus folgt

$$Z = \frac{n \cdot p}{100} K_0.$$

Sind die K_0 M nach n Jahren auf K_n M angewachsen, so wird

$$K_n = K_0 + Z = K_0 + \frac{n \cdot p}{100} K_0$$

$$\boldsymbol{K_n = K_0 \left(1 + \frac{n \cdot p}{100}\right).}$$

2. Die Berechnung der Zeit. In den meisten praktisch vorkommenden Fällen hat man es mit Zinsen auf Tage zu tun. Im kaufmännischen Verkehr ist es üblich:

den Tag der Einzahlung oder den Tag der Rückzahlung mitzuverzinsen;

den Monat zu 30 und deshalb das Jahr zu 360 Tagen zu rechnen.

Die Anzahl der Tage ermittelt man am einfachsten in einer Art Bruchrechnung. Soll die Anzahl Tage vom 3. März bis zum 7. Mai eines Jahres gefunden werden, so wäre n = 27 (im März) + 30 (im April) + 7 (im Mai) Tage = 64 Tage.

Dasselbe Ergebnis erhält man einfacher, wenn man den 3. März mit $\frac{3}{\text{III}}$ und den 7. Mai mit $\frac{7}{\text{V}}$ bezeichnet und den Bruch $\frac{7-3}{\text{V}-\text{III}} = \frac{4}{\text{II}}$ bildet. Jetzt bedeutet $\frac{4}{\text{II}}$ aber 2 Monate + 4 Tage = 64 Tage.

Andere leicht verständliche Beispiele sind:
6. Mai bis 3. August.

$$\frac{3-6}{\text{VIII}-\text{V}} = \frac{'33-6}{\text{VII}-\text{V}} = \frac{27}{\text{II}} = 60+27 = 87 \text{ Tage.}$$

2. Oktober bis 31. Dezember

$$\frac{30-2}{\text{XII}-\text{X}} = \frac{28}{\text{II}} = 28+60 = 88 \text{ Tage.}$$

Es mußte $\frac{30}{\text{XII}}$ gesetzt werden, da nur 30 Tage im Monat zu rechnen sind.

13. Oktober 1910 bis 23. Januar 1911.

$$\frac{23-13}{\text{XIII}-\text{X}} = \frac{10}{\text{III}} = 10+90 = 100 \text{ Tage.}$$

Die Zinsberechnung erfolgt nach der Formel

$$Z = \frac{K_0}{100} \cdot \frac{p \cdot \text{Tage}}{360}.$$

Gewöhnlich bestimmt man zuerst den sogenannten Zinsdivisor $360 : p$. Dann ist

$$Z = \frac{K_0}{100} \cdot \frac{\text{Tage}}{\text{Zinsdivisor}}$$

und

$$K_n = K_0 \left(1 + \frac{\text{Tage}}{100 \cdot \text{Zinsdivisor}}\right).$$

Beispiel. Wieviel Zinsen bringen 425 M zu $3^1/_3 \%$ vom 15. Februar bis zum 24. Oktober 1912?

Der Zinsdivisor ist $360 : 3^1/_3 = 108$.

Die Anzahl Tage ist

$$\frac{24-15}{\text{X}-\text{II}} = \frac{9}{\text{VIII}} = 9+240 = 249.$$

Also wird

$$Z = \frac{425 \cdot 249}{100 \cdot 108} = \frac{4{,}25 \cdot 249}{108} = 9{,}80 \text{ M.}$$

3. Die Diskontrechnung. Ist eine Schuld zu irgendeinem bestimmten Termin fällig, wird sie aber mit gegenseitigem Einverständnis vor dem Verfallstage der Schuld eingelöst, so ist die zu leistende Zahlung etwas geringer als am Verfallstage, da die Zinsen bis zu diesem Termin in Abzug zu bringen sind. Man nennt diesen Abzug Diskont.

Algebra.

Da der Endwert K_n gegeben, dagegen K_0 gesucht ist, so hätte man eigentlich nach der Proportion

$$\frac{K_n}{Z} = \frac{100 + p \cdot n}{p \cdot n}$$

zu rechnen, worin Z der Diskont wäre. Tatsächlich muß diese Formel im Rechtsverkehr angewendet werden; wo dann übrigens auch die genaue Zahl von Tagen und das Jahr zu 365 Tagen zu setzen sind.

Im kaufmännischen Verkehr setzt man einmal der einfacheren Berechnung wegen, dann aber auch, weil der Unterschied in der Regel viel zu gering wird,

$$\frac{K_n}{Z} = \frac{100}{n \cdot p},$$

also

$$\textbf{Diskont} = \frac{\textbf{K}_\textbf{n} \cdot \textbf{p} \cdot \textbf{n}}{\textbf{100}} = \frac{\textbf{K}_\textbf{n} \cdot \textbf{p} \cdot \textbf{Tage}}{\textbf{360} \cdot \textbf{100}};$$

n bedeutet Anzahl der Jahre.

Beispiel. Eine Schuld von 600 M war am 16. September 1912 fällig. Durch welche Summe ist sie am 1. Oktober 1911 abgelöst worden, wenn 3% gerechnet werden?

Die Anzahl Tage ist

$$\frac{16 - 1}{XXI - X} = \frac{15}{XI} = 15 + 330 = 345 \text{ Tage}.$$

Der Zinsdivisor ist 360 : 3 = 120

$$\text{Diskont} = \frac{6{,}00 \cdot 345}{120} = 0{,}05 \cdot 345 = \textbf{17{,}25 M.}$$

Soll

19..		Tage	Zahlen	Betrag
Jan. 15	Scheck Nr. 17. . . .	15	30	M 200,—
März 10	Bar erhalten	70	210	M 300,—
April 20	Scheck Nr. 18. . . .	110	275	M 250,—
Mai 13	Zahlung an N. N. . .	133	160	M 120,—
Juni 21	Scheck Nr. 19 . . .	171	226	M 132,—
Juni 30	Kap.-Saldo M 340,50 .	180	613	
Juni 30	Saldo auf neue Rechnung			M 348,48
			1514	M 1350,48

4. Die Kontokorrentrechnung.

Hier sollen nur Kontokorrente im Bankverkehr, wie sie zwischen Privatpersonen und Banken weit verbreitet sind, kurz behandelt werden. Wenn ein Beamter z. B. sein Gehalt regelmäßig einer Bank überweisen läßt und dieser die gesamte Verwaltung des Geldes überträgt, so eröffnet ihm die Bank ein Kontokorrent. Die Bank übernimmt auf Anweisung die gesamten Zahlungen bis zu dem überwiesenen Betrage und verzinst dazu das Guthaben des Kunden mit einem geringen Zinsfuß (etwa 2%). Der Vorteil der Bank beruht natürlich darin, daß sie selbst für sich mit dem Gelde einen höheren Zinsgewinn erzielt.

Der Verkehr des Kunden mit der Bank wird zunächst durch sogenannte Schecks geregelt. Der Kunde erhält ein Buch, Scheckbuch, auf dessen einzelne Blätter er schriftlich der Bank Anweisungen zur Zahlung irgendwelcher Beträge an namhaft gemachte Personen erteilt. Halbjährlich, am 1. Januar und 1. Juli, erhält der Kunde seine Abrechnung von der Bank. Untenstehend ist schematisch ein Beispiel solcher Abrechnung gegeben.

Soll und Haben beziehen sich auf den Kunden; d. h. der Sollbetrag ist das, was der Kunde zu zahlen hat, während das Haben sein Guthaben bei der Bank bedeutet. Die Zinsberechnung geschieht nach der Formel

$$Z = \frac{K_0 \cdot n \cdot p}{100 \cdot 360}.$$

Da der Zinsfuß $p = 2\%$ während der ganzen Periode konstant bleibt, so wird unter der Rubrik »Zahlen« sogleich der Wert $\frac{K_0 \cdot n}{100}$ aufgeschrieben. Also z. B. bei 200 M und 15 Tagen der

Haben

19..		Tage	Zahlen	Betrag
Jan. 1	Saldo vor. Rechnung			M 27,50
Jan. 1	Bar eingezahlt . . .			M 1200,—
März 7	Versch. Coupons . .	67	77	M 115,—
Juni 30	Zinsen à 2% . .		1437	M 7,98
			1514	M 1350,48
Juli 1	Saldovortrag . . .			M 348,48

Wert $\frac{200 \cdot 15}{100} = 30$. Die Tage geben an, wie lange die Bank den Betrag von 200 M zu verzinsen hat, nämlich vom 1. bis 15. Januar. Auf der anderen Seite geben umgekehrt die Tage an, für wieviel Tage der Kunde die Zinsen verliert, da der Betrag weniger als 180 Tage auf Zinsen stand.

Am Ende des Jahres subtrahiert man die unter Betrag stehenden Summen 1342,50 — 1002,00 = 340,50 M unter Haben. Ohne Zinsen wäre dieser Betrag der Saldovortrag der nächsten Rechnung. So aber muß der Betrag unter Soll gebucht werden, um Tage und Zahlen für ihn zu bestimmen; denn dieser Betrag wird gewissermaßen am letzten Tage von der Bank ausgezahlt, ist also von ihr 180 Tage zu verzinsen.

Unter Soll gibt die Summe aller »Zahlen« 1514, rechts 77; bleibt als Differenz 1514 — 77 = 1437. Links steht die Verpflichtung der Bank, Zinsen zu zahlen, rechts die des Kunden. Es bleiben also für die Bank die Zinsen von 1437 zu 2% zu vergüten, die also eine Einnahme des Kunden sind und daher unter Haben gebucht werden.

Das Saldo der neuen Rechnung unter Haben wird vorher noch unter Soll eingetragen, nur damit zur besseren Kontrolle links und rechts in der Rechnung dieselben Beträge stehen.

Nach dem hier gegebenen ausführlichen Beispiel wird es jedem leicht werden, sich auch bei Berechnungen nach anderen ähnlichen Methoden zurechtzufinden. Insbesondere ist es leicht, die sogenannte Zinsnota nachzurechnen, wie sie von Banken ausgegeben zu werden pflegt, auf der unmittelbar untereinander Einnahmen und Ausgaben gebucht und die Zinszahlen für die dazwischenliegende Zeit angegeben zu werden pflegen.

5. Zinseszinsrechnung. Man sagt, ein Kapital stehe auf Zinseszinsen, wenn die Zinsen am Verfallstage nicht bezahlt, sondern zum Kapital geschlagen und mit diesem vom Schuldner weiterverzinst werden.

Im gewöhnlichen Schuldverkehr zwischen Privatschuldnern ist es gesetzlich verboten, Zinseszinsen zu vereinbaren. Dagegen ist diese Berechnungsart zulässig und üblich z. B. bei Sparkassen, im Kontokorrentverkehr mit Banken, bei der Tilgung von Anleihen, bei der Lebens- und Rentenversicherung usw.

Ist ein Anfangskapital K_0 zu p%n Jahre lang auf Zinseszins verliehen, so ist am Ende des ersten Jahres

$$K_1 = K_0 + K_0 \frac{p}{100} = K_0 \left(1 + \frac{p}{100}\right).$$

Man pflegt $1 + \dfrac{p}{100}$ den Zinsfaktor zu nennen und schreibt dafür q oder auch 1,0 p, zwar unmathematisch, aber leicht verständlich. Nennt man entsprechend K_2, K_3 usw. das Kapital am Ende des 2., 3. usw. Jahres, so erhält man der Reihe nach

$$K_1 = K_0 \cdot q$$
$$K_2 = K_1 \cdot q = K_0 \cdot q^2$$
$$K_3 = K_2 \cdot q = K_0 \cdot q^3 \text{ usw.}$$
$$\mathbf{K = K_0\, q^n}. \quad \text{(Leibniz 1683.)}$$

Beispiel. Die Maschinen einer Fabrik kosten 15 000 M. Welchen Wert haben sie nach 10 Jahren, wenn die jährliche Abnutzung auf 7 % angenommen wird?

Hier sind die Zinsen in jedem Jahre vom Kapital abzuziehen, so daß $q = 1 - \dfrac{p}{100} = 1 - 0{,}07 = 0{,}93$ wird.

$$K_n = K_0 \left(1 - \frac{p}{100}\right)^n$$
$$= 15\,000 \cdot 0{,}93^{10}$$
$$10 \cdot \log 0{,}93 = 9{,}685 - 10$$
$$\log 15\,000 = 4{,}176$$
$$\overline{\log K_n = 3{,}861}$$
$$K_n = 7260 \text{ M.}$$

6. Schuldentilgung, Amortisation von Anleihen. Eine Schuld von K_0 M sei mit p % zu verzinsen. Die Schuld soll durch jährliche Abzahlung von a M in n Jahren getilgt werden. Die Abzahlungen erfolgen am Ende eines jeden Jahres.

Man erhält:
$$K_1 = K_0 \cdot q - a$$
$$K_2 = K_1 \cdot q - a = K_0 \cdot q^2 - a \cdot q - a$$
$$K_3 = K_2 \cdot q - a = K_0 q^3 - a q^2 - a q - a \text{ usw.}$$
$$K_n = 0 = K_0 q^n - a q^{n-1} - a q^{n-2} - a q^{n-3} - \cdots - a.$$

Liest man die a enthaltenden Glieder rückwärts:

$$-(a + a q + a q^2 + \cdots + a q^{n-1}),$$

so erkennt man eine geometrische Reihe mit dem Anfangsgliede a und der Anzahl der Glieder n. Ihre Summe ist

$$a \frac{q^n - 1}{q - 1}.$$

Folglich wird

$$\mathbf{K_0 \cdot q^n = a\, \frac{q^n - 1}{q - 1}}. \quad \text{(Euler 1748.)}$$

Nach dieser Formel findet auch die Amortisation von Anleihen durch gleiche Jahresleistungen statt.

In derselben Weise hat man bei Aufgaben folgender Art zu rechnen. Wenn bei einer Sparkasse jährlich a M eingezahlt werden, wie groß wird das Kapital nach n Jahren?

$$K_n = a \frac{q^n - 1}{q - 1}.$$

Findet die Einzahlung des Kapitals am Anfange jedes Jahres statt, so steht die ganze Summe ein Jahr länger auf Zinsen, so daß

$$K_n = a \cdot q \frac{q^n - 1}{q - 1}$$

wird.

Endlich ist bei der Schuldentilgungsformel noch der Fall zu berücksichtigen, daß die Schuldentilgung erst r Jahre nach der Einzahlung der K_0 M und in n Raten erfolgt. Dann stehen zunächst die K_0 M ohne Abzahlung $r - 1$ Jahre auf Zinsen, im r^{ten} Jahre erfolgt die erste Rückzahlung. Die Gleichung wird

$$\mathbf{K_0 \cdot q^{n+r-1} = a \frac{q^n - 1}{q - 1}}.$$

Beispiel: Eine Schuld von 10 000 M soll durch 8 Jahresraten getilgt werden. Wie groß sind die Raten, wenn 5% berechnet werden?

$$10\,000 \cdot 1{,}05^8 = a \frac{1{,}05^8 - 1}{0{,}05}$$

$\log 1{,}05 = 0{,}0211\,893$ $\log 10\,000 = 4{,}0000$
$8 \cdot \log 1{,}05 = 0{,}1695\,(144)$ $8 \cdot \log 1{,}05 = 0{,}1695$
$1{,}05^8 = 1{,}4773$ $\log 0{,}05 = 0{,}6990 - 2$
$1{,}05^8 - 1 = 0{,}4773$ $= 4{,}8685 - 2$
                          $\log (1{,}05^8 - 1) = 0{,}6788 - 1$
                                  $\log a = 3{,}1897$
                                       $a = 1548$

Die jährliche Rate beträgt 1548 M.

7. Zinszuschlag in Bruchteilen des Jahres.

Der Prozentsatz wird immer auf das Jahr bezogen angegeben; dagegen erfolgt häufig der Zinszuschlag in $1/2$, $1/4$ usw. Jahren. In diesem Falle rechnet man so, daß man den entsprechenden Bruchteil der Prozente einsetzt und den Jahresbruchteil als neue Zeiteinheit wählt.

Ist z. B. das Kapital K_0 zu 6% ausgeliehen, sollen aber die Zinsen monatlich während 10 Jahre zum Kapital geschlagen wer-

den, so ist der neue Zinsfuß $\frac{6}{12} = 0,5$, und statt 10 Jahre sind 120 Monate zu setzen. Also ergibt sich jetzt
$$K_n = K_0 (1 + 0{,}005)^{120}.$$
Erfolgt allgemein der Zinszuschlag im s^{ten} Teil des Jahres, so lautet die Formel
$$\mathbf{K_n = K_0 \left(1 + \frac{p}{s \cdot 100}\right)^{n \cdot s}}.$$

Bei diesem Verfahren wird K_n tatsächlich größer, als bei jährlichem Zinszuschlag; denn die am Ende des ersten, zweiten usw. Bruchteiles des Jahres zugeschlagenen Zinsen werden noch im Laufe des Jahres mitverzinst, so daß mehr als $p\%$ fürs Jahr herauskommen.

8. Zinszuschlag in jedem Moment. Hier schließt sich unmittelbar die Frage an, nach der Größe des Endkapitals, wenn die Zinsen in jedem Moment zum Kapital geschlagen werden. In diesem Falle ist $s = \infty$ zu setzen. Also wird

$$K_n = K_0 \left[\left(1 + \frac{p}{s \cdot 100}\right)^{n \cdot s}\right]_{s = \infty} = K_0 \left[\left(1 + \frac{\frac{p}{100}}{s}\right)^{s}\right]^n_{s = \infty}.$$

Der Klammerausdruck hat den Wert $e^{\frac{p}{100}}$, wie früher gezeigt wurde. Danach wird
$$\mathbf{K_n = K_0\, e^{\frac{p \cdot n}{100}}}.$$

Beispiel: In welcher Zeit verdoppelt sich ein Kapital bei 5%, wenn die Zinsen in jedem Moment zum Kapital geschlagen werden?

$$K_n = 2\,K_0$$
$$2\,K_0 = K_0\, e^{\frac{n}{20}}$$
$$\frac{n}{20} = \ln 2$$
$$n = 20 \cdot \ln 2 = 20 \cdot 0{,}6931 = 13{,}862\,.$$

Das Kapital verdoppelt sich in 13,862 Jahren.

80 Algebra.

Achter Abschnitt.
Differential- und Integralrechnung.

1. Die Geschwindigkeit bei einer ungleichförmigen Bewegung. Ein Körper K möge die in Fig. 45 dargestellte schiefe

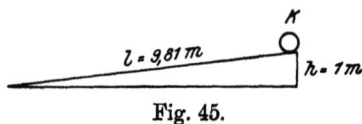

Fig. 45.

Ebene herabrollen. Sieht man von der Reibung ab, so ist der in der Zeit t zurückgelegte Weg s, wenn man die Beschleunigung mit p bezeichnet,

$$s = \frac{1}{2} p t^2.$$

Nennt man die Erdbeschleunigung $g = 9{,}81 \frac{m}{sec^2}$, so bleibt hier die Beschleunigung

$$p = \frac{h}{l} g = \frac{1}{9{,}81} 9{,}81 = 1 \frac{m}{sec^2}.$$

Folglich ist in diesem Beispiel der Weg:

$$s = \frac{1}{2} t^2.$$

In Fig. 46 ist das Diagramm dieses Weges mit Benutzung der nebenstehend berechneten Tabelle gezeichnet.

Es soll die Geschwindigkeit berechnet werden, welche der Körper besitzt, wenn er zwei Sekunden lang herabgerollt ist.

Dem entspricht in der Fig. 46 der Punkt A. Da aber die Geschwindigkeit beständig zunimmt, so bleibt nichts andres übrig, als zunächst die mittlere Geschwindigkeit während eines kurzen Zeitteilchens zu berechnen. Solch eine Differenz zweier kurz aufeinander folgenden Zeitpunkte soll Δt[1]) genannt werden. Also berechnet man die Geschwindigkeit, indem man die kleine Wegzunahme während der Zeit Δt, sie möge Δs heißen, durch Δt dividiert. Es wird folglich

$$v_m = \frac{\Delta s}{\Delta t}.$$

---

[1]) Δ, gesprochen Delta, ist der griechische Buchstabe für D.

Differential- und Integralrechnung.

Läßt man die Zeitteilchen Δt immer kleiner und kleiner werden, z. B. der Reihe nach 1 Sek., 0,1 Sek., 0,01 Sek. usw., so wird man der gesuchten Geschwindigkeit im Zeitpunkte $t = 2$ Sek. näher und näher kommen. Man kann sich vorstellen, daß man

t	s
0	0
1	0,5
2	2
3	4,5
4	8
5	12,5
6	18
7	24,5
usw.	

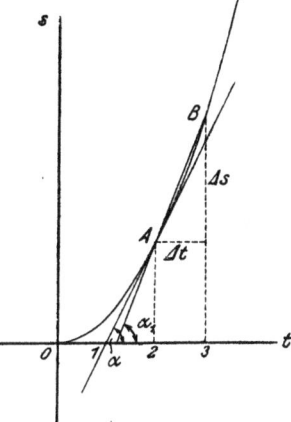

Fig. 46

sie genau erhält, wenn man die Wegzunahme während einer unendlich kurzen Zeit durch diese unendlich kurze Zeit dividiert. Zur Unterscheidung von den zwar kleinen aber doch immer noch endlichen Werten Δs und Δt schreibt man für die unendlich kleinen ds und dt. Es ist dann also

$$v = \frac{ds}{dt}.$$

Nun soll erst einmal das Beispiel durchgerechnet werden. Nach 2 Sek. war der Weg 2 m und nach 3 Sek. 4,5 m. Daher bekommt man als erste Annäherung:

$$v_1 = \frac{\Delta_1 s}{\Delta_1 t} = \frac{4,5 - 2}{1} = 2,5 \frac{m}{sec}.$$

Wählt man jetzt $\Delta_2 t = 0,1$ Sek., so ist nach 2,1 Sek.

$$s_2 = \frac{1}{2} 2,1^2 = \frac{1}{2} 4,41 = 2,205 \text{ m}$$

und folglich

$$v_2 = \frac{\Delta_2 s}{\Delta_2 t} = \frac{2,205 - 2}{0,1} = \frac{0,205}{0,1} = 2,05 \frac{m}{sec}.$$

Entsprechend findet man

Neuendorff, Lehrbuch der Mathematik. 2. Aufl.

$$v_3 = \frac{\Delta_3 s}{\Delta_3 t} = \frac{2{,}02005 - 2}{0{,}01} = \frac{0{,}02005}{0{,}01} = 2{,}005 \, \frac{m}{sec},$$

$$v_4 = 2{,}0005 \, \frac{m}{sec} \quad \text{usw.}$$

Man erkennt, daß die 5 immer weiter nach rechts rückt. Also wird man schließen dürfen, daß der Grenzwert, den der Quotient $\Delta s : \Delta t$ erreicht, wenn Δt unendlich klein wird, die Zahl 2 selbst ist. Nach der oben erklärten Bezeichnung ist also

$$v = \frac{ds}{dt} = 2 \, \frac{m}{sec}.$$

Man nennt $\Delta s : \Delta t$ einen **Differenzenquotienten** und den Grenzwert dieses Quotienten, den man erhält, wenn Δt unendlich klein geworden ist, also $ds : dt$ einen **Differentialquotienten**.

2. Berechnung des Differentialquotienten aus dem Differenzenquotienten. Nun soll noch einmal das soeben besprochene Beispiel aber in allgemeinen Formeln behandelt werden. Zur Zeit t war der zurückgelegte Weg

$$s = \frac{1}{2} p t^2.$$

Während des Zeitteilchens Δt sei der Wegzuwachs Δs, so daß zur Zeit $t + \Delta t$ der Weg $s + \Delta s$ zurückgelegt ist, den man nach der Formel zu berechnen hat:

$$s + \Delta s = \frac{1}{2} p (t + \Delta t)^2.$$

Die Differenz beider Wege ergibt:

$$s + \Delta s - s = \frac{1}{2} p (t + \Delta t)^2 - \frac{1}{2} p t^2$$

$$\Delta s = \frac{1}{2} p (2 t \Delta t + \Delta t^2).$$

Daraus folgt

$$v_m = \frac{\Delta s}{\Delta t} = \frac{1}{2} p (2t + \Delta t) = pt + \frac{1}{2} p \Delta t.$$

Läßt man Δt unendlich klein werden und schreibt für den Grenzwert $ds : dt$, so wird für $\Delta t = 0$

$$v = \frac{ds}{dt} = pt,$$

übereinstimmend mit dem oben gefundenen Ergebnis.

Differential- und Integralrechnung. 83

Man beachte, daß zwar ds und dt selbst unendlich kleine Größen sind, daß demgegenüber der Grenzwert ds : dt, also der Differentialquotient, sehr wohl einen endlichen Wert haben kann.

Beispiele: 1) Man berechne dy : dx für $x = 3$, wenn $y = 2x^2 + 4x + 7$ ist.

2) Man berechne du : dv für $u = 0{,}5$, wenn $u = v^3 - 4v^2 + 6$ ist.

3. Geometrische Deutung des Differentialquotienten. Die Steigung einer Geraden ist der Tangens des Winkels, den die positive Richtung der horizontalen Achse mit der Geraden einschließt. Danach ist in Fig. 46 die Steigung von AB:

$$\operatorname{tg} \alpha_1 = \frac{\Delta_1 s}{\Delta_1 t}.$$

Dreht man die Sekante um A herum, so daß B immer näher an A heranrückt, d. h. läßt man Δt immer kleiner werden, so erreicht man die Grenzlage für $\Delta t = 0$, wenn also B in A hineinfällt. In diesem Falle wird die Sekante zur Tangente und der Differenzenquotient zum Differentialquotienten, d. h. es wird

$$\operatorname{tg} \alpha = \frac{ds}{dt}.$$

Der Differentialquotient in einem Kurvenpunkt ist gleich der Steigung der Tangente in diesem Kurvenpunkt.

Beispiel. Man überlege, in welchen Kurvenpunkten der Differentialquotient positiv, negativ, 0 oder ∞ ist.

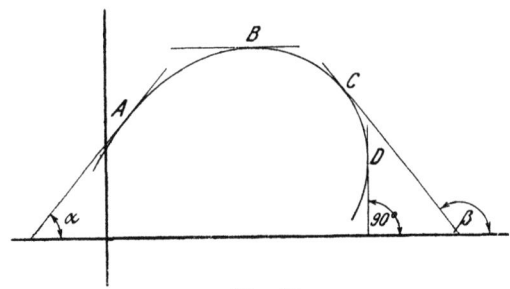

Fig. 47.

In Fig. 47 ist der Differentialquotient positiv in A, 0 in B, negativ in C und ∞ in D.

6*

4. Die Ableitung einer beliebigen Funktion.

Es sei irgendeine Funktion
$$y = f(x)$$
gegeben. Ist x ein beliebiger Punkt, dann hat ein benachbarter die Abszisse $x + \Delta x$ und der Funktionswert wächst um Δy, so daß
$$y + \Delta y = f(x + \Delta x)$$
wird. Die Differenz der beiden Werte ist
$$\Delta y = f(x + \Delta x) - f(x)$$
und der Differenzenquotient wird
$$\frac{\Delta y}{\Delta x} = \frac{f(x + \Delta x) - f(x)}{\Delta x}.$$

Geht man zur Grenze $\Delta x = 0$ über, so ergibt sich
$$\frac{dy}{dx} = \left[\frac{f(x + \Delta x) - f(x)}{\Delta x}\right]_{\Delta x = 0}.$$

Der Übergang zur Grenze darf natürlich erst ausgeführt werden, nachdem man in der Klammer durch Δx dividiert hat, da man sonst nur den unbestimmten Wert $0 : 0$ erhielte.

Der Differentialquotient ist selbst wieder eine Funktion von x, welche man die Ableitung der Funktion $f(x)$ nennt und als solche mit $f'(x)$ oder y' bezeichnet.

Also ist das Ergebnis:

Die Ableitung oder der Differentialquotient der Funktion $y = f(x)$ ist der Grenzwert:
$$\mathbf{y' = f'(x) = \frac{dy}{dx} = \left[\frac{f(x + \Delta x) - f(x)}{\Delta x}\right]_{\Delta x = 0}}.$$

Die Erfahrungstatsache, daß die Steigung der Tangente in jedem Kurvenpunkte einen bestimmten Wert hat, und daß ein sich beliebig bewegender Körper in jedem Augenblick eine bestimmte Geschwindigkeit besitzt, zeigen uns zugleich, daß der Differenzenquotient im allgemeinen wirklich einen und nur einen Grenzwert hat. Ausnahmen, die wohl vorkommen, sind für uns ohne Interesse.

Der Differentialquotient wird besonders dadurch wichtig, daß er die Möglichkeit gibt, auch ungleichförmig verlaufende Vorgänge irgendwelcher Art in jedem Augenblick rechnerisch zu untersuchen. Dadurch wird die Differentialrechnung zu einer notwendigen Ergänzung der graphischen Darstellung der Funktionen.

Im Gegensatz zum Differenzenquotienten hat der Differentialquotient an einer bestimmten Stelle nur einen bestimmten Wert.

Dagegen hat auch er in verschiedenen Kurvenpunkten im allgemeinen verschiedene Werte.

5. Zur Geschichte der Differential- und Integralrechnung.

Die Methoden der Integralrechnung finden sich schon im Altertum vor; besonders sind die Flächen- und Körperberechnungen und Schwerpunktsbestimmungen von Archimedes (287—212) zu nennen. Diese und ähnliche Methoden sind, nachdem sie im Mittelalter in Vergessenheit geraten waren, im 16. und 17. Jahrhundert weiter ausgebaut worden. Mit vollem Bewußtsein haben indessen die neue Rechnungsart, nämlich Differential- und Integralrechnung, zwei Männer fast gleichzeitig und völlig unabhängig voneinander geschaffen: der deutsche Philosoph und Mathematiker Leibniz (1646—1716) und der englische Physiker und Mathematiker Newton (1642—1727). Die allgemein gebräuchlichen Zeichen d und $\int$ stammen von Leibniz. Neuerdings ist aber auch die Newtonsche Schreibweise $\dot{x}$ für $\dfrac{dx}{dt}$, wo t die Zeit bedeutet, wieder in Aufnahme gekommen.

6. Beispiele.

a) **Die Ableitung einer Konstanten ist Null.** Die Funktion $y = a$ besitzt als Bild eine Parallele zur x-Achse im konstanten Abstand a, siehe Fig. 48. Da sie mit der x-Achse einen Winkel von $0°$ einschließt, so ist

$$\operatorname{tg} \alpha = \operatorname{tg} 0° = \frac{da}{dx} = 0.$$

Analytisch wäre

$$\frac{\Delta y}{\Delta x} = \frac{a + 0 - a}{\Delta x} = 0;$$

also ist der Grenzwert für $\Delta x = 0$

$$\frac{da}{dx} = 0.$$

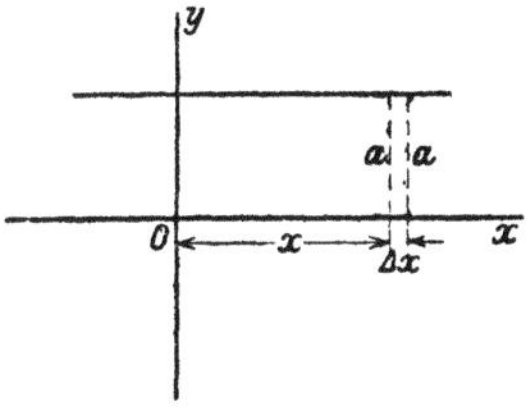

Fig. 48. 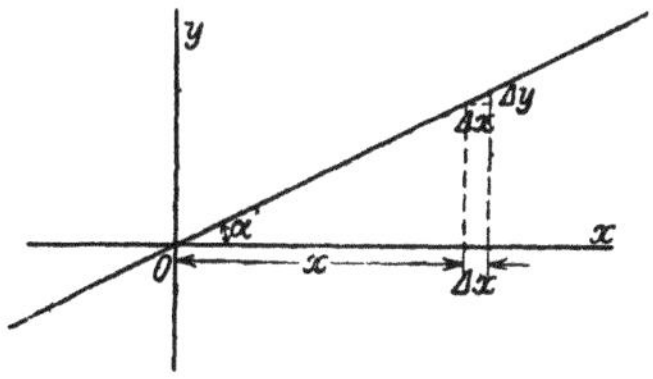   Fig. 49.

b) $y = ax$. Das Bild der Funktion ist eine Gerade durch den Koordinatenanfangspunkt, Fig. 49. Der Differentialquotient

ist gleich der Steigung der Geraden
$$\frac{dy}{dx} = \frac{d(ax)}{dx} = a.$$

Analytisch wäre die Herleitung
$$\frac{\Delta y}{\Delta x} = \frac{a(x + \Delta x) - ax}{\Delta x} = \frac{ax + a \cdot \Delta x - ax}{\Delta x} = a.$$

Also ist auch der Grenzwert für $\Delta x = 0$
$$\frac{d(ax)}{dx} = a.$$

Wäre $a = 1$, so würde man hieraus erhalten: $\frac{dx}{dx} = 1$.

c) $y = x^2 + 3x - 2$. Das Bild der Funktion ist eine Parabel. Der Differentialquotient wird analytisch hergeleitet.
$$\frac{\Delta y}{\Delta x} = \frac{(x + \Delta x)^2 + 3(x + \Delta x) - 2 - x^2 - 3x + 2}{\Delta x}$$
$$= \frac{2x \cdot \Delta x + \Delta x^2 + 3 \cdot \Delta x}{\Delta x} = 2x + 3 + \Delta x.$$

Der Grenzwert für $\Delta x = 0$ wird
$$\frac{dy}{dx} = \frac{d(x^2 + 3x - 2)}{dx} = 2x + 3.$$

7. Allgemeine Regeln.

a) **Eine Summe wird differenziert, indem man jeden Summanden einzeln differenziert.**

In Fig. 50 ist die Funktion $y = f(x) + g(x)$ dargestellt. Ihre Ableitung ergibt sich wie folgt:
$$\frac{\Delta y}{\Delta x} = \frac{f(x + \Delta x) + g(x + \Delta x) - f(x) - g(x)}{\Delta x}$$
$$= \frac{f(x + \Delta x) - f(x)}{\Delta x} + \frac{g(x + \Delta x) - g(x)}{\Delta x}.$$

Für $\Delta x = 0$ sind die Grenzwerte
$$\frac{dy}{dx} = \frac{d[f(x) + g(x)]}{dx} = \frac{df(x)}{dx} + \frac{dg(x)}{dx}$$

oder
$$y' = [f(x) + g(x)]' = f'(x) + g'(x).$$

Differential- und Integralrechnung. 87

Ganz entsprechend lauten die Formeln für beliebig viele Summanden und auch für Differenzen.

b) **Die Ableitung des Produktes zweier Funktionen.** In Fig. 51 ist die Funktion $y = f(x) \cdot g(x)$ gezeichnet. Hier wird

$$\frac{\Delta y}{\Delta x} = \frac{f(x + \Delta x) \cdot g(x + \Delta x) - f(x) \cdot g(x)}{\Delta x}.$$

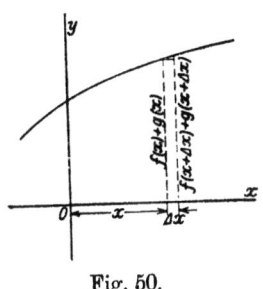 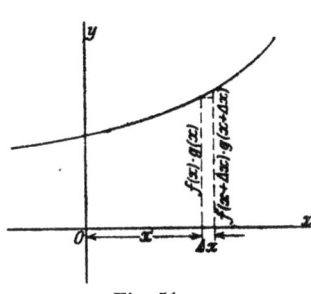

Fig. 50. Fig. 51.

$g(x)$ und $f(x)$ können nicht so einfach wie oben getrennt werden. Es bedarf vielmehr eines Kunstgriffes, indem man im Zähler $f(x) \cdot g(x + \Delta x)$ subtrahiert und zugleich addiert. Dann wird

$$\frac{\Delta y}{\Delta x} = \frac{f(x + \Delta x) \cdot g(x + \Delta x) - f(x) \cdot g(x + \Delta x) + f(x) \cdot g(x + \Delta x) - f(x) \cdot g(x)}{\Delta x}$$

$$= g(x + \Delta x) \frac{f(x + \Delta x) - f(x)}{\Delta x} + f(x) \frac{g(x + \Delta x) - g(x)}{\Delta x}.$$

Geht man zur Grenze über, indem man $\Delta x = 0$ werden läßt, so erhält man

$$\frac{dy}{dx} = \frac{d[f(x) \cdot g(x)]}{dx} = g(x) \frac{df(x)}{dx} + f(x) \frac{dg(x)}{dx};$$

oder

$$\mathbf{y' = [f(x) \cdot g(x)]' = g(x) \cdot f'(x) + f(x) \cdot g'(x).}$$

Läßt sich die Funktion y in mehr als zwei, z. B. drei Faktoren zerlegen, so wendet man die soeben gefundene Regel mehrfach an und erhält

$$y = f(x) \cdot g(x) \cdot h(x);$$

$$y' = g(x) \cdot h(x) \cdot f'(x) + h(x) \cdot f(x) \cdot g'(x) + f(x) \cdot g(x) \cdot h'(x).$$

c) **Die Ableitung eines Quotienten.** Wenn $y = \dfrac{f(x)}{g(x)}$ ist, so kann man auch $f(x) = y \cdot g(x)$ setzen, indem man y als

Funktion von x dargestellt denkt. Nach der Regel für das Differenzieren von Produkten erhält man dann $f'(x) = y \cdot g'(x) + g(x) \cdot y'$. Setzt man hierin $y = \dfrac{f(x)}{g(x)}$ und löst nach y' auf, so ergibt sich die gesuchte Ableitung

$$g(x) y' = f'(x) - \frac{f(x)}{g(x)} \cdot g'(x)$$

$$y' = \left(\frac{f(x)}{g(x)}\right)' = \frac{g(x) \cdot f'(x) - f(x) \cdot g'(x)}{g(x)^2}.$$

Damit sind die wichtigsten Rechenregeln für die abgeleiteten Funktionen hergeleitet. Man beachte wohl, daß man für die abgeleiteten Funktionen von vornherein besondere Rechenregeln erwarten durfte; ganz ähnlich, wie auch andere Funktionen, Sinus, Logarithmus usw., ihre eigenen Rechenregeln besitzen.

8. Der Differentialquotient von x^n nach x.

a) n sei eine positive, ganze Zahl.

Betrachtet man x^n als Produkt von n gleichen Faktoren x, so liefert die Regel für das Differenzieren eines Produktes die Ableitung von $y = x^n$. Man erhält $y = x \cdot x \cdot x \cdots$ (n-mal)

$$y' = x^{n-1} \frac{dx}{dx} + x^{n-1} \frac{dx}{dx} + \cdots \text{(n-mal)}$$

Nun war aber $\dfrac{dx}{dx} = 1$, also ist

$$y' = \frac{dx^n}{dx} = n x^{n-1}.$$

Beispiel: $\quad y = ax^3 + bx^2 + c$
$\quad\quad\quad\quad\; y' = 3ax^2 + 2bx.$

b) n sei eine negative, ganze Zahl.

Man setze $n = -p$, also $x^n = x^{-p} = \dfrac{1}{x^p}$.

Es ist die Regel für das Differenzieren eines Quotienten anzuwenden.

$$y' = \frac{d\frac{1}{x^p}}{dx} = \frac{x^p \cdot 0 - p x^{p-1}}{x^{2p}} = -p \frac{x^{p-1}}{x^{2p}}$$

$$= -p x^{-p-1} = n x^{n-1}.$$

Also auch, wenn n eine negative, ganze Zahl ist, gilt die Formel

$$\frac{dx^n}{dx} = n \cdot x^{n-1}.$$

Für den Fall, daß n ein Bruchexponent ist, soll sie sogleich bewiesen werden.

9. Die Ableitung der inversen Funktion.

Bei vielen Funktionen ist es gleichgültig, welche der Variabeln als unabhängige gewählt wird. So lautet z. B. das Mariottesche Gesetz: $p \cdot v = $ konst., wenn p den Druck und v das Volumen einer bestimmten Gasmenge bei konstanter Temperatur bedeuten. Hier kann man setzen:

$$p = \frac{\text{konst.}}{v},$$

d. h. man berechnet den Druck, wenn man das Volumen verändert, aber ebensogut ist auch

$$v = \frac{\text{konst.}}{p},$$

d. h. man berechnet das Volumen, wenn man den Druck verändert.

Oder ist in einem anderen Beispiel $y = 3x - 4$, so folgt umgekehrt

$$x = \frac{1}{3} y + \frac{4}{3}.$$

In allgemeinen Formeln kann man schreiben: Aus $y = f(x)$ folgt umgekehrt $x = g(y)$.

In solchen Fällen heißt die eine Funktion die inverse Funktion der anderen. Die Umkehrung kommt lediglich auf eine Vertauschung der Achsen hinaus. Deshalb liest man unmittelbar aus Fig. 52 ab:

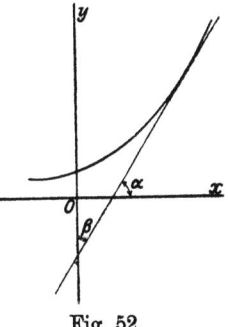

Fig. 52.

$$\operatorname{tg} \alpha = \frac{dy}{dx}; \quad \operatorname{tg} \beta = \frac{dx}{dy}.$$

Da aber $\beta = 90^0 - \alpha$ und $\operatorname{tg} \beta = \operatorname{tg}(90^0 - \alpha) = \operatorname{ctg} \alpha = \frac{1}{\operatorname{tg} \alpha}$ ist, so erhält man zwischen den Differentialquotienten die einfache Beziehung

$$\frac{dx}{dy} = \frac{1}{\frac{dy}{dx}}.$$

10. Die Ableitung einer Wurzel.

Aus $y = \sqrt[n]{x}$ folgt nach der Definition der Wurzeln die inverse

Funktion $x = y^n$. Deren Ableitung ist aber

$$\frac{dx}{dy} = n \cdot y^{n-1}.$$

Setzt man wieder für y seinen Wert $\sqrt[n]{x}$ ein, so wird

$$\frac{dx}{dy} = n \sqrt[n]{x^{n-1}}$$

und umgekehrt

$$\frac{dy}{dx} = \frac{d\sqrt[n]{x}}{dx} = \frac{1}{n} \frac{1}{\sqrt[n]{x^{n-1}}}.$$

Wie bekannt, ist aber

$$\sqrt[n]{x} = x^{\frac{1}{n}}.$$

Mit Benutzung dieser Bezeichnung nimmt der Differentialquotient die Form an

$$y' = \frac{1}{n} \frac{1}{x^{\frac{n-1}{n}}} = \frac{1}{n} x^{\frac{1-n}{n}} = \frac{1}{n} x^{\frac{1}{n}-1},$$

d. h. es ist

$$\frac{dx^{\frac{1}{n}}}{dx} = \frac{1}{n} x^{\frac{1}{n}-1}.$$

Damit ist auch für diesen Fall die Regel für das Differenzieren einer Potenz bestätigt.

Beispiel:

$$y = \sqrt[3]{x}; \quad y = x^{\frac{1}{3}}$$

$$y' = \frac{1}{3} x^{-\frac{2}{3}} = \frac{1}{3} \frac{1}{x^{\frac{2}{3}}} = \frac{1}{3} \frac{1}{\sqrt[3]{x^2}}.$$

11. Die Ableitung einer Funktion von einer Funktion.

Es soll $y = \sqrt[3]{x^2 + 2x}$ differenziert werden. Hier entsteht eine gewisse Schwierigkeit. Wir wissen wohl einerseits eine Wurzel aus x und anderseits eine Summe von Potenzen von x zu differenzieren; wie ist aber hier zu verfahren, wo offenbar die Wurzel aus einer Funktion von x, nämlich aus $x^2 + 2x$, zu differenzieren ist? Schreibt man diese Funktion zur Abkürzung $z = x^2 + 2x$, so bleibt $y = \sqrt[3]{z}$.

Jetzt kann man y nach z und z nach x differenzieren. Nun ist

Differential- und Integralrechnung.

aber
$$\frac{\Delta y}{\Delta x} = \frac{\Delta y}{\Delta z} \cdot \frac{\Delta z}{\Delta x},$$

denn das sind ja alles endliche Größen. Wird Δx unendlich klein, so wird auch der Zuwachs von z, also Δz unendlich klein. Deshalb erhält man beim Übergang zur Grenze $\Delta x = 0$:

$$\frac{dy}{dx} = \frac{dy}{dz} \cdot \frac{dz}{dx}.$$

(Daß im allgemeinen wirklich bestimmte Grenzwerte existieren, entnimmt man wieder der Erfahrung. Denn jede der Funktionen $z = x^2 + 2x$ und $y = \sqrt[3]{z}$ läßt sich graphisch aufzeichnen und besitzt folglich bestimmte Tangenten, deren Steigungen gleich den Differentialquotienten sind.)

Im Beispiel ist:
$$\frac{dy}{dz} = \frac{1}{3} \frac{1}{\sqrt[3]{z^2}}; \; \frac{dz}{dx} = 2x + 2 = 2(x+1)$$

$$\frac{dy}{dx} = \frac{1}{3} \frac{1}{\sqrt[3]{z^2}} 2(x+1).$$

Hierin ist noch für z sein Wert $x^2 + 2x$ zu setzen.

$$\frac{dy}{dx} = \frac{2}{3} \frac{x+1}{\sqrt[3]{(x^2 + 2x)^2}}.$$

Ganz allgemein gilt hiernach die Regel: Ist $y = f(z)$ und $z = g(x)$, so erhält man die Ableitung von y nach x aus der Formel
$$\frac{dy}{dx} = \frac{dy}{dz} \cdot \frac{dz}{dx} = \frac{df(z)}{dz} \cdot \frac{dg(x)}{dx}.$$

Beispiel:
$$y = \sqrt{x + \frac{1}{x}}$$

$$z = x + \frac{1}{x}; \; y = \sqrt{z}$$

$$\frac{dy}{dz} = \frac{1}{2} \frac{1}{\sqrt{z}} = \frac{1}{2} \frac{1}{\sqrt{x + \frac{1}{x}}}; \; \frac{dz}{dx} = 1 - \frac{1}{x^2}$$

$$\frac{dy}{dx} = \frac{1}{2} \frac{1}{\sqrt{x + \frac{1}{x}}} \cdot \left(1 - \frac{1}{x^2}\right).$$

12. Die Ableitung einer Potenz mit Bruchexponenten.

Endlich ist man auch imstande, die Regel für das Differenzieren einer Potenz zu beweisen, falls der Exponent ein Quotient ist. Es sei $n = \dfrac{p}{q}$ also $y = x^n = x^{\frac{p}{q}}$. Dafür kann man

$$y = \left(x^{\frac{1}{q}}\right)^p$$

schreiben.

Setzt man $x^{\frac{1}{q}} = z$, so wird $y = z^p$. Demnach ist

$$y' = \frac{dy}{dz} \cdot \frac{dz}{dx} = p z^{p-1} \cdot \frac{1}{q} x^{\frac{1}{q}-1}.$$

Setzt man für z seinen Wert ein, so wird daraus

$$y' = \frac{p}{q} x^{\frac{p-1}{q}} \cdot x^{\frac{1}{q}-1} = \frac{p}{q} x^{\frac{p}{q}-\frac{1}{q}+\frac{1}{q}-1}$$

und schließlich

$$y' = \frac{dx^{\frac{q}{p}}}{dx} = \frac{p}{q} x^{\frac{p}{q}-1}.$$

Damit ist für jeden beliebigen Exponenten n die Formel bewiesen:

$$\frac{dx^n}{dx} = n x^{n-1}.$$

13. Die Extremwerte einer Funktion.

Von besonderem Interesse sind die Werte einer Funktion, die in Fig. 53 durch die Punkte A und B dargestellt werden; man nennt sie **Extremwerte** der Funktion und definiert:

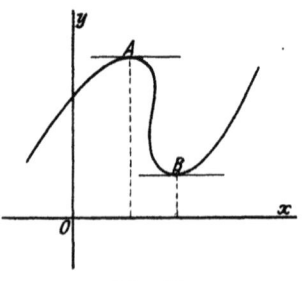

Fig. 53.

Eine Funktion besitzt einen Extremwert (Maximum oder Minimum) an einer Stelle, an der beide benachbarten Werte zugleich kleiner oder größer als der Funktionswert selbst sind.

Geometrisch sind die Punkte A und B dadurch ausgezeichnet, daß in ihnen die Kurventangenten parallel zur x-Achse verlaufen.

Lautet daher die Funktionsgleichung $y = f(x)$, so muß in

Differential- und Integralrechnung.

den Extremwerten
$$\frac{dy}{dx} = \frac{df(x)}{dx} = 0$$
sein, da ja $\alpha = 0°$ also tg $\alpha = 0$ ist.

Die Kurventangenten können auch parallel zur x-Achse verlaufen, wenn keine Extremwerte vorliegen, wie die Figuren 54 und

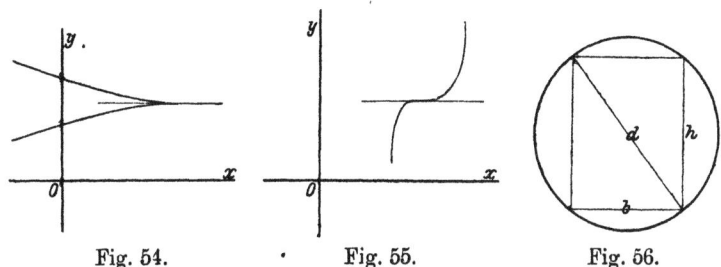

Fig. 54.   Fig. 55.   Fig. 56.

55 andeuten. Diese Fälle besitzen indessen kein praktisches Interesse, so daß sie hier unberücksichtigt bleiben können.

Beispiel: Aus einem zylindrischen Baumstamm mit kreisförmigem Querschnitt ist ein rechteckiger Balken so auszuschneiden, daß sein Widerstandsmoment möglichst groß wird. Wie verhält sich in diesem Falle die Höhe zur Breite?

Man beginnt damit, daß man zuerst die Funktion, d. h. also diejenige Größe, die einen Extremwert besitzen soll, ausrechnet. In diesem Beispiel ist das Widerstandsmoment bei rechteckigem Querschnitt
$$W = \frac{bh^2}{6}.$$

Die Funktion enthält noch zwei unabhängige Variable, nämlich b und h; eine ist durch die andere auszudrücken. Es ist auch die Bedingung der Aufgabe, daß der Balken aus einem Baumstamm auszuschneiden ist, noch nicht benutzt. Nach Fig. 56. besteht die Beziehung
$$h^2 = d^2 - b^2,$$
daher wird
$$W = \frac{b(d^2 - b^2)}{6} = \frac{bd^2}{6} - \frac{b^3}{6}.$$

Jetzt ist W als Funktion der Variabeln b gefunden.

Man kann sich ein Bild vom Verlauf der Funktion zeichnen, indem man einen bestimmten Durchmesser des Baumstammes wählt,

z. B. $d = 5$ dm setzt. Dann ist
$$W = \frac{25 \cdot b}{6} - \frac{b^3}{6}.$$

Die zusammengehörigen Werte sind in der Tabelle aufgeschrieben. Das Bild der Funktion, soweit es interessiert, gibt Fig. 57.

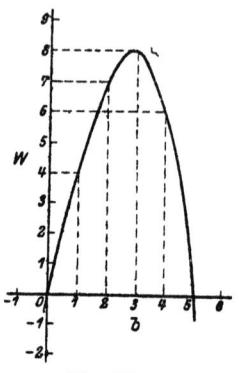

b	W
0	0
1	4
2	7
3	8
4	6
5	0
6	−11
usw.	usw.
−1	−4
usw.	usw.

Fig. 57.

(Eine analytische Entscheidung darüber, ob ein Maximum oder Minimum an einer Stelle vorliegt, folgt später.)

Im Extremwert ist die Ableitung von W nach b gleich Null zu setzen.
$$\frac{dW}{db} = \frac{d^2}{6} - \frac{3b^2}{6} = 0,$$
also
$$d^2 = 3b^2.$$

Da nur nach dem Verhältnis von h zu b gefragt ist, setzt man den gefundenen Wert in $h^2 = d^2 - b^2$ ein. Das gibt
$$h^2 = 3b^2 - b^2 = 2b^2$$
und folglich
$$\frac{h}{b} = \sqrt{2} \sim 1{,}4 = \frac{7}{5}.$$

Das Widerstandsmoment ist bei rechteckigem Querschnitt eines Balkens am größten, wenn sich die Höhe zur Breite wie 7 zu 5 verhält (genau wie $\sqrt{2}$ zu 1).

14. Der zweite Differentialquotient. Es sei die Funktion $y = x^3 - 2x + 4$ gegeben und graphisch in Fig. 58 gezeichnet. Sie besitzt eine Ableitung $y' = 3x^2 - 2$, die ebenfalls graphisch

Differential- und Integralrechnung.

dargestellt werden kann, siehe Fig. 59. Weiter kann jetzt aber auch die Ableitung dieser abgeleiteten Funktion gebildet werden. Man nennt sie die zweite Ableitung und schreibt $y'' = 6x$. Auch diese ist eine Funktion von x, deren Bild Fig. 60 zeigt.

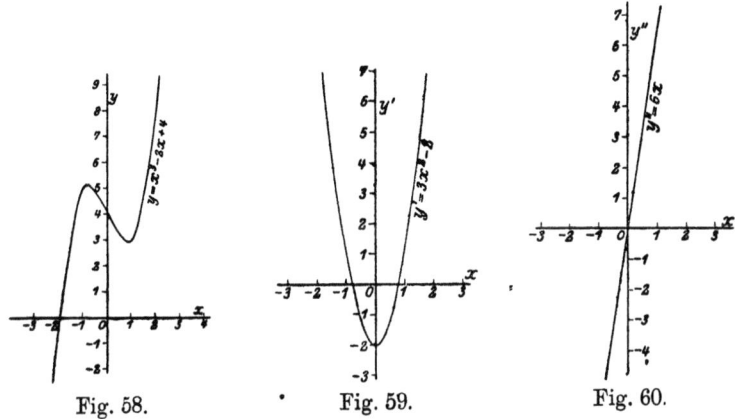

Fig. 58.   Fig. 59.   Fig. 60.

In derselben Weise kann man beliebig fortfahren und y''', y^{IV}, y^V usw. bilden.

Statt wie bisher nur vom Differentialquotienten zu sprechen, kann man auch die Größen dx und dy selbst betrachten. Man denkt sie sich als zwar außerordentlich kleine, aber immerhin endliche Größen und nennt sie Differentiale. Die Differentiale sind jedoch stets so klein vorzustellen, daß sie im Verhältnis zu x und y selbst verschwinden d. h. unendlich klein sind (im Gegensatz zu Δy und Δx). Das Differential dx ist als konstant zu betrachten; denn man denkt es sich als die konstante Einheit, die man auf der x-Achse abträgt, wenn man die Funktion von Punkt zu Punkt wachsen läßt.

Wie man von y und x die Differentiale dy und dx bildet, so geht man von diesen zu den zweiten Differentialen

$$d\,dy = d^2y \quad \text{und} \quad d\,dx = d^2x$$

über.

Da aber dx konstant ist, so ist der Zuwachs $d^2x = 0$ zu setzen.

dy ist unendlich klein verglichen mit y, genau so ist d^2y unendlich klein verglichen mit dy.

In gleicher Weise kann man das dritte Differential d^3y usw. bilden.

Für die zweite Ableitung y'' einer Funktion erhält man einen neuen Ausdruck. Es ist ja

$$y'' = \frac{d\dfrac{dy}{dx}}{dx}.$$

Nach der Regel über das Differenzieren eines Quotienten wird daraus

$$y'' = \frac{dx\dfrac{ddy}{dx} - dy\dfrac{ddx}{dx}}{dx^2} = \frac{d^2y - \dfrac{dy}{dx}\cdot d^2x}{dx^2}.$$

Da aber $d^2x = 0$ ist, so bleibt

$$\mathbf{y'' = \frac{d^2y}{dx^2}}.$$

In gleicher Weise würde folgen

$$y''' = \frac{d^3y}{dx^3}, \quad y^{IV} = \frac{d^4y}{dx^4} \text{ usw.}$$

15. Die Bedeutung des zweiten Differentialquotienten in der Mechanik. Ist $s = f(t)$ der Weg s als Funktion der Zeit t gegeben, so bedeutet

$$\frac{ds}{dt} = v$$

die Geschwindigkeit im Zeitpunkt t, nämlich den Zuwachs des Weges in der Zeiteinheit dt. Der zweite Differentialquotient

$$\frac{dv}{dt} = \frac{d\dfrac{ds}{dt}}{dt} = \frac{d^2s}{dt^2}$$

ist der Zuwachs der Geschwindigkeit in der Zeiteinheit dt, d. h. also die Beschleunigung im Zeitpunkt t.

Man schreibt auch

$$\frac{ds}{dt} = \dot{s}; \quad \frac{dv}{dt} = \dot{v}; \quad \frac{d^2s}{dt^2} = \ddot{s}.$$

Beispiel: Bei der gleichförmig beschleunigten Bewegung ist

$$s = v_1 \cdot t + \frac{1}{2} pt^2,$$

$$s' = \frac{ds}{dt} = v_1 + pt \text{ die Geschwindigkeit,}$$

$$s'' = \frac{d^2s}{dt^2} = p \text{ die Beschleunigung.}$$

16. Anwendung der zweiten Ableitung zur Deutung der Extremwerte.

Wenn an einer Stelle A (Fig. 61) mit wachsendem x auch die Funktion wächst, so bildet die Tangente mit der x-Achse

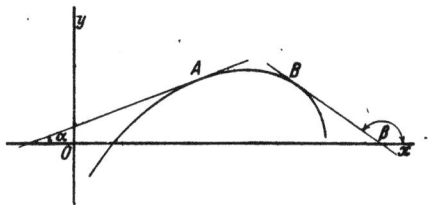

Fig. 61.

einen spitzen Winkel α, besitzt also eine positive Steigung tg α. Dann ist auch der Differentialquotient $\text{tg}\,\alpha = \dfrac{dy}{dx}$ an dieser Stelle positiv. Umgekehrt ist der Differentialquotient $\dfrac{dy}{dx} = \text{tg}\,\beta$ negativ, wenn wie im Punkte B der Funktionswert mit wachsendem x abnimmt.

In Fig. 62 erkennt man, daß vor einem Maximum die Steigung positiv, im Maximum Null und nach dem Maximum negativ ist. Die Steigung nämlich y' ist aber ebenfalls eine Funktion von x,

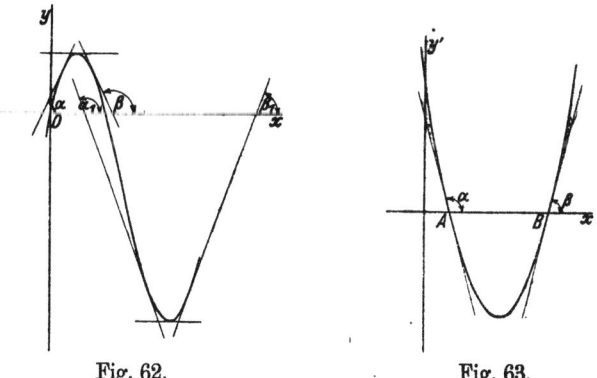

Fig. 62.   Fig. 63.

deren graphisches Bild, die Differentialkurve genannt, man zeichnen kann (Fig. 63). Dem Maximum entspricht hier ein Punkt A, in dem mit wachsendem x der Funktionswert y' abnimmt, d. h. die Steigung der Tangente im Punkte A ist negativ. Diese Steigung ist $\text{tg}\,\alpha = \dfrac{dy'}{dx} = y''$. Im Minimum ist es genau umgekehrt. Das Ergebnis ist:

Ein Extremwert ist ein Maximum, wenn die zweite Ableitung an der Stelle negativ, ein Minimum, wenn sie positiv ist.

Es sei noch darauf hingewiesen, daß den Extremwerten der Funktion die Schnittpunkte der Differentialkurve mit der x-Achse entsprechen. Auf diese Weise kann man graphisch die Extremwerte ermitteln, ohne die Gleichung $y' = 0$ algebraisch aufzulösen. Die Methode ist besonders dann wichtig, wenn die Gleichung $y' = 0$ vom höheren als zweiten Grade ist.

Beispiel: Die Funktion sei
$$y = x^3 - 2x + 4.$$
Die Ableitung ist
$$y' = 3x^2 - 2.$$
In den Extremwerten wird
$$3x^2 - 2 = 0; \quad x = \pm \sqrt{\frac{2}{3}}$$
$$x_1 = +0{,}82; \quad x_2 = -0{,}82.$$
Die zweite Ableitung wird
$$y'' = 6x.$$
Da $6x_1 > 0$ ist, so entspricht x_1 ein Minimum, dagegen ist $6x_2 < 0$, also entspricht x_2 ein Maximum.

17. Die Ableitung der impliziten Funktion. Wenn eine Funktion in einer nicht nach y aufgelösten Form gegeben ist, so heißt sie eine implizite Funktion. Wir wählen als Beispiel:
$$7x^2 + 9y^2 = 63.$$

Man könnte diese Gleichung nach y auflösen und dadurch y als Funktion von x erhalten. Würde man einsetzen, so wäre $7x^2 + 9y^2$ nur noch eine Funktion von x, deren Ableitung nach den gewöhnlichen Regeln zu finden ist. Da also y als eine Funktion von x gedacht ist, so muß y^2 wie eine Funktion von einer Funktion behandelt werden.

Man setzt also:
$$f(x) = 7x^2 + 9y^2 = 63,$$
indem man y als Funktion von x eingesetzt denkt, und bildet
$$\frac{df(x)}{dx} = 14x + 18y\frac{dy}{dx} = 0$$
$$\left(\frac{dy^2}{dx} = \frac{dy^2}{dy} \cdot \frac{dy}{dx} = 2y\frac{dy}{dx}\right).$$

Daraus folgt:
$$\frac{dy}{dx} = -\frac{7x}{9y}.$$

Kommen auf beiden Seiten des Gleichheitszeichens y und x vor, so kann man jede Seite für sich als Funktion von x betrachten, dann differenzieren wie oben und die Ableitungen einander gleichsetzen.

Beispiel: $y = \sqrt[3]{x^2 + 2x}$ (siehe Nr. 11).

Hieraus folgt $y^3 = x^2 + 2x$

und $3y^2 \dfrac{dy}{dx} = 2x + 2$

$$\frac{dy}{dx} = \frac{2(x+1)}{3y^2} = \frac{2}{3} \frac{x+1}{\sqrt[3]{(x^2+2x)^2}}.$$

Ob man für y zum Schluß, wie hier, seinen Wert wieder einsetzt oder nicht, hängt ganz von den Forderungen der Aufgabe ab.

18. Das Integral. Im allgemeinen besitzt jede Funktion eine erste Ableitung. Jetzt kann man umgekehrt die Frage stellen: Wie findet man zu einer gegebenen Ableitung die ursprüngliche Funktion? Also gegeben ist y' und gesucht y. Es war

$$\frac{dy}{dx} = y' \quad \text{oder} \quad dy = y'dx.$$

Hieraus schließt man

$$y = \int y'\,dx,$$

indem man für diese Umkehrung des Differenzierens das Zeichen $\int$[1]) benutzt. Die rechte Seite heißt das Integral von $y'dx$. Differenzieren und Integrieren sind also einander zugeordnet, geradeso wie Multiplizieren und Dividieren, Potenzieren und Radizieren usw. Wie man aus der Potenz $x^3 = a$ die Basis durch Einführung einer neuen Rechnungsart, des Radizierens, und eines neuen Zeichens, des Wurzelzeichens, $x = \sqrt[3]{a}$, findet, so ergibt sich aus dem Differential $dy = y'dx$ der Funktionswert y durch die neue Rechnungsart, das Integrieren, und das neue Zeichen $\int$, und zwar ist eben $y = \int y'\,dx$.

Geradeso, wie sich Potenzieren und Wurzelziehen gegenseitig aufheben: $(\sqrt[3]{a})^3 = a$, so heben sich auch Differenzieren und

---

[1]) Dies Zeichen ist ein lateinisches s, der Anfangsbuchstabe von Summe.

Integrieren gegenseitig auf:

$$\int dx = x \quad \text{und} \quad \frac{d\int y' dx}{dx} = y'.$$

Man findet die Werte der Integrale durch Umkehrung der bekannten Differentialformeln. So ist z. B.

$$\int x^2 dx = \frac{1}{3} x^3, \quad \text{da ja} \quad \frac{d\frac{1}{3} x^3}{dx} = x^2$$

ist. Aber man erkennt sofort, daß man $\frac{1}{3} x^3$ um eine beliebige Konstante vermehren kann, da die Ableitung einer Konstanten Null ist. In der Tat ist

$$\frac{d\left(\frac{1}{3} x^3 + 5\right)}{dx} = x^2$$

aber auch

$$\frac{d\left(\frac{1}{3} x^3 - 100\right)}{dx} = x^2 \text{ usw.}$$

Deshalb muß unser Integralwert richtig so heißen:

$$\int x^2 dx = \frac{1}{3} x^3 + C,$$

wo C irgendeine Konstante bedeutet.

19. Allgemeine Integralformeln. Man integriert eine Summe, indem man jeden Summanden einzeln integriert.

Aus
$$y = f(x) + g(x)$$
folgt
$$y' = [f(x) + g(x)]' = f'(x) + g'(x).$$

Durch Umkehrung wird daraus

$$\int y' dx = \int [f(x) + g(x)]' dx = \int f'(x) dx + \int g'(x) dx.$$

Ein konstanter Faktor kann vor das Integral gesetzt werden.

Ist $y = af(x)$, so wird $y' = [af(x)]' = a \cdot f'(x)$ und durch Umkehrung

$$\int y' dx = \int [af(x)]' dx = a\int f'(x) dx.$$

Beispiel: $y' = 3x^2 + 4x - 5$
$$y = \int y'\,dx = \int (3x^2 + 4x - 5)\,dx = 3\int x^2\,dx + 4\int x\,dx - 5\int dx$$
$$= x^3 + 2x^2 - 5x + C.$$

Von der Richtigkeit überzeugt man sich umgekehrt durch Differenzieren.

Endlich soll die wichtige Formel für das Integral einer Potenz von x hergeleitet werden. Es ist

$$\frac{d\,\dfrac{1}{n+1}x^{n+1}}{dx} = \frac{n+1}{n+1}x^n = x^n,$$

also umgekehrt

$$\int x^n\,dx = \frac{1}{n+1}x^{n+1} + C.$$

Hier kann n jede positive oder negative, ganze oder gebrochene Zahl sein, nur nicht -1. In diesem Falle nämlich ist

$$\frac{n+1}{n+1} = \frac{0}{0}$$

also unbestimmt.

Das Integral $\int \dfrac{dx}{x}$ wird später gesondert hergeleitet werden.

Beispiele.

$$\int \frac{dx}{x^4} = \int x^{-4}\,dx = -\frac{1}{3}x^{-3} + C = -\frac{1}{3x^3} + C$$

$$\int \sqrt[3]{x^2}\,dx = \int x^{\frac{2}{3}}\,dx = \frac{1}{\frac{5}{3}}x^{\frac{5}{3}} + C = \frac{3}{5}\sqrt[3]{x^5} + C.$$

20. Die geometrische Bedeutung des Integrals und das bestimmte Integral. In Fig. 64 sei die Funktion $y = f(x)$ graphisch aufgezeichnet. Gefragt ist nach dem Flächeninhalt F, der von der Kurve, der x-Achse und den Ordinaten in den Endpunkten der Abszissen a und x begrenzt wird. Rechnet man die Inhalte immer von der Stelle a an, so sind sie nur noch eine Funktion von der Grenze x, bis zu der sie genommen

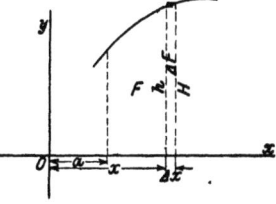

Fig. 64.

werden. Wächst x um Δx, so nimmt auch F um einen kleinen Betrag ΔF zu; und zwar sieht man aus der Figur, daß

$$h\,\Delta x < \Delta F < H\,\Delta x$$

oder
$$h < \frac{\Delta F}{\Delta x} < H \text{ ist.}$$

Wird $\Delta x = 0$, also $\frac{\Delta F}{\Delta x} = \frac{dF}{dx}$, so wird auch $h = H$, und zwar ist h der zur Abszisse x gehörige Funktionswert $y = f(x)$. Also hat sich ergeben

$$\frac{dF}{dx} = f(x),$$

woraus man durch Umkehrung findet

$$F = \int_a^x f(x)\,dx.$$

Hier sind die Grenzen angegeben, zwischen denen die Fläche liegt, da ja sonst F nicht eine Funktion von x allein wäre.

Solch ein Integral heißt ein **bestimmtes Integral**, weil sich nämlich die Konstante C angeben läßt. Dies sieht man sofort so ein. Es sei etwa

$$\int f(x)\,dx = g(x) + C.$$

Setzt man $x = a$, so muß ja die Fläche 0 sein, also muß $g(a) + C = 0$ oder $-g(a) = C$ sein. Deshalb schreibt man

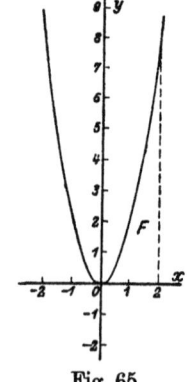

Fig. 65.

$$\int_a^x f(x)\,dx = [g(x)]_a^x = g(x) - g(a).$$

Die Konstante braucht, mit andern Worten, gar nicht berücksichtigt zu werden, wenn man den Wert des bestimmten Integrals als eine Differenz auffaßt.

Beispiel: In Fig. 65 ist die Parabel gezeichnet, deren Gleichung

$$y = 2x^2$$

lautet.

Es ist die Fläche bis zur Stelle $x = 2$ zu berechnen vom Koordinatenanfangspunkt an. Also ist zu setzen

$$F = \int_0^2 2x^2\,dx = \left[\frac{2}{3}x^3\right]_0^2 = \frac{2}{3}\cdot 8 - \frac{2}{3}\cdot 0$$

$$F = \frac{16}{3} = 5{,}33.$$

Die Bedeutung des bestimmten Integrals tritt noch deutlicher durch die folgende anschauliche Betrachtung hervor. Man zerlege die Fläche F in unendlich viele Streifen von der Breite dx, Fig. 66. Jeder Streifen kann als ein Rechteck betrachtet werden vom Inhalt y · dx = f(x) dx. Die Summe aller unendlich dünnen Streifen ist die Fläche F. Also wird

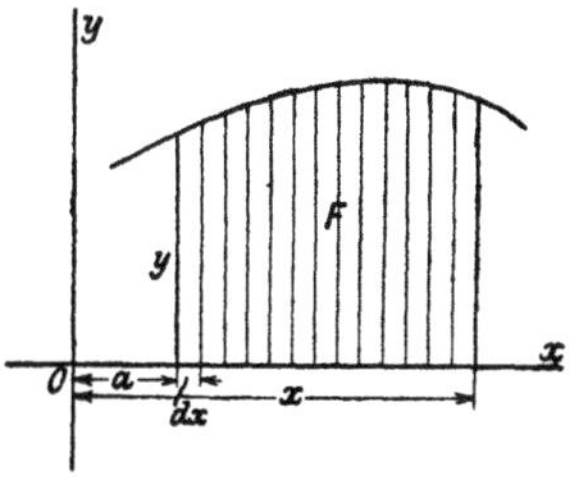

$$F = \int_a^x f(x)\,dx,$$

Fig. 66.

wo nun hier das Integralzeichen als besonderer Fall des Summenzeichens $\sum$ auftritt, nämlich als Summe von unendlich vielen, aber unendlich kleinen Summanden. Daß solch eine Summe einen endlichen Wert besitzen kann, also ein endliches Integral im allgemeinen existiert, schließt man wieder aus der Tatsache, daß im allgemeinen eine endliche Fläche, wie eben angegeben, vorhanden ist.

Damit ist zugleich ein Einblick in die Bedeutung des Integrals, unabhängig von dem geometrischen Flächeninhalt, gewonnen. Das Integral gestattet Vorgänge, die sich von Moment zu Moment ändern, zu addieren.

Beispiel: Bei der gleichförmig beschleunigten Bewegung ändert sich der in der Zeiteinheit dt zurückgelegte Weg von Stelle zu Stelle. Und zwar ist bekanntlich

$$\frac{ds}{dt} = v = p \cdot t.$$

Das Integral liefert den gesamten Weg, etwa vom Zeitpunkt 0 an gerechnet, nach der Formel

$$s = \int_0^t p\,t\,dt = p\int_0^t t\,dt = p\left[\frac{1}{2}t^2\right]_0^t = \frac{1}{2}p\,t^2.$$

21. Der natürliche Logarithmus. In Fig. 67 ist die Funktion $x \cdot y = c$ oder $y = \dfrac{c}{x}$ gezeichnet. Die Kurve ist eine gleichseitige Hyperbel. Der Flächeninhalt, gerechnet von der Abszisse a bis x, ist

$$F = \int_a^x \frac{c}{x}\,dx = c\int_a^x \frac{dx}{x}.$$

Dieser Flächeninhalt ist früher schon im dritten Abschnitt Nr. 12 berechnet worden. Dort ergab sich

$$F = c\,(\ln x - \ln a).$$

Daher besteht die Beziehung

$$c\int_a^x \frac{dx}{x} = c\,(\ln x - \ln a).$$

Das unbestimmte Integral lautet:

$$\int \frac{dx}{x} = \ln x + C.$$

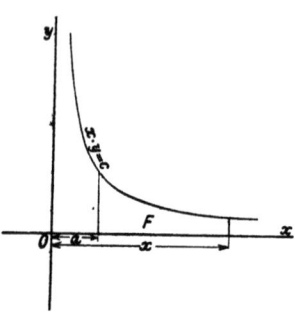

Fig. 67.

Damit ist die Lücke, die in der Potenzformel der Nr. 19 für $n = -1$ geblieben war, auch ausgefüllt.

Anderseits liefert die Umkehrung die wichtige Differentialformel

$$\frac{d\ln x}{dx} = \frac{1}{x}.$$

Weitere Formeln leitet man so her:

Aus $y = e^x$ folgt $x = \ln y$ und $\dfrac{dx}{dy} = \dfrac{1}{y}$ oder $\dfrac{dy}{dx} = y$.

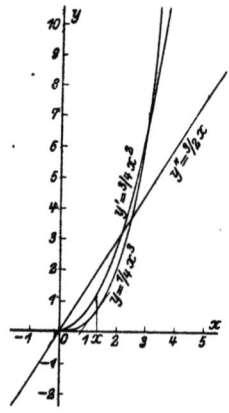

Fig. 68.

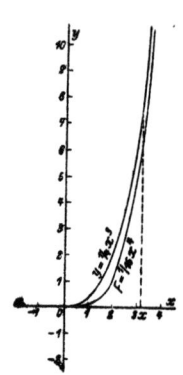

Fig. 69.

Also ist:

$$\frac{de^x}{dx} = e^x$$

Differential- und Integralrechnung. 105

d. h. die Ableitung der Funktion e^x ist gleich der Funktion e^x selbst. Umgekehrt folgt daraus

$$\int e^x = e^x + C.$$

22. Die Integralkurven. Es sei eine Funktion $y = f(x)$ graphisch aufgetragen. Zeichnet man in jedem Punkte der x-Achse als Ordinate den Wert des Integrals $F = \int_a^x f(x)\,dx$ auf, so werden die Endpunkte der Ordinaten durch die **Integralkurve** verbunden. a ist ein beliebig gewählter Anfangswert.

In Fig. 68 und Fig. 69 sind noch einmal als Beispiel zur Übersicht gezeichnet:

das Diagramm der Funktion · · · $y = \dfrac{1}{4} x^3$,

die Differentialkurve · · · · · $y' = \dfrac{3}{4} x^2$,

das Diagramm der zweiten Ableitung $y'' = \dfrac{3}{2} x$,

die Integralkurve · · · $F = \int_0^x \dfrac{1}{4} x^3 = \left[\dfrac{1}{16} x^4\right]_0^x = \dfrac{1}{16} x^4$.

Man beachte, daß neben y auch y', y'' und F Funktionen von x sind.

Ferner: Die Ordinate in einem Punkte x der Differentialkurve ist gleich der Steigung der Tangente im Punkte mit der Abszisse x der Funktionskurve. Die Ordinate in einem Punkte x der Integralkurve ist gleich dem Flächeninhalt der Funktionskurve vom ausgewählten Anfangspunkt bis zum Punkte mit der Abszisse x.

Über die Berechnung der Flächeninhalte durch Integration ist noch eine wichtige Bemerkung zu machen. Es sei die Funktion $y = x - 4$ gegeben und in Fig. 70 gezeichnet. Berechnet man den Inhalt in bekannter Weise vom Anfangspunkt bis zur Abszisse $x = 8$, so erhält man

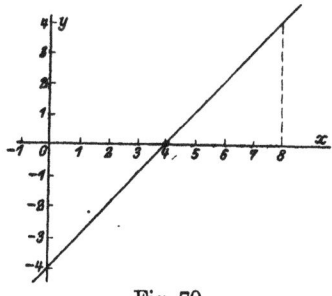

Fig. 70.

$$F = \int_0^8 (x-4)\,dx = \left[\dfrac{1}{2} x^2 - 4x\right]_0^8 = \dfrac{64}{2} - 4 \cdot 8 = 0.$$

Wie ist dies Ergebnis zu erklären? Der Flächenteil von 0 bis 4 liegt unterhalb der x-Achse. Die Ordinaten sind sämtlich negativ, dagegen ist in jedem Flächenstreifen dx positiv zu setzen, und daher wird der Flächeninhalt jedes Teiles mit negativen Ordinaten negativ. Bei der Integration wird folglich dieser Flächenteil von dem folgenden positiven Teil, der aber gleich groß ist, subtrahiert. Will man den wahren Flächeninhalt, abgesehen vom Vorzeichen haben, so muß man die Integration in zwei Teile zerlegen und für den negativen Flächenteil das Vorzeichen umkehren.

In unserem Beispiel würde

$$F = -\int_0^4 (x-4)\,dx + \int_4^8 (x-4)\,dx$$

$$= -\left[\frac{1}{2}x^2 - 4x\right]_0^4 + \left[\frac{1}{2}x^2 - 4x\right]_4^8$$

$$= -8 + 16 + 32 - 32 - 8 + 16 = 16.$$

Um aus der Integralkurve die wahren Flächeninhalte ablesen zu können, würde man sie ebenfalls am besten in zwei Teile zerlegen, einen von 0 bis 4, den zweiten von 4 bis x. Die Endordinanten wären ihren absoluten Beträgen nach zu addieren.

23. Integralkurven, statische Momente und Trägheitsmomente.

a) In Fig. 71 sind in ein beliebiges Koordinatensystem zwei Rechtecke von der konstanten Breite a und den Höhen b und c gezeichnet. Die Summe der statischen Momente bezogen auf die Achse c ist

$$M = a \cdot b \cdot \left(\frac{a}{2} + a\right) + a \cdot c \cdot \frac{a}{2} = \frac{a^2 b}{2} + a^2 b + \frac{a^2 c}{2}.$$

Fügt man noch weitere Rechtecke hinzu (s. Fig. 75) und wählt immer die letzte Rechtecksseite als Achse, so kommt bei jeder Verschiebung der Momentenachse um eine Breite a je ein Summand $a^2 b$; $a^2 c$ usw. hinzu. Bei n Rechtecken erhielte man:

$$M = \frac{a^2 b}{2} + (n-1)a^2 b + \frac{a^2 c}{2} + (n-2)a^2 c + \cdots + \frac{a^2 k}{2},$$

wenn k die Höhe des n^{ten} Rechtecks ist.

b) In Fig. 72 ist ein Rechteck gezeichnet, bei welchem die Achsen den Seiten parallel sind, während der Nullpunkt im Schwerpunkt des Rechtecks liegt. Zerlegt man das Rechteck parallel

Differential- und Integralrechnung.   107

zur x-Achse in schmale Streifen von der Höhe dy, so ist das Trägheitsmoment eines Streifens

$$J_1 = b\,dy\,y^2$$

und das Trägheitsmoment des ganzen Rechtecks

$$J = \int_{-\frac{a}{2}}^{+\frac{a}{2}} b y^2 dy = \left[b\,\frac{1}{3}\,y^3 \right]_{-\frac{a}{2}}^{+\frac{a}{2}} = \frac{b a^3}{24} + \frac{b a^3}{24} = \frac{1}{12}\,b\,a^3.$$

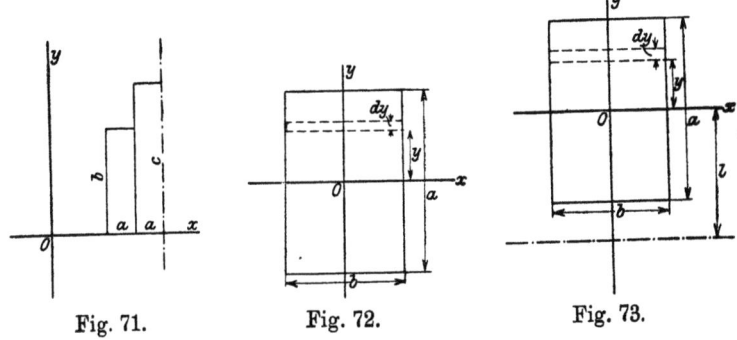

Fig. 71.   Fig. 72.   Fig. 73.

Verschiebt man die Trägheitsachse parallel um ein Stück l, so wird nach Fig. 73 das neue Trägheitsmoment

$$J_1 = \int_{-\frac{a}{2}}^{+\frac{a}{2}} b\,(y+l)^2\,dy = \int_{-\frac{a}{2}}^{+\frac{a}{2}} b y^2 dy + \int_{-\frac{a}{2}}^{+\frac{a}{2}} 2\,b\,y \cdot l\,dy + \int_{-\frac{a}{2}}^{+\frac{a}{2}} b l^2 dy.$$

Das erste Integral ist J. Das zweite ist

$$2b \int_{-\frac{a}{2}}^{+\frac{a}{2}} y \cdot l\,dy = 2b \left[\frac{1}{2}\,y^2 l \right]_{-\frac{a}{2}}^{+\frac{a}{2}} = 2b \left[\frac{a^2 l}{8} - \frac{a^2 l}{8} \right] = 0,$$

wie nicht anders zu erwarten, denn $\int y\,l\,dy$ ist ja das statische Moment der Fläche bezogen auf eine Achse, die durch den Schwerpunkt geht. Das dritte Integral endlich ist

$$l^2 \int_{-\frac{a}{2}}^{+\frac{a}{2}} b\,dy = l^2 \cdot F,$$

wenn mit F der Inhalt des Rechtecks bezeichnet wird. Also bleibt
$$J_1 = J + l^2 \cdot F.$$

Die Ergebnisse sollen auf die Rechtecke der Fig. 71 angewendet werden. Man findet dort

$$J = \frac{a^3 b}{12} + \left(a + \frac{a}{2}\right)^2 ab + \frac{a^3 c}{12} + \frac{a^2}{4} ac$$

oder

$$J = \frac{a^3 b}{3} + 2 \cdot a^3 b + \frac{a^3 c}{3}.$$

Fügt man wieder beliebig viele Rechtecke hinzu von der konstanten Breite a und berechnet das Trägheitsmoment bezogen auf die letzte Rechtecksseite als Achse, so wird das Trägheitsmoment

$$J = \frac{a^3 b}{12} + \left[(n-1)a + \frac{a}{2}\right]^2 ab + \cdots + \frac{a^3 k}{3},$$

wenn wieder k die letzte Rechteckshöhe ist. Der Ausdruck kann so umgeformt werden:

$$J = \frac{a^3 b}{12} + \frac{a^3 b}{4} + a^3 b (n-1) + a^3 b (n-1)^2 + \cdots + \frac{a^3 k}{3}$$
$$= \frac{a^3 b}{3} + (n-1) a^3 b + (n-1)^2 a^3 b + \cdots + \frac{a^3 k}{3}.$$

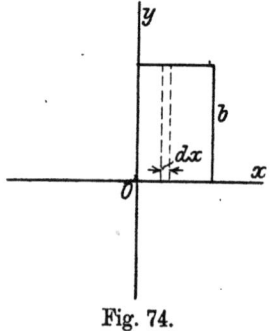

Fig. 74.

c) Die Integralkurve eines Rechtecks ist eine geneigte gerade Linie, denn der Inhalt des Rechtecks wächst bei konstanter Höhe der Breite proportional. Das läßt sich rechnerisch sofort bestätigen. Ein Streifen in Fig. 74 hat die Breite dx und den Inhalt b dx. Folglich hat die Integralkurve die Gleichung:

$$y = \int_0^x b \, dx = \left[b x\right]_0^x = bx.$$

In Fig. 75 ist unter die ursprünglichen Rechtecke die Integralkurve gezeichnet; für die neue Fläche ist sogleich für das folgende auch die zweite Integralkurve konstruiert. Es läßt sich jetzt der Satz beweisen:

Die erste von der Integralkurve, der Achse und der Endordinate umschlossene Fläche ist gleich dem statischen Moment der

Differential- und Integralrechnung.

Rechtecke; die zweite von der Integralkurve dieser Fläche, der Endordinate und der Achse umschlossene Fläche ist gleich dem halben Trägheitsmoment der Rechtecke.

Es ist nämlich der Inhalt der ersten **Integralfläche**, wie kurz gesagt werde,

$$F_1 = \frac{a \cdot ab}{2} + a \cdot ab + \frac{a \cdot ac}{2}$$

$$= \frac{a^2 b}{2} + a^2 b + \frac{a^2 c}{2} = M.$$

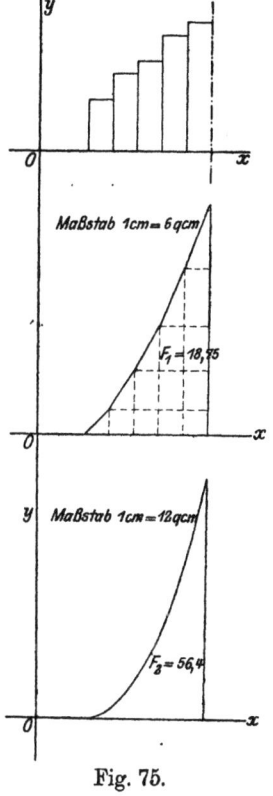

Nimmt man in der ursprünglichen Figur neue Rechtecksstreifen hinzu, so kommen außer Dreiecken zur Integralfläche jedesmal Rechtecke mit den Inhalten $a^2 b$; $a^2 c$ usw. hinzu und auch bei n Streifen wird:

$$F_1 = \frac{a^2 b}{2} + (n-1) a^2 b + \frac{a^2 c}{2}$$

$$+ (n-2) a^2 c + \cdots + \frac{a^2 k}{2} = M.$$

Zeichnet man zur ersten Integralfläche die zweite, so kann deren Inhalt ja sogleich berechnet werden, wenn man das statische Moment der ersten Integralfläche ermittelt. Beide sind, wie soeben bewiesen, einander gleich. Dies gibt

$$F_2 = \frac{a \cdot ab}{2}\left(\frac{a}{3} + a\right)$$

$$+ a \cdot ab \cdot \frac{a}{2} + \frac{a \cdot ac}{2} \cdot \frac{a}{3}$$

Fig. 75.

oder

$$F_2 = \frac{a^3 b}{6} + a^3 b + \frac{a^3 c}{6} = \frac{1}{2} J.$$

Fügt man wieder neue Streifen hinzu, so wird das statische Moment und damit F_2 (siehe Fig. 75):

$$F_2 = \frac{a^2 b}{2}\left(\frac{a}{3} + (n-1)a\right) + (n-1) a^2 b \frac{(n-1)a}{2} + \cdots + \frac{a^2 \cdot ak}{2 \cdot 3}$$

$$= \frac{a^3 b}{6} + a^3 b \cdot \frac{n-1}{2} + a^3 b \cdot \frac{(n-1)^2}{2} + \cdots + \frac{a^3 k}{6}$$
$$= \frac{J}{2}.$$

Damit ist der Satz bewiesen.

d) Wird eine Fläche von einer beliebigen Kurve, der x-Achse und einer Endordinate begrenzt, so kann man die Fläche in schmale, gleich breite rechteckige Streifen zerlegen, die so genau, wie man es wünscht, die Fläche selbst bedecken, wenn man sie nur hinreichend schmal wählt. Dann aber kann das soeben Bewiesene Anwendung finden. Somit erhält man den Satz:

Zeichnet man zu einem beliebigen Flächenstück die erste Integralkurve und zu der ersten Integralfläche die zweite Integralkurve, so ist der Inhalt der ersten Integralfläche gleich dem statischen Moment und der Inhalt der zweiten Integralfläche gleich dem halben Trägheitsmoment der gegebenen Fläche bezogen auf die letzte Ordinate als Achse.

e) Da das statische Moment einer Fläche gleich dem Flächeninhalt multipliziert mit dem Schwerpunktsabstand der Fläche von der Momentenachse ist, so kann man diesen Abstand x_0 nach der Formel

$$x_0 = \frac{M}{F}$$

berechnen. Dabei ist das Moment M als Inhalt der ersten Integralfläche und der Inhalt F als letzte Ordinate dieser Integralfläche bekannt.

f) Über die Inhaltsausmessung sei hier nur erwähnt, daß sie in der Regel mit dem Planimeter ausgeführt wird, einem Instrument, das in der Geometrie besprochen werden wird. Hier mag man etwa so verfahren, daß man die Flächen auf quadratisch geteiltes Papier zeichnet und die von der Fläche bedeckten Quadrate abzählt. Den Inhalt der nur teilweise bedeckten Quadrate schätzt man ab. Der oben hergeleitete Satz wird namentlich im Schiffbau viel verwendet.

Neunter Abschnitt.

Der binomische Lehrsatz.

1. Der binomische Lehrsatz für positive, ganze Exponenten. Der binomische Lehrsatz gibt an, wie man eine Summe

Der binomische Lehrsatz.

von zwei Summanden $(a + b)$, ein Binom genannt, zur n^{ten} Potenz zu erheben hat. Es soll zuerst versucht werden, den Lehrsatz mit Hilfe bekannter Formeln durch Ausprobieren zu finden. Nachträglich ist zu beweisen, daß das gefundene Ergebnis richtig ist. Bekannte Formeln sind:

$$(a + b)^1 = a + 1b$$
$$(a + b)^2 = a^2 + 2ab + b^2$$
$$(a + b)^3 = a^3 + 3a^2b + 3ab^2 + b^3$$
$$(a + b)^4 = a^4 + 4a^3b + 6a^2b^2 + 4ab^3 + b^4.$$

Der Exponent werde jetzt allgemein mit n bezeichnet. Aus den Formeln erkennt man, daß die rechte Seite stets mit a^n beginnt. Die Exponenten von a nehmen jedesmal um 1 ab, die von b umgekehrt jedesmal um 1 zu. Die Summe der Exponenten ist in jedem Gliede n. Abgesehen von den Vorzahlen werden daher in der Reihe von $(a + b)^n$ die Glieder der Reihe nach enthalten

$$a^n;\quad a^{n-1}b;\quad a^{n-2}b^2;\quad \ldots;\quad b^n.$$

In dem Gesetz, nach dem die Vorzahlen gebildet werden, wird man die Zunahme um je 1 und die Abnahme um je 1 gleichzeitig vermuten dürfen. Probiert man aus, so kann man die Vorzahlen in der Formel $(a + b)^4$ in der Tat so berechnen:

$$\frac{4}{1} = 4;\quad \frac{4 \cdot 3}{1 \cdot 2} = 6;\quad \frac{4 \cdot 3 \cdot 2}{1 \cdot 2 \cdot 3} = 4;\quad \frac{4 \cdot 3 \cdot 2 \cdot 1}{1 \cdot 2 \cdot 3 \cdot 4} = 1;$$

$$\frac{4 \cdot 3 \cdot 2 \cdot 1 \cdot 0}{1 \cdot 2 \cdot 3 \cdot 4 \cdot 5} = 0.$$

Dasselbe Rechenschema findet man bei den anderen Exponenten 3, 2 und 1 bestätigt. Wie es sein muß, erhalten auch alle Potenzen hinter b^n die Vorzahl 0, d. h. die Reihe bricht mit b^n ab.

Wendet man dieselben Regeln auf $(a + b)^n$ an, so wird man finden:

$$(a + b)^n = a^n + \frac{n}{1} a^{n-1}b + \frac{n \cdot (n-1)}{1 \cdot 2} a^{n-2}b^2$$
$$+ \frac{n(n-1)(n-2)}{1 \cdot 2 \cdot 3} a^{n-3}b^3 + \cdots + b^n.$$

2. Die Binomialkoeffizienten. Vorzahlen, nach dem obigen Rechenschema gebildet, heißen Binomialkoeffizienten. Zur Abkürzung schreibt man

$$\frac{n}{1} = \binom{n}{1} \text{ gesprochen „n über 1"}$$

$$\frac{n(n-1)}{1 \cdot 2} = \binom{n}{2} \text{ gesprochen „n über 2"}$$

$$\frac{n(n-1)(n-2)}{1 \cdot 2 \cdot 3} = \binom{n}{3} \text{ usw.}$$

Allgemein für irgendeine Zahl k

$$\frac{n(n-1)(n-2) \cdots (n-k+1)}{1 \cdot 2 \cdot 3 \cdots k} = \binom{n}{k}$$

$$\frac{n(n-1)(n-2) \cdots (n-k+1)(n-k)}{1 \cdot 2 \cdot 3 \cdots k(k+1)} = \binom{n}{k+1}.$$

Die abkürzende Bezeichnung ist so gewählt, daß oben immer die erste Zahl des Zählers, unten die letzte Zahl des Nenners steht. Zugleich gibt die untenstehende Zahl die Anzahl der Glieder im Zähler und im Nenner an.

Addiert man zwei aufeinander folgende Vorzahlen der Reihe $(a+b)^n$, so erhält man eine Vorzahl der Reihe $(a+b)^{n+1}$.

Es ist nämlich

$$\binom{n}{k} + \binom{n}{k+1} = \frac{n(n-1) \cdots (n-k+1)}{1 \cdot 2 \cdots k}$$

$$+ \frac{n(n-1) \cdots (n-k+1)(n-k)}{1 \cdot 2 \cdots k(k+1)}$$

$$= \frac{n(n-1) \cdots (n-k+1)}{1 \cdot 2 \cdots k} \left(1 + \frac{n-k}{k+1}\right)$$

$$= \frac{n(n-1) \cdots (n-k+1)}{1 \cdot 2 \cdots k} \cdot \frac{k+1+n-k}{k+1}$$

$$= \frac{(n+1) n \cdot (n-1) \cdots (n+1-k)}{1 \cdot 2 \cdots k(k+1)} = \binom{n+1}{k+1}.$$

Beispiel:
$$\binom{7}{3} + \binom{7}{4} = \binom{8}{4}$$

da ja
$$\binom{7}{3} = \frac{7 \cdot 6 \cdot 5}{1 \cdot 2 \cdot 3} = 35; \quad \binom{7}{4} = \frac{7 \cdot 6 \cdot 5 \cdot 4}{1 \cdot 2 \cdot 3 \cdot 4} = 35$$

$$\binom{8}{4} = \frac{8 \cdot 7 \cdot 6 \cdot 5}{1 \cdot 2 \cdot 3 \cdot 4} = 70 \quad \text{und} \quad 35 + 35 = 70 \text{ ist.}$$

Wendet man den Satz an, indem man wirklich je zwei Vorzahlen einer Reihe addiert, um die der folgenden zu erhalten, so ergibt sich das sogenannte Zahlendreieck der Binomialkoeffizienten.

$$\begin{array}{c} 1 \\ 1\ 1 \\ 1\ 2\ 1 \\ 1\ 3\ 3\ 1 \\ 1\ 4\ 6\ 4\ 1 \\ 1\ 5\ 10\ 10\ 5\ 1 \\ 1\ 6\ 15\ 20\ 15\ 6\ 1 \\ 1\ 7\ 21\ 35\ 35\ 21\ 7\ 1 \quad \text{usw.} \end{array}$$

3. Der Beweis des binomischen Lehrsatzes für positive ganze Exponenten. Mit der neuen Bezeichnung der Binomialkoeffizienten würde jetzt der Lehrsatz lauten

$$(a+b)^n = a^n + \binom{n}{1} a^{n-1} b + \binom{n}{2} a^{n-2} b^2 + \cdots + b^n.$$

Um zu beweisen, daß diese Formel richtig ist, verfährt man so. Angenommen, die Formel stimmte wirklich, dann werde sie mit $(a+b)$ multipliziert, um zu untersuchen, welche Form $(a+b)^{n+1}$ annimmt.

$$(a+b)^{n+1} = (a+b)^n(a+b) = \left[a^n + \binom{n}{1}a^{n-1}b \right.$$
$$\left. + \binom{n}{2}a^{n-2}b^2 + \cdots + \binom{n}{n-1}ab^{n-1} + b^n\right] \cdot (a+b)$$
$$= a^{n+1} + \binom{n}{1}a^n b + \binom{n}{2}a^{n-1}b^2 + \cdots + ab^n$$
$$+ a^n b + \binom{n}{1}a^{n-1}b^2 + \cdots + \binom{n}{n-1}ab^n + b^{n+1}$$
$$= a^{n+1} + \binom{n+1}{1}a^n b + \binom{n+1}{2}a^{n-1}b^2 + \cdots + \binom{n+1}{n}ab^n + b^{n+1},$$

denn es ist

$$\binom{n}{1} + 1 = \frac{n}{1} + 1 = \frac{n+1}{1} = \binom{n+1}{1}$$

$$1 + \binom{n}{n-1} = \binom{n}{n} + \binom{n}{n-1} = \binom{n+1}{n},$$

da ja $\binom{n}{n} = 1$ ist. Die übrigen Koeffizienten werden mit Benutzung des vorigen Satzes addiert.

Es hat sich jetzt ergeben, daß die Formel von $(a+b)^{n+1}$ genau nach demselben Gesetz gebildet ist, wie die von $(a+b)^n$. Also ist die Formel $(a+b)^{n+1}$ sicher dann richtig, wenn die von $(a+b)^n$ richtig ist.

Ursprünglich war aber gezeigt worden, daß $(a+b)^4$ nach dem gefundenen Gesetz gebildet wurde, also gilt, wie jetzt bewiesen, daß Gesetz auch für $(a+b)^5$, dann aber auch für $(a+b)^6$ usw. für alle ganzzahligen positiven Exponenten.

Man nennt diese Form des Beweises den Schluß von n auf n + 1.

4. Konvergenz und Divergenz unendlicher Reihen. Würde man versuchen, den binomischen Lehrsatz anzuwenden, wenn n eine negative oder gebrochene Zahl ist, so fände man sogleich einen wesentlichen Unterschied. Ist n eine positive ganze Zahl, so werden von einer Stelle an die Binomialkoeffizienten Null, d. h. die Reihe hat nur eine endliche Zahl von Gliedern; man nennt sie kurz eine **endliche Reihe**. Ist dagegen n eine negative Zahl oder ein Bruch, etwa -4 oder $\dfrac{5}{2}$, so würden die Binomialkoeffizienten lauten

$$\frac{-4}{1}\ ;\ \frac{(-4)\cdot(-5)}{1\cdot 2}\ ;\ \frac{(-4)(-5)(-6)}{1\cdot 2\cdot 3}\ \text{usw.}\ .$$

und

$$\frac{\frac{5}{2}}{1}\ ;\ \frac{\frac{5}{2}\cdot\frac{3}{2}}{1\cdot 2}\ ;\ \frac{\frac{5}{2}\cdot\frac{3}{2}\cdot\frac{1}{2}}{1\cdot 2\cdot 3}\ ;\ \frac{\frac{5}{2}\cdot\frac{3}{2}\cdot\frac{1}{2}\cdot\left(-\frac{1}{2}\right)}{1\cdot 2\cdot 3\cdot 4}\ \text{usw.}$$

offenbar wird kein Koeffizient Null. Das gilt aber von jeder negativen Zahl und jedem Bruch. Wenn es also wirklich erlaubt wäre, den binomischen Lehrsatz in diesen Fällen anzuwenden — man wird nachher sehen, daß es nicht immer der Fall ist — so würde man jedenfalls Reihen mit unendlich vielen Gliedern, kurz **unendliche Reihen** genannt, erhalten. Das führt dazu, Reihen mit unendlich vielen Gliedern zu untersuchen.

Es war schon erwähnt worden, was unter der Summe einer unendlichen Reihe verstanden werden soll. Aber nicht jede Reihe besitzt eine endliche Summe. Man sagt, eine Reihe ist **konvergent**, wenn sie eine endliche Summe besitzt; alle andern Reihen heißen **divergent**.

Beispiel:
$$1+\frac{1}{2}+\frac{1}{4}+\frac{1}{8}+\cdots = 2$$

ist eine konvergente Reihe.

Der binomische Lehrsatz.

und
$$1 + 2 + 3 + 4 + 5 + \cdots$$
$$1 - 1 + 1 - 1 + 1 - + \cdots$$

sind divergente Reihen.

Wenn eine Reihe konvergieren soll, so müssen ihre Glieder von irgendeiner Stelle an ihrem absoluten Betrage nach abnehmen.

Unter absolutem Betrage von a versteht man den Wert von a, abgesehen vom Vorzeichen; man schreibt ihn $|a|$. Nehmen die Glieder dauernd zu, oder bleiben sie gleich groß, so muß notwendig die Summe über alle Grenzen wachsen. Die hier aufgestellte Bedingung ist notwendig, aber nicht hinreichend. Eine divergente Reihe, deren Glieder stets abnehmen, ist z. B. die sogenannte harmonische Reihe:

$$1 + \frac{1}{2} + \frac{1}{3} + \frac{1}{4} + \cdots ,$$

deren Summe unendlich groß wird. Das sieht man sogleich ein, wenn man die Glieder der Reihe so zusammenfaßt:

$$1 + \frac{1}{2} + \left(\frac{1}{3} + \frac{1}{4}\right) + \left(\frac{1}{5} + \frac{1}{6} + \frac{1}{7} + \frac{1}{8}\right) + \cdots$$

Da $1/3 > 1/4$ ist, so ist die erste Klammer sicher größer als $2 \cdot 1/4 = 1/2$. In der zweiten Klammer ist $1/5 > 1/6 > 1/7 > 1/8$, also der Klammerwert sicher größer als $4 \cdot 1/8 = 1/2$ usw. Man findet, daß die Summe der Reihe sicher größer sein muß als

$$1 + \frac{1}{2} + \frac{1}{2} + \frac{1}{2} + \frac{1}{2} + \cdots$$

d. i. unendlich groß.

Eine Reihe mit lauter positiven Gliedern konvergiert, wenn von irgendeiner Stelle an jedes ihrer Glieder kleiner ist als das entsprechende Glied einer schon bekannten konvergenten Reihe.

Denn die Summe der neuen Reihe muß kleiner sein als die der alten, also um so mehr endlich.

Beispiel: Es konvergiert

$$3 = 1 + 1 + \frac{1}{2} + \frac{1}{4} + \frac{1}{8} + \cdots$$

folglich konvergiert auch

$$1 + 1 + \frac{1}{2} + \frac{1}{2 \cdot 3} + \frac{1}{2 \cdot 3 \cdot 4} + \cdots ,$$

denn es ist

$$\frac{1}{4} > \frac{1}{2 \cdot 3} \; ; \; \frac{1}{8} > \frac{1}{2 \cdot 3 \cdot 4} \text{ usw.}$$

Ist die Konvergenz für eine Reihe mit lauter positiven Gliedern bewiesen, so konvergiert die Reihe um so mehr, wenn einige Glieder das negative Vorzeichen erhalten.

Bricht man eine unendliche Reihe beim n^{ten} Gliede ab, so nennt man die Summe der noch fehlenden Glieder den Rest der Reihe. So kann man eine unendliche Reihe schreiben

$$a_1 + a_2 + a_3 + \cdots + a_n + R_n,$$

wenn R_n den Rest vom n^{ten} Gliede an bezeichnet. Soll eine Reihe eine endliche Summe besitzen, so muß dieser Rest, wenn man n genügend groß wählt, beliebig klein gemacht werden können; d. h. es muß sich stets ein Wert für n finden lassen, so daß der Rest kleiner als ein beliebig angebbarer echter Bruch wird.

So läßt sich beweisen, daß jede fallende unendliche geometrische Reihe konvergiert. Durch Division findet man

$$
\begin{array}{l}
1 : (1-x) = 1 + x + x^2 + \cdots + x^{n-1} + \dfrac{x_n}{1-x} \\
\underline{1-x} \\
+x \\
+x - x^2 \\
\overline{+x^2} \; . \\
\cdots\cdots \\
\overline{x^{n-1}} \\
x^{n-1} - x^n \\
\overline{+x^n} \; .
\end{array}
$$

Der Rest dieser Reihe ist

$$R_n = \frac{x^n}{1-x}.$$

Ist x ein echter Bruch, also $-1 < x < +1$, so kann man x^n beliebig klein machen, also kann der ganze Rest, wenn man n hinreichend groß wählt, beliebig klein gemacht werden. Deshalb aber konvergiert die Reihe. Multipliziert man mit irgendeiner Konstanten a, so entsteht eine beliebige fallende geometrische Reihe, die ebenfalls konvergiert. Es ist wie früher gezeigt

$$a + ax + ax^2 + \cdots = \frac{a}{1-x}.$$

Anmerkung: Da nur eine konvergente Reihe eine endliche Summe besitzt, so darf die rechts stehende Summenformel mit

Sicherheit nur gebraucht werden, wenn x ein echter Bruch ist. Das zeigen sogleich einfache Beispiele. So würde für

$a = 1;\ x = 1$

$$1 + 1 + 1 + \cdots = \frac{1}{1-1} = \infty;$$

$a = 1;\ x = -1$

$$1 - 1 + 1 - 1 + \cdots \text{ rechts käme } \frac{1}{1+1} = \frac{1}{2};$$

$a = 1;\ x = 2$

$$1 + 2 + 4 + 8 + \cdots \text{ rechts käme } \frac{1}{1-2} = -1 \text{ usw.}$$

Eine Reihe konvergiert, wenn von irgendeiner Stelle an der Quotient aus einem folgenden durch das vorhergehende Glied seinem absoluten Betrage nach kleiner bleibt als ein bestimmt angebbarer echter Bruch.

Die Reihe sei:

$$a_1 + a_2 + a_3 + \cdots + a_k + a_{k+1} + \cdots$$

Der Voraussetzung des Satzes entsprechend soll $\dfrac{|a_{k+1}|}{|a_k|} < q$ sein und ebenso der Quotient bei allen folgenden Gliedern, wenn q ein echter Bruch ist.

Man hat also

$$|a_{k+1}| < q \cdot |a_k|;\quad |a_{k+2}| < q \cdot |a_{k+1}| < |a_k| q^2 \text{ usw.}$$

Bildet man die Reihe

$$|a_k| + |a_k| q + |a_k| q^2 + |a_k| q^3 + \cdots,$$

so konvergiert diese geometrische Reihe, wie schon gezeigt. Jedes Glied ist aber größer als das entsprechende der obigen Reihe von a_k an; also ist die Summe der Glieder $|a_k| + |a_{k+1}| + \cdots$ eine endliche Zahl. Die endliche Reihe $a_1 + a_2 + a_3 + \cdots a_{k-1}$ hat ebenfalls eine endliche Summe, also konvergiert die Reihe.

Da q positiv gewählt werden kann, so konvergiert die Reihe, wenn sämtliche Glieder positiv sind, also um so mehr, wenn einige Glieder negativ sind; d. h. es kommt nur auf den absoluten Betrag des Quotienten an.

5. Die allgemeine Binomialreihe. Jetzt soll zunächst ganz abgesehen vom binomischen Lehrsatze die im allgemeinen unendliche Reihe

$$1 + \binom{n}{1} x + \binom{n}{2} x^2 + \binom{n}{3} x^3 + \cdots$$

untersucht werden, in der n irgendeine positive oder negative, ganze oder gebrochene Zahl bedeutet. Um zu finden, wann diese „allgemeine Binomialreihe" konvergiert, bilde man den Quotienten

$$\frac{\binom{n}{k+1} x^{k+1}}{\binom{n}{k} x^k} =$$

$$= \frac{n(n-1)(n-2)\cdots(n-k+1)(n-k)\cdot 1\cdot 2\cdot 3\cdots k}{1\cdot 2\cdot 3\cdots k(k+1)\cdot n(n-1)\cdot(n-2)\cdots(n-k+1)} \frac{x^{k+1}}{x^k}$$

$$= \frac{n-k}{k+1} x.$$

Bringt man den Quotienten auf die Form

$$\frac{\frac{n}{k} - 1}{1 + \frac{1}{k}} x,$$

so erkennt man, daß mit wachsendem k sowohl $\frac{n}{k}$ als auch $\frac{1}{k}$ beliebig nahe Null und folglich der ganze Bruch beliebig nahe -1 werden. Soll der Quotient kleiner als ein bestimmt angebbarer echter Bruch sein, so muß folglich x ein echter Bruch sein.

Die allgemeine Binomialreihe konvergiert, wenn $-1 < x < +1$ ist.

6. Die Maclaurinsche Reihe. Zumal für die praktische Berechnung einer Funktion ist es sehr häufig nützlich, die Funktion durch eine schnell konvergierende unendliche Reihe zu ersetzen. Der Rest einer solchen Reihe ist bald so klein, daß er den übrigen Zahlen gegenüber vernachlässigt werden kann. Freilich ist das Verfahren nur brauchbar, wenn die Glieder der Reihe nach einfachen Rechenregeln gebildet sind, so daß eben die Berechnung der Reihe bequemer ist als die der Funktion selbst. Man kann sich die Aufgabe stellen: Es soll versucht werden, eine Funktion f(x) in eine Potenzreihe zu entwickeln, d. h. in eine Reihe der Form

$$f(x) = a_0 + a_1 x + a_2 x^2 + a_3 x^3 + \cdots\cdots$$

Eine solche Entwicklung ist nur möglich, wenn die Reihe rechts konvergiert, nur dann kann sie die endliche Summe f(x) besitzen.

Die Koeffizienten a_0, $a_1 \cdots$ sind leicht zu bestimmen, wenn

man die Ableitungen von $f(x)$ bildet. Es wird
$$f'(x) = a_1 + 2a_2x + 3a_3x^2 + \cdots$$
$$f''(x) = \qquad 2a_2 + 2\cdot 3a_3 x + \cdots$$
$$f'''(x) = \qquad\qquad\qquad 2\cdot 3 a_3 \ + \cdots \text{ usw.}$$

Setzt man überall für x den Wert Null und bezeichnet die entsprechenden Funktionswerte mit $f(0)$; $f'(0)$ usw., so erhält man

$$f(0) = a_0$$
$$f'(0) = a_1$$
$$f''(0) = 2a_2\,; \qquad a_2 = \frac{1}{2}f''(0)$$
$$f'''(0) = 2\cdot 3\cdot a_3\,; \quad a_3 = \frac{1}{2\cdot 3}f'''(0) \text{ usw.}$$

Diese Werte sind in die Reihe einzusetzen; dann ergibt sich die **Maclaurinsche Reihe**

$$f(x) = f(0) + f'(0)x + \frac{1}{2}f''(0)x^2 + \frac{1}{2\cdot 3}f'''(0)x^3 + \cdots$$

Man beachte aber wohl, daß diese Entwicklung nur möglich ist, wenn die Reihe rechts konvergiert und natürlich auch keine der Ableitungen unendlich groß wird.

7. Der binomische Lehrsatz für negative und gebrochene Exponenten. Der Ausdruck $(1+x)^n$ ist eine Funktion von x, die nach dem Maclaurinschen Satze in eine Potenzreihe entwickelt werden kann. Es wird

$$f(x) = (1+x)^n\,; \qquad\qquad f(0) = 1^n = 1$$
$$f'(x) = n(1+x)^{n-1}\,; \qquad\qquad f'(0) = n$$
$$f''(x) = n(n-1)(1+x)^{n-2}\,; \qquad f''(0) = n(n-1)$$
$$f'''(x) = n(n-1)(n-2)(1+x)^{n-3}\,; \quad f'''(0) = n(n-1)(n-2) \text{ usw.}$$

$$f(x) = (1+x)^n = 1 + nx + \frac{n(n-1)}{1\cdot 2}x^2 +$$
$$\frac{n(n-1)(n-2)}{1\cdot 2\cdot 3}x^3 + \cdots$$
$$= 1 + \binom{n}{1}x + \binom{n}{2}x^2 + \binom{n}{3}x^3 + \cdots$$

Die Reihenentwicklung ist freilich nur zulässig, wenn die rechte Seite konvergiert. Rechts steht aber die allgemeine Binomialreihe, die immer konvergiert, wenn x ein echter Bruch ist. Demnach hat sich ergeben:

Ist $-1 < x < +1$, so heißt der allgemeine **binomische Lehrsatz**

$$(1+x)^n = 1 + \binom{n}{1} x + \binom{n}{2} x^2 + \binom{n}{3} x^3 + \cdots,$$

wo n eine beliebige positive oder negative, ganze oder gebrochene Zahl ist.

Anmerkung: Hat man ursprünglich $(a+b)^n$ gegeben, und ist etwa $a > b$, so klammert man a aus. Das gibt $(a+b)^n = a^n \left(1 + \dfrac{b}{a}\right)^n$. Hier ist $\dfrac{b}{a}$ ein echter Bruch; setzt man für ihn zur Abkürzung x, so bleibt wieder $(1+x)^n$ zu entwickeln.

8. Anwendungen des binomischen Lehrsatzes. Der binomische Lehrsatz findet weitgehende Verwendung zur Herleitung von Näherungsformeln, die einen mathematischen Ausdruck bequemer zu berechnen gestatten.

1. **Beispiel.** Ein Stab hat bei einer Temperatur von t^0 die Länge l_t; α ist der Ausdehnungskoeffizient. Wie groß ist seine Länge l_0 bei 0^0?

$$l_t = l_0(1 + \alpha t), \text{ also } l_0 = \frac{l_t}{1 + \alpha t} = l_t(1 + \alpha t)^{-1}$$

$$l_0 = l_t \left[1 + \binom{-1}{1} \alpha t + \binom{-1}{2} \alpha^2 t^2 + \cdots \right].$$

Die Reihenentwicklung ist zulässig, da αt ein echter Bruch ist. Es ist aber sogar αt ein sehr kleiner echter Bruch, so daß im allgemeinen alle Glieder vom zweiten an als sehr klein vernachlässigt werden dürfen. Dann bleibt

$$l_0 = l_t(1 - \alpha t).$$

2. **Beispiel.** Zwei Riemenscheiben mit den Radien r und ϱ haben den Mittelpunktsabstand c. Wie lang muß der Riemen sein? Nach Fig. 76 wird

$$l = 2 l_0 + r(\pi + 2\alpha) + \varrho(\pi - 2\alpha)$$
$$= 2 l_0 + (r + \varrho)\pi + (r - \varrho) 2\alpha.$$

Hierin ist l_0 und α zu ersetzen. Man findet

$$\sin \alpha = \frac{r - \varrho}{c}$$

und da α ein kleiner Winkel ist, kann auch $\widehat{\alpha} = \dfrac{r - \varrho}{c}$ gesetzt werden.

$$l = 2 l_0 + (r + \varrho)\pi + 2 \frac{(r - \varrho)^2}{c}.$$

Weiter ist $l_0 = c \cdot \cos \alpha$. Obwohl α ein kleiner Winkel ist, darf doch $\cos \alpha$ nicht durch 1 ersetzt werden. Es ist nämlich

$$\cos \alpha = \sqrt{1 - \sin^2 \alpha} = (1 - \sin^2 \alpha)^{\frac{1}{2}} =$$

$$= 1 - \frac{1}{2} \sin^2 \alpha + \binom{\frac{1}{2}}{2} \sin^4 \alpha - + \cdots$$

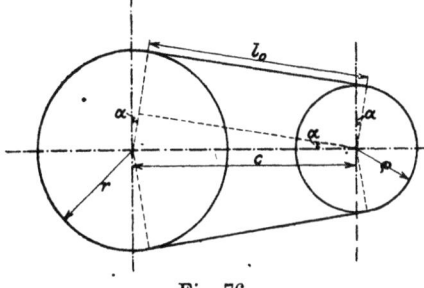

Fig. 76.

Wieder können alle Glieder von $\sin^4 \alpha$ an als sehr klein vernachlässigt werden. Setzt man wie oben für $\sin \alpha$ den Bogen und $\widehat{\alpha} = \dfrac{r - \rho}{c}$, so wird

$$\cos \alpha = 1 - \frac{1}{2} \frac{(r - \rho)^2}{c^2},$$

also

$$2 l_0 = 2 c - \frac{(r - \rho)^2}{c}.$$

Man bemerkt, daß sich $2 l_0$ von $2 c$ um ein Glied unterscheidet, das nicht vernachlässigt werden darf, da an anderer Stelle ein Glied derselben Dimension $\dfrac{(r - \rho)^2}{c}$ noch einmal vorkommt, also dort nicht vernachlässigt wurde. Es bleibt

$$l = 2 c - \frac{(r - \rho)^2}{c} + (r + \rho) \pi + 2 \frac{(r - \rho)^2}{c}$$

$$l = 2 c + (r + \rho) \pi + \frac{(r - \rho)^2}{c}.$$

3. Beispiel. Eine Reihe anderer Näherungsformeln, die in gleicher Weise wie oben hergeleitet werden, sind für einen sehr kleinen Wert von α:

$$\frac{1}{1+\alpha} = 1-\alpha; \quad \frac{1}{(1+\alpha)^2} = 1-2\alpha; \quad \frac{1}{(1+\alpha)^3} = 1-3\alpha$$

$$\frac{1}{1-\alpha} = 1+\alpha; \quad \frac{1}{(1-\alpha)^2} = 1+2\alpha; \quad \frac{1}{(1-\alpha)^3} = 1+3\alpha$$

$$\frac{1}{(1+\alpha)^n} = 1-n\alpha; \quad \frac{1}{(1-\alpha)^n} = 1+n\alpha.$$

4. Beispiel. Wurzeln lassen sich mit Hilfe des binomischen Lehrsatzes vielfach bequem berechnen.

$$\sqrt{0{,}99} = \sqrt{1-0{,}01} = (1-0{,}01)^{\frac{1}{2}}$$

$$= 1 - \frac{1}{2} \cdot 0{,}01 + \binom{\frac{1}{2}}{2} 0{,}01^2 - \binom{\frac{1}{2}}{3} 0{,}01^3 + \cdots$$

Sollen 7 Stellen berechnet werden, so ist die Ausrechnung

$$\begin{array}{r} 1{,}000\,000\,00 \\ -\,0{,}005 \\ -\,0{,}000\,012\,50 \\ -\,0{,}000\,000\,06 \\ -\,0{,}000\,000\,00 \\ \hline 0{,}994\,987\,44 \end{array}$$

$$\binom{\frac{1}{2}}{2} = \frac{\frac{1}{2}\left(-\frac{1}{2}\right)}{1\cdot 2},$$

d. h. der schon berechnete Wert 0,005 ist noch mit $\frac{0{,}01}{4}$ zu multiplizieren, und

$$\binom{\frac{1}{2}}{3} = \frac{\frac{1}{2}\left(-\frac{1}{2}\right)\left(-\frac{3}{2}\right)}{1\cdot 2\cdot 3},$$

d. h. der schon berechnete Wert 0,000 012 5 ist noch mit $\frac{0{,}01}{2}$ zu multiplizieren usw.

$$\sqrt{0{,}99} = 0{,}994\,9874.$$

9. Die Exponentialreihe. Früher waren die Formeln gefunden worden:

$$\left[\left(1+\frac{1}{n}\right)^n\right]_{n=\infty} = e \quad \text{und} \quad \left[\left(1+\frac{x}{n}\right)^n\right]_{n=\infty} = e^x.$$

Beide sind zur praktischen Berechnung unbrauchbar. Dagegen kommt man zu bequemen Formeln, wenn man e^x nach der Mac-

laurinschen Reihe entwickelt. Da
$$\frac{d e^x}{dx} = e^x$$
war, so ist
$$f(x) = f'(x) = f''(x) = f'''(x) = \cdots = e^x$$
$$f(0) = f'(0) = f''(0) = f'''(0) = \cdots = 1$$
und nach dem Maclaurinschen Satze
$$e^x = 1 + \frac{x}{1} + \frac{x^2}{1 \cdot 2} + \frac{x^3}{1 \cdot 2 \cdot 3} + \cdots$$

Ist insbesondere $x = 1$, so wird
$$e = 1 + 1 + \frac{1}{1 \cdot 2} + \frac{1}{1 \cdot 2 \cdot 3} + \cdots$$

Auf 5 Stellen genau wird z. B.

$$\begin{aligned}
e = &2{,}000\,000\\
&0{,}5\\
&0{,}166\,667\\
&0{,}041\,667\\
&0{,}008\,333\\
&0{,}001\,389\\
&0{,}000\,198\\
&0{,}000\,025\\
&\underline{0{,}000\,003}\\
&2{,}718\,282
\end{aligned}$$

Jede folgende Reihe wird aus der vorhergehenden berechnet, indem man der Reihe nach durch 3, 4, 5 usw. dividiert.
$$e = 2{,}718\,28.$$

Beispiel. Es soll $\sqrt{e}$ auf 5 Stellen genau berechnet werden. Es wird
$$\sqrt{e} = e^{\frac{1}{2}} = 1 + \frac{\frac{1}{2}}{1} + \frac{\frac{1}{2^2}}{1 \cdot 2} + \frac{\frac{1}{2^3}}{1 \cdot 2 \cdot 3} + \cdots$$

$$\begin{aligned}
&1{,}000\,000\\
&0{,}5\\
&0{,}125\,000\\
&0{,}020\,833\\
&0{,}002\,604\\
&0{,}000\,260\\
&0{,}000\,022\\
&\underline{0{,}000\,002}\\
&1{,}648\,721
\end{aligned}$$

oder umgekehrt
$$e^{\frac{1}{2}} = 1{,}648\,72$$
$$\ln 1{,}648\,72 = 0{,}5.$$

Berechnet man in derselben Weise noch andere Logarithmen und benutzt daneben die Formel $\ln a + \ln b = \ln(a \cdot b)$, um weitere Logarithmen zu finden, so kann man sehr schnell eine gute graphische Tabelle der natürlichen Logarithmen zeichnen.

10. Die Reihen für a^x, $\sin x$, $\cos x$. Zum Schluß mögen als Beispiele zur Reihenentwicklung noch drei Anwendungen des Maclaurinschen Satzes gegeben werden.

$$f(x) = a^x.$$

Zunächst ist $\dfrac{d a^x}{dx}$ zu finden.

Aus $a^x = y$ folgt durch Logarithmieren:

$$x \cdot \ln a = \ln y \quad \text{und} \quad \frac{dx}{dy} \cdot \ln a = \frac{1}{y}; \quad \frac{dy}{dx} = y \ln a,$$

also
$$\frac{d a^x}{dx} = a^x \ln a.$$

Hieraus folgt:

$$\begin{aligned}
f(x) &= a^x; & f(0) &= 1 \\
f'(x) &= a^x \ln a; & f'(0) &= \ln a \\
f''(x) &= a^x (\ln a)^2; & f''(0) &= (\ln a)^2 \\
f'''(x) &= a^x (\ln a)^3; & f'''(0) &= (\ln a)^3 \text{ usw.}
\end{aligned}$$

$$a^x = 1 + \frac{x \cdot \ln a}{1} + \frac{x^2 (\ln a)^2}{1 \cdot 2} + \frac{x^3 (\ln a)^3}{1 \cdot 2 \cdot 3} + \cdots$$

Ist $x = 1$, so kann man z. B. den Numerus zu einem gegebenen Logarithmus berechnen nach der Formel:

$$a = 1 + \frac{\ln a}{1} + \frac{(\ln a)^2}{1 \cdot 2} + \frac{(\ln a)^3}{1 \cdot 2 \cdot 3} + \cdots$$

In ähnlicher Weise werden die Reihen hergeleitet, mit deren Hilfe man die natürlichen Logarithmen berechnet.

Weitere Beispiele sind:

$$\begin{aligned}
f(x) &= \sin x \\
f'(x) &= \cos x; & f'(0) &= 1 \\
f''(x) &= -\sin x; & f''(0) &= 0 \\
f'''(x) &= -\cos x; & f'''(0) &= -1 \text{ usw.}
\end{aligned}$$

$$\sin x = \frac{x}{1} - \frac{x^3}{1\cdot 2\cdot 3} + \frac{x^5}{1\cdot 2\cdot 3\cdot 4\cdot 5} - + \cdots$$

$$\begin{aligned}
f(x) &= \cos x \\
f'(x) &= -\sin x; & f'(0) &= 0 \\
f''(x) &= -\cos x; & f''(0) &= -1 \\
f'''(x) &= \sin x; & f'''(0) &= 0 \quad \text{usw.}
\end{aligned}$$

$$\cos x = 1 - \frac{x^2}{1\cdot 2} + \frac{x^4}{1\cdot 2\cdot 3\cdot 4} - + \cdots$$

x ist im Bogenmaß einzusetzen.

Einführung in die Vektorrechnung.

Erster Abschnitt.

Addition und Subtraktion der Vektoren.

1. Skalare und Vektoren. In der Physik kommen zwei Arten von Größen vor: solche, die durch einen Zahlenwert allein vollständig bestimmt sind, wie z. B. Temperatur, Dichte, Masse, Arbeit, Trägheitsmoment; man nennt sie Skalare. Und solche, die zu der Größenangabe noch eine Richtungsangabe erfordern, wie z. B. Geschwindigkeit, Beschleunigung, Drehmoment, statisches Moment, Kraft; man nennt sie Vektoren.

Es sollen die Skalaren immer mit lateinischen Buchstaben: A, a, r, e usw., dagegen die Vektoren mit deutschen Buchstaben: $\mathfrak{A}, \mathfrak{a}, \mathfrak{r}, \mathfrak{e}$ usw. bezeichnet werden. Der Vektor $\mathfrak{A}$ ist also nicht etwa wie in der Algebra eine Zahl, sondern schließt in sich Größe und Richtung des Vektors. Will man den zahlenmäßigen Betrag des Vektors $\mathfrak{A}$ allein (also ohne Berücksichtigung seiner Richtung) ausdrücken, so schreibt man dafür auch $|\mathfrak{A}|$, so daß also $|\mathfrak{A}| = A$ [1]) ist.

Ein Vektor vom Betrage 1 werde durch die Buchstaben $\mathfrak{E}$ oder $\mathfrak{e}$ bezeichnet, so daß also $|\mathfrak{E}| = |\mathfrak{e}| = 1$ ist. Ein beliebiger Vektor $\mathfrak{A}$ mit dem Betrage A, der dieselbe Richtung wie $\mathfrak{E}$ hat, kann somit immer in der Form geschrieben werden:

$$\mathfrak{A} = A \cdot \mathfrak{E}.$$

2. Geometrische Darstellung und Gleichheit der Vektoren. Ein Vektor wird geometrisch durch eine Strecke $P_1 P_2$ dargestellt, die mit einem Richtungspfeil versehen ist. Die Richtung der Strecke ist dieselbe wie die des Vektors. Die Länge $P_1 P_2$ ist gleich dem in einem vorgeschriebenen Maßstab abgetragenen Betrage des Vektors. Vektoren sind einander gleich, s. Fig. 77,

---

[1]) Das Zeichen $\equiv$ bedeutet „identisch gleich", d. h. links und rechts steht dasselbe, nur anders bezeichnet.

Addition und Subtraktion der Vektoren. 127

wenn sie gleiche Richtung und gleichen Betrag haben, dagegen bleibt ihre Lage im Raum gleichgültig. Geometrisch ausgedrückt: Vektoren sind einander gleich, wenn ihre Bilder durch Parallelverschiebung zur Deckung gebracht werden können. So ist also $\mathfrak{P} = \mathfrak{P}' = \mathfrak{P}''$, wenn $P_1 P_2 \# P_1' P_2' \# P_1'' P_2''$ ist.

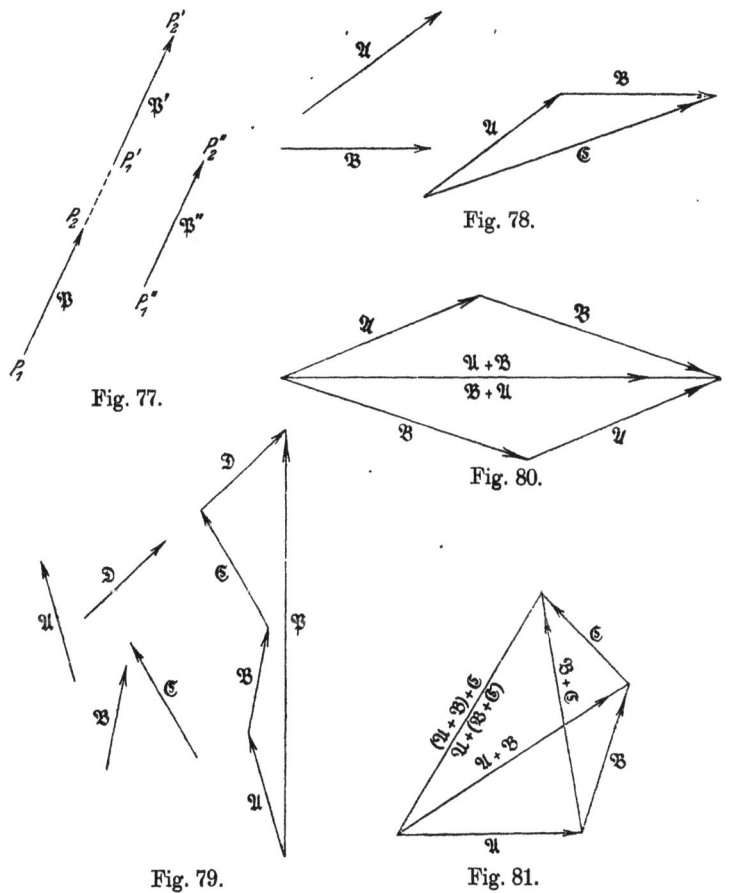

Fig. 78.

Fig. 77.

Fig. 80.

Fig. 79.   Fig. 81.

3. Addition von Vektoren. Bei der Addition von Vektoren handelt es sich nicht nur um ein Zusammenfassen der Beträge, sondern zugleich auch der Richtungen. Sind freilich die Richtungen einander gleich, so erhält man die Summe, indem man die Beträge addiert und die Richtung beibehält. Sind die Richtungen aber verschieden, so braucht man besondere Regeln, die von dem sonst Üblichen zunächst abweichen. Indem man den aus der Erfahrung gewonnenen Satz von der Addition der Kräfte, dem Kräfteparallelogramm, allgemein auf Vektoren anwendet, erhält man die Additionsregeln, wie sie in Fig. 78: $\mathfrak{A} + \mathfrak{B} = \mathfrak{C}$ und in Fig. 79: $\mathfrak{A} + \mathfrak{B} + \mathfrak{C} + \mathfrak{D} = \mathfrak{P}$ dargestellt sind.

Für die Vektoraddition gelten die beiden Grundgesetze der gewöhnlichen Addition, nämlich das „kommutative Gesetz" $\mathfrak{A} + \mathfrak{B} = \mathfrak{B} + \mathfrak{A}$, wie man aus Fig. 80 sieht, und das „assoziative Gesetz" $\mathfrak{A} + (\mathfrak{B} + \mathfrak{C}) = (\mathfrak{A} + \mathfrak{B}) + \mathfrak{C}$, wie Fig. 81 zeigt. Algebraisch addiert man also Vektoren genau wie Zahlen, dagegen führt man geometrisch die Addition in der oben gezeigten eigentümlichen Weise aus.

4. Subtraktion von Vektoren. Unter $-\mathfrak{A}$ versteht man einen Vektor, der denselben Betrag wie $+\mathfrak{A}$, aber die entgegengesetzte Richtung hat, Fig. 82; $\mathfrak{B} - \mathfrak{A} = \mathfrak{C}$ bedeutet deshalb, daß der Vektor $-\mathfrak{A}$ zum Vektor $+\mathfrak{C}$ addiert werden soll. Fig. 83 zeigt dann, daß $\mathfrak{B} - \mathfrak{A} = \mathfrak{C}$ identisch ist mit $\mathfrak{B} = \mathfrak{A} + \mathfrak{C}$, wie bei der gewöhnlichen Subtraktion. Ebenso ist natürlich $\mathfrak{A} - \mathfrak{A} = 0$.

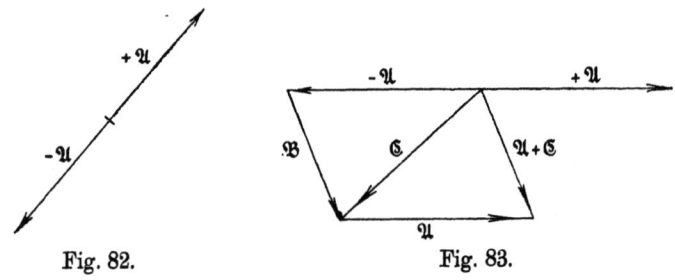

Fig. 82. Fig. 83.

5. Übungen. a) Was bedeutet $3\mathfrak{A} - 5\mathfrak{B} = 0$?

Aus der Gleichung folgt $3\mathfrak{A} = 5\mathfrak{B}$, d. h. $\mathfrak{A}$ und $\mathfrak{B}$ sind zwei Vektoren von verschiedenen Beträgen, aber von gleicher Richtung.

b) Zwei Punkte P_1 und P_2 mit den Massen m_1 und m_2 seien durch die Radien-Vektoren $\mathfrak{r}_1$ und $\mathfrak{r}_2$, d. h. durch zwei Vektoren, die von einem festen Punkte O ausgehen, gegeben. Der Radius-Vektor des Schwerpunktes wird gesucht. Fig. 84.

Ist S der Schwerpunkt, so weiß man aus der Mechanik, daß $SP_1 : SP_2 = m_2 : m_1$ sein muß. Führt man die Hilfsvektoren $P_1 S = |\mathfrak{p}|$ und $P_2 S = |\mathfrak{q}|$ ein, so ist also $|\mathfrak{p}| : |\mathfrak{q}| = m_2 : m_1$ und folglich, da $\mathfrak{p}$ und $\mathfrak{q}$ entgegengesetzt gerichtet sind:

$$m_1 \mathfrak{p} = - m_2 \mathfrak{q}.$$

Aus der Figur liest man ab: $\mathfrak{p} = \mathfrak{r}_0 - \mathfrak{r}_1$ und $\mathfrak{q} = \mathfrak{r}_0 - \mathfrak{r}_2$, folglich wird:

$$m_1(\mathfrak{r}_0 - \mathfrak{r}_1) = - m_2(\mathfrak{r}_0 - \mathfrak{r}_2)$$

$$\mathfrak{r}_0 = \frac{m_1 \mathfrak{r}_1 + m_2 \mathfrak{r}_2}{m_1 + m_2}.$$

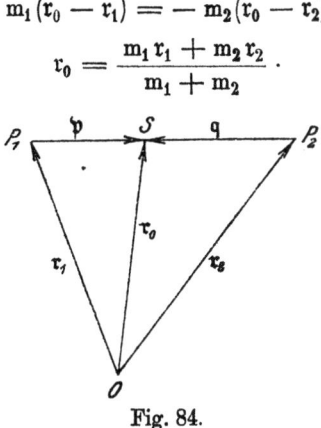

Fig. 84.

Hat man statt zweier n Punkte, so folgt, indem man immer einen weiteren Punkt hinzunimmt:

$$\mathfrak{r}_0 = \frac{m_1 \mathfrak{r}_1 + m_2 \mathfrak{r}_2 + \cdots + m_n \mathfrak{r}_n}{m_1 + m_2 + \cdots + m_n}.$$

Der Radiusvektor des Schwerpunktes dreier Punkte mit gleicher Masse wird z. B. $\mathfrak{r}_0 = \dfrac{\mathfrak{r}_1 + \mathfrak{r}_2 + \mathfrak{r}_3}{3}$. (Man konstruiere diese Formel geometrisch.)

Zweiter Abschnitt.

Multiplikation der Vektoren.

1. Das skalare Produkt. (Inneres Produkt. Arbeitsprodukt.)

Für die Multiplikation von Zahlen gelten die drei Gesetze:

1) das kommutative Gesetz: $a \cdot b = b \cdot a$;
2) das assoziative Gesetz: $(a \cdot b) \cdot c = a \cdot (b \cdot c)$;
3) das distributive Gesetz: $(a + b) \cdot c = a \cdot c + b \cdot c$.

Es ist nicht möglich, die Multiplikation von Vektoren so zu definieren, daß jene drei Gesetze gleichzeitig erfüllt sind. Aber man findet zwei verschiedene Arten der Multiplikation, indem bei der ersten das 1. und 3. Gesetz, bei der zweiten das 3. Gesetz gelten.

Unter dem skalaren Produkt zweier Vektoren $\mathfrak{A}$ und $\mathfrak{B}$, die den Winkel α einschließen, geschrieben $\mathfrak{AB}$, versteht man das Produkt ihrer absoluten Beträge multipliziert mit dem Kosinus des eingeschlossenen Winkels. Also ist, Fig. 85,

$$\mathfrak{AB} = |\mathfrak{A}| \cdot |\mathfrak{B}| \cos \alpha = A \cdot B \cdot \cos \alpha.$$

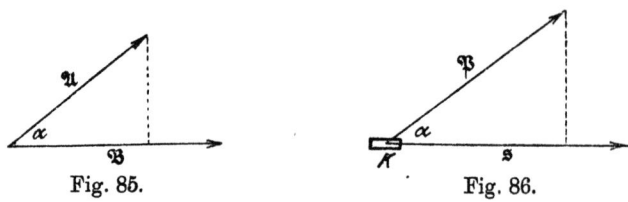

Fig. 85. Fig. 86.

Dies Produkt nennt man auch inneres Produkt oder Arbeitsprodukt. Es ist eine skalare Größe. Wird der Körper K, Fig. 86, durch die Kraft $\mathfrak{P}$ in der Richtung $\mathfrak{s}$ fortbewegt, so leistet die Kraft $\mathfrak{P}$ die Arbeit

$$A = |\mathfrak{P}| \cdot |\mathfrak{s}| \cdot \cos \alpha = \mathfrak{Ps}.$$

Die Arbeit ist also gleich dem skalaren Produkt der Vektoren $\mathfrak{P}$ und $\mathfrak{s}$.

Aus der Definition des skalaren Produktes folgt unmittelbar, daß $\mathfrak{AB} = \mathfrak{BA}$ ist.

Das skalare Produkt zweier Vektoren $\mathfrak{A}$ und $\mathfrak{C}$ kann man auch als das Produkt der Projektion von $\mathfrak{A}$ auf $\mathfrak{C}$ — nämlich $|\mathfrak{A}| \cos \alpha$, wenn $\sphericalangle (\mathfrak{A}, \mathfrak{C}) = \alpha$ ist — mit $|\mathfrak{C}|$ oder umgekehrt auffassen. Daher liest man aus Fig. 87 ab:

$$(\mathfrak{A} + \mathfrak{B}) \mathfrak{C} = \mathfrak{AC} + \mathfrak{BC},$$

also die Gültigkeit des distributiven Gesetzes.[1]

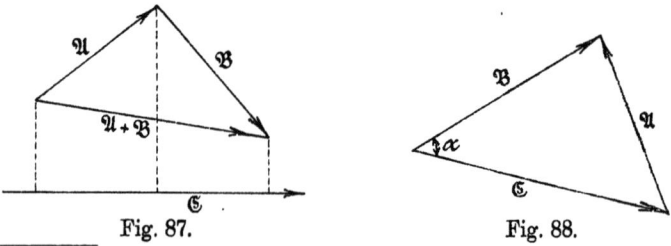

Fig. 87. Fig. 88.

---

[1] Daß das assoziative Gesetz nicht gilt, erkennt man so. $\mathfrak{AB}$ ist ein Skalar, folglich ist $(\mathfrak{AB})\mathfrak{C}$ ein Vektor mit der Richtung $\mathfrak{C}$. Ist dagegen $\mathfrak{BC}$ ein Skalar, so wird $\mathfrak{A}(\mathfrak{BC})$ ein Vektor mit der Richtung $\mathfrak{A}$. Die Vektoren auf beiden Seiten von 2) haben also verschiedene Richtung und sind folglich ungleich.

Multiplikation der Vektoren. 131

Es ist $\mathfrak{A}\mathfrak{A} = \mathfrak{A}^2 = A^2$, da $\alpha = 0$ also $\cos \alpha = 1$ wird. Ferner ist $\mathfrak{C}^2 = 1$.

Aus $\mathfrak{A}\mathfrak{B} = 0$ folgt $\mathfrak{A} \perp \mathfrak{B}$, wenn nicht etwa $A = 0$ oder $B = 0$ ist. Es muß nämlich $\cos \alpha = 0$, also $\alpha = 90°$ sein.

2. Übungen. a) Aus $\mathfrak{A}\mathfrak{B} = \mathfrak{A}\mathfrak{C}$ folgt nicht etwa $\mathfrak{B}$ gleich $\mathfrak{C}$. Vielmehr wird $\mathfrak{A}(\mathfrak{B} - \mathfrak{C}) = 0$ d. h. $\mathfrak{A} \perp \mathfrak{B} - \mathfrak{C}$.

b) Aus Fig. 88 liest man ab $\mathfrak{A} = \mathfrak{B} - \mathfrak{C}$. Also wird

$$\mathfrak{A}^2 = (\mathfrak{B} - \mathfrak{C})(\mathfrak{B} - \mathfrak{C}) = \mathfrak{B}^2 + \mathfrak{C}^2 - 2\mathfrak{B}\mathfrak{C}, \text{ d. h.}$$
$$A^2 = B^2 + C^2 - 2BC \cos \alpha.$$

Damit ist der Kosinussatz bewiesen.

3. Das Vektorprodukt (Äußeres Produkt, Momentprodukt).
In der Ebene π — Fig. 89 — mögen sich 2 Vektoren $\mathfrak{A}$ und $\mathfrak{B}$ befinden. Den Umlaufssinn von $\mathfrak{A}$ nach $\mathfrak{B}$, der dem Uhrzeigerlauf entgegengesetzt ist, nennt man positiv und den umgekehrten Umlaufssinn negativ. Einem Vektor $\mathfrak{C}$, der senkrecht auf π steht, legt man in bezug auf $\mathfrak{A}$ und $\mathfrak{B}$ das positive Vorzeichen bei, wenn er nach derjenigen Seite der Ebene π gerichtet ist, von der aus gesehen der Umlaufssinn von $\mathfrak{A}$ nach $\mathfrak{B}$ positiv ist.

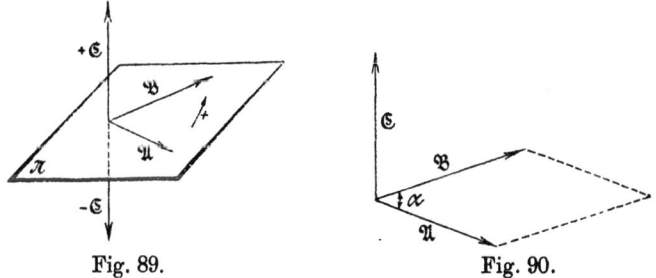

Fig. 89. Fig. 90.

Unter dem Vektorprodukt der Vektoren $\mathfrak{A}$ und $\mathfrak{B}$, die den Winkel α einschließen, geschrieben $[\mathfrak{A}\mathfrak{B}]$, versteht man einen Vektor $\mathfrak{C}$, der auf der Ebene durch $\mathfrak{A}$ und $\mathfrak{B}$ senkrecht steht, das Vorzeichen des Umlaufssinnes von $\mathfrak{A}$ nach $\mathfrak{B}$ hat und den Betrag $|\mathfrak{A}| \cdot |\mathfrak{B}| \cdot \sin \alpha = AB \sin \alpha$ besitzt. Also ist, Fig. 90

$$|[\mathfrak{A}\mathfrak{B}]| = AB \sin \alpha.$$

Dies Produkt heißt auch äußeres Produkt oder Momentprodukt.
Der Betrag des Vektors $\mathfrak{C}$ also des Vektorproduktes ist gleich dem Inhalt des von den Vektoren $\mathfrak{A}$ und $\mathfrak{B}$ gebildeten Parallelogramms.

9*

Das statische Moment der Kraft $\mathfrak{P}$ in bezug auf den Punkt Z, deren Angriffspunkt durch den Radiusvektor $\mathfrak{p}$ gegeben ist, vgl. Fig. 91, kann durch das Vektorprodukt

$$\mathfrak{M} = [\mathfrak{p}\,\mathfrak{P}]$$

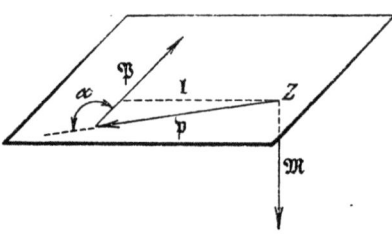

Fig. 91.

dargestellt worden. Denn es ist der „Hebelarm" oder der Abstand l des Punktes Z von $\mathfrak{P}$ in diesem Falle

$$l = p \sin \alpha$$

und daher ist

$$M = P p \sin \alpha.$$

Anderseits hat das Moment einen bestimmten Umlaufssinn von $\mathfrak{p}$ nach $\mathfrak{P}$. In der Figur ist der Vektor $\mathfrak{M}$ nach unten gerichtet.

Aus der Definition folgt diesmal $[\mathfrak{A}\mathfrak{B}] = -[\mathfrak{B}\mathfrak{A}]$, d. h. das kommutative Gesetz gilt nicht. Dagegen gilt das distributive Gesetz.

Es ist zu beweisen, daß $[\mathfrak{A}\,\mathfrak{C}] + [\mathfrak{B}\,\mathfrak{C}] = [(\mathfrak{A} + \mathfrak{B})\mathfrak{C}]$ ist. In Fig. 92 sind die Vektoren $\mathfrak{A}$, $\mathfrak{B}$, $\mathfrak{A} + \mathfrak{B}$, $\mathfrak{C}$ gezeichnet; Fig. 92a ist dagegen eine Darstellung der von einem Punkte ausgehen-

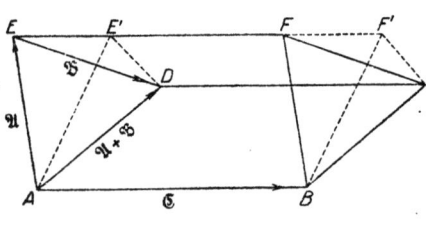

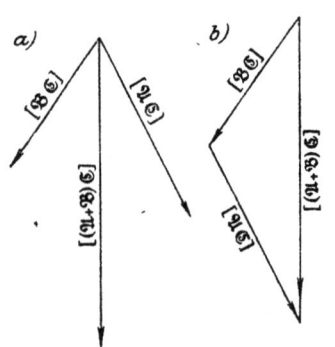

Fig. 92.

den Vektoren $[\mathfrak{A}\,\mathfrak{C}]$, $[\mathfrak{B}\mathfrak{C}]$ und $[(\mathfrak{A} + \mathfrak{B})\mathfrak{C}]$. Wenn jene Gleichung besteht, so muß das Dreieck Fig. 92b geschlossen sein. Man kann auch sagen, daß die Summe der Projektionen von $[\mathfrak{A}\,\mathfrak{C}]$ und $[\mathfrak{B}\,\mathfrak{C}]$

auf $[(\mathfrak{A} + \mathfrak{B})\mathfrak{C}]$ gleich $[(\mathfrak{A} + \mathfrak{B})\mathfrak{C}]$ selbst sein muß. Das ist aber nach der Definition des Vektorproduktes gleichbedeutend mit der Forderung, daß die Summe der Projektionen der Flächen ABFE und EFCD auf die Grundfläche ABCD gleich dieser Grundfläche selbst sein muß. Um die Richtigkeit dessen einzusehen, braucht man nur die Seitenflächen FBC und EAD so zu verschieben, daß sie in die neuen Lagen F'BC und E'AD senkrecht zur Grundfläche übergehen. Dadurch ist kein Flächeninhalt geändert worden; aber es ist evident, daß die Summe der Projektionen der Seitenflächen gleich der Grundfläche wird.

Ist $[\mathfrak{A}\mathfrak{B}] = 0$, so ist $\mathfrak{A}$ parallel $\mathfrak{B}$, denn es muß $\sin \alpha = 0$, also $\alpha = 0$ sein, falls nicht etwa $A = 0$ oder $B = 0$ ist. Daraus folgt die wichtige Formel $[\mathfrak{A}\mathfrak{A}] = 0$.

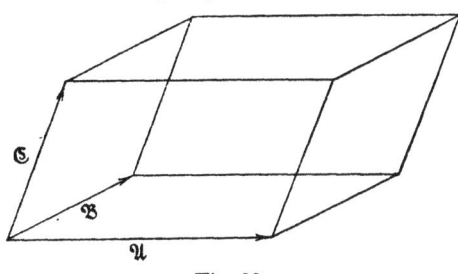

Fig. 93.

4. Übungen. a) Aus $[\mathfrak{A}\mathfrak{B}] = [\mathfrak{A}\mathfrak{C}]$ folgt auch hier nicht $\mathfrak{B}$ gleich $\mathfrak{C}$; denn es muß $[\mathfrak{A}(\mathfrak{B} - \mathfrak{C})] = 0$ sein, also nur $\mathfrak{A} \parallel \mathfrak{B} - \mathfrak{C}$.

b) Es ist $\mathfrak{A}[\mathfrak{B}\mathfrak{C}] = \mathfrak{B}[\mathfrak{C}\mathfrak{A}] = \mathfrak{C}[\mathfrak{A}\mathfrak{B}]$, denn jedes dieser skalaren Produkte ist gleich dem Inhalt der Fig. 93. Während aber natürlich $\mathfrak{A}[\mathfrak{B}\mathfrak{C}] = [\mathfrak{B}\mathfrak{C}]\mathfrak{A}$ ist, ist $\mathfrak{A}[\mathfrak{B}\mathfrak{C}] = - \mathfrak{A}[\mathfrak{C}\mathfrak{B}]$.

Dritter Abschnitt.

Differentiation nach einem Skalar.

1. Die Differentiationsregeln. Ist der Vektor $\mathfrak{A}$ eine Funktion irgendeines Skalars t (z. B. Geschwindigkeit Funktion der Zeit) so definiert man als Differentialquotienten des Vektors $\mathfrak{A}$ nach t

$$\frac{d\mathfrak{A}}{dt} = \left[\frac{\mathfrak{A}(t + \Delta t) - \mathfrak{A}(t)}{\Delta t}\right]_{\Delta t = 0}.$$

Wenn $\mathfrak{A}$ um $d\mathfrak{A}$ wächst, so erhält man nach den Regeln der Vektoraddition einen neuen Vektor $\mathfrak{A} + d\mathfrak{A}$ mit neuem Betrage aber auch von neuer Richtung. Der Differentialquotient $d\mathfrak{A} : dt$

134   Einführung in die Vektorrechnung.

ist ein Vektor, der dieselbe Richtung wie d𝔄 hat, vgl. die schematische Fig. 94.

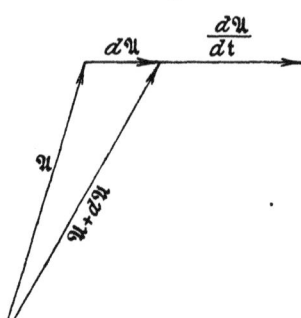

Fig. 94.

Genau wie in der Differentialrechnung kann man aus der Definition des Differentialquotienten die folgenden Formeln herleiten.

$$(1) \quad \frac{d(\mathfrak{A}+\mathfrak{B})}{dt} = \frac{d\mathfrak{A}}{dt} + \frac{d\mathfrak{B}}{dt}$$

$$(2) \quad \frac{d(\mathfrak{A}\mathfrak{B})}{dt} = \mathfrak{A}\frac{d\mathfrak{B}}{dt} + \mathfrak{B}\frac{d\mathfrak{A}}{dt}$$

$$(3) \quad \frac{d[\mathfrak{A}\mathfrak{B}]}{dt} = \left[\mathfrak{A}\frac{d\mathfrak{B}}{dt}\right] + \left[\frac{d\mathfrak{A}}{dt}\mathfrak{B}\right].$$

Hier ist genau auf die Reihenfolge der Faktoren zu achten.

$$(4) \quad \frac{d(y\mathfrak{A})}{dt} = y\frac{d\mathfrak{A}}{dt} + \mathfrak{A}\frac{dy}{dt},$$

wenn y ein Skalar, aber auch eine Funktion von t ist.

$$(5) \quad \frac{d\mathfrak{A}}{dt} = \frac{d\mathfrak{A}}{dx} \cdot \frac{dx}{dt},$$

wenn 𝔄 eine Funktion von x und x eine Funktion von t ist.

$$(6) \quad \frac{d^2\mathfrak{A}}{dt^2} = \frac{d}{dt}\left(\frac{d\mathfrak{A}}{dt}\right) \quad \text{usw.}$$

$\frac{d\mathfrak{A}}{dt}$ ist genau wie 𝔄 selbst eine Funktion von t; ebenso auch $\frac{d^2\mathfrak{A}}{dt^2}$ und die weiteren Ableitungen.

2. Die Ableitung eines Einheitsvektors. Ist 𝔄 ein beliebiger Vektor mit dem Betrage A und 𝔈 der Einheitsvektor (also mit dem Betrage 1) von derselben Richtung, so kann man immer setzen:
$$\mathfrak{A} = A\mathfrak{E}.$$

Durch Differentiation ergibt sich
$$\frac{d\mathfrak{A}}{dt} = \mathfrak{E}\frac{dA}{dt} + A\frac{d\mathfrak{E}}{dt}.$$

Multipliziert man beide Seiten mit 2𝔄, so wird:
$$2\mathfrak{A}\frac{d\mathfrak{A}}{dt} = 2A\frac{dA}{dt} + 2A\mathfrak{A}\frac{d\mathfrak{E}}{dt},$$

da ja $\mathfrak{A}\mathfrak{E} = A \cdot 1 \cos 0 = A$ ist.

Differentiation nach einem Skalar. 135

Differenziert man anderseits die Gleichung $\mathfrak{A}^2 = A^2$, so wird

$$2\mathfrak{A}\frac{d\mathfrak{A}}{dt} = 2A\frac{dA}{dt}.$$

Also bleibt oben

$$2A\mathfrak{A}\frac{d\mathfrak{E}}{dt} = 0 \quad \text{oder} \quad \mathfrak{A}\frac{d\mathfrak{E}}{dt} = 0,$$

d. h. der Vektor $d\mathfrak{E} : dt$ und folglich der Zuwachs $d\mathfrak{E}$ des Einheitsvektors $\mathfrak{E}$, mit derselben Richtung wie $\mathfrak{A}$, steht auf $\mathfrak{A}$ senkrecht: $\mathfrak{A} \perp d\mathfrak{E}$.

3. Übungen. a) Bewegt sich ein Punkt P auf einer krummlinigen Bahn, so kann man seine Lage zur Zeit t durch einen Radiusvektor $\mathfrak{r}$, einen Vektor, der von einem festen Punkt 0 ausgeht, ausdrücken. Dabei ist $\mathfrak{r}$ eine Funktion von t. Vgl. Fig. 95.

Nach der Vektoraddition folgt, daß $d\mathfrak{s} = d\mathfrak{r}$ ist, wenn $d\mathfrak{s}$ das Bogenelement der Bahn ist. Folglich wird die Geschwindigkeit $\mathfrak{v}$ des Punktes P

$$\mathfrak{v} = \frac{d\mathfrak{s}}{dt} = \frac{d\mathfrak{r}}{dt}.$$

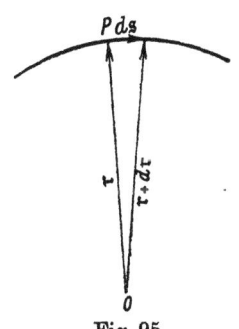
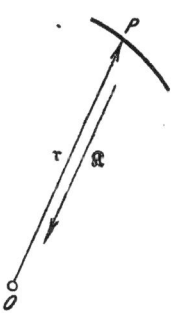

Fig. 95. Fig. 96.

Ist $\mathfrak{e}$ der Einheitsvektor in Richtung $\mathfrak{r}$, also $\mathfrak{r} = r\mathfrak{e}$, so wird

$$\mathfrak{v} = r\frac{d\mathfrak{e}}{dt} + \mathfrak{e}\frac{dr}{dt}.$$

Man kann also die Geschwindigkeit in zwei Komponenten zerlegen: die eine $\mathfrak{e}(dr:dt)$ in Richtung des Radiusvektors selbst, die andere $r(d\mathfrak{e}:dt)$ nach 2. senkrecht zu $\mathfrak{r}$. Man nennt $d\mathfrak{e}:dt = \omega$ die Winkelgeschwindigkeit.

b) **Das zweite Keplersche Gesetz.** Im Punkte P der Fig. 96 befinde sich eine Masse m. Der Punkt P bewegt sich auf irgendeiner Bahn, während auf ihn eine Anziehungskraft in Richtung PO wirkt. Eine Kraft, die in entgegengesetzter Richtung zu $\mathfrak{r}$ wirkt, kann man ausdrücken durch $-\mathrm{K}\mathfrak{r}$. Da m die Masse und die Beschleunigung $d\mathfrak{v} : dt$ ist, so muß sein:

$$m \frac{d\mathfrak{v}}{dt} = -\mathrm{K}\mathfrak{r}.$$

Nun ist aber wie oben $\mathfrak{v} = d\mathfrak{r} : dt$, also $d\mathfrak{v} : dt = d^2\mathfrak{r} : dt^2$, und folglich

$$m \frac{d^2\mathfrak{r}}{dt^2} = -\mathrm{K}\mathfrak{r}.$$

Multipliziert man beide Seiten vektoriell mit $\mathfrak{r}$, so verschwindet die rechte Seite der Gleichung; denn es wird:

$$m \left[\mathfrak{r} \frac{d^2\mathfrak{r}}{dt^2} \right] = -\mathrm{K}[\mathfrak{r}\mathfrak{r}] = 0.$$

Nun ist aber

$$\frac{d}{dt}\left[\mathfrak{r}\frac{d\mathfrak{r}}{dt}\right] = \left[\mathfrak{r}\frac{d^2\mathfrak{r}}{dt^2}\right] + \left[\frac{d\mathfrak{r}}{dt}\frac{d\mathfrak{r}}{dt}\right] = \left[\mathfrak{r}\frac{d^2\mathfrak{r}}{dt^2}\right].$$

Folglich ist das eben gefundene Ergebnis

$$\frac{d}{dt}\left[\mathfrak{r}\frac{d\mathfrak{r}}{dt}\right] = 0 \quad \text{oder} \quad \frac{1}{2}\left[\mathfrak{r}\frac{d\mathfrak{r}}{dt}\right] = \text{konst.}$$

Nach der Bedeutung des Vektorproduktes ist $\frac{1}{2}[\mathfrak{r}(\mathfrak{r} + d\mathfrak{r})] = d\mathrm{F}$ die vom Radiusvektor in der Zeit dt überstrichene Fläche. Weil aber

$$\frac{1}{2}[\mathfrak{r}(\mathfrak{r} + d\mathfrak{r})] = \frac{1}{2}[\mathfrak{r}\mathfrak{r}] + \frac{1}{2}[\mathfrak{r}d\mathfrak{r}] = \frac{1}{2}[\mathfrak{r}d\mathfrak{r}]$$

ist, so folgt aus

$$\frac{1}{2}\left[\mathfrak{r}\frac{d\mathfrak{r}}{dt}\right] = \text{konst.},$$

daß

$$\frac{d\mathrm{F}}{dt} = \text{konst.}$$

ist, d. h. die in der Zeit dt überstrichene Fläche ist dt proportional. Dann ist aber auch $\Delta \mathrm{F}$ proportional Δt, und allgemein ergibt sich: die vom Radiusvektor in der Zeiteinheit überstrichene Fläche ist nach Größe und Stellung konstant, wenn auf einen beweglichen Punkt nur eine Anziehungskraft nach einem festen Punkt wirkt.

Differentiation nach einem Skalar.

c) **Die bei Bewegung eines Massenpunktes auf krummliniger Bahn geleistete Arbeit.** Die Grundgleichung, von der auszugehen ist, ist wieder

$$\mathfrak{K} = m \frac{d\mathfrak{v}}{dt}.$$

Bezeichnet man den Einheitsvektor in Richtung $\mathfrak{v}$, also in Richtung der Bahntangente, mit $\mathfrak{e}$, so ist $\mathfrak{v} = v\mathfrak{e}$ und folglich

$$m \frac{d\mathfrak{v}}{dt} = m v \frac{d\mathfrak{e}}{dt} + m \mathfrak{e} \frac{dv}{dt} = \mathfrak{K}.$$

Wenn nun ds das Bogenelement der Bahn ist, so kann man setzen

$$\frac{d\mathfrak{e}}{dt} = \frac{d\mathfrak{e}}{ds} \cdot \frac{ds}{dt} = \frac{d\mathfrak{e}}{ds} v,$$

da ja $v = \frac{ds}{dt}$ ist. Außerdem ist $\frac{dv}{dt} = \frac{d^2s}{dt^2}$. Mit diesen Werten wird

$$\mathfrak{K} = m v^2 \frac{d\mathfrak{e}}{ds} + m \mathfrak{e} \frac{d^2s}{dt^2}.$$

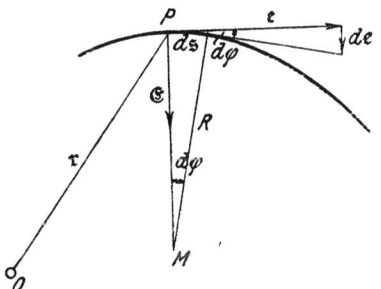

Fig. 97.

Jetzt betrachte man Fig. 97. Da $|\mathfrak{e}| = 1$ ist, so ist $|d\mathfrak{e}| = d\varphi$ (im Bogenmaß gemessen). Nennt man $\mathfrak{E}$ einen Einheitsvektor in Richtung der Normalen, also nach dem Krümmungsmittelpunkt M hin gerichtet, so ist $d\mathfrak{e} \parallel \mathfrak{E}$ also $d\mathfrak{e} = d\varphi \cdot \mathfrak{E}$. Bezeichnet man anderseits den Krümmungsradius mit R, so kann man den Kurvenbogen ds durch einen Kreisbogen um M mit dem Radius R ersetzen, so daß $ds = R d\varphi$ wird. Folglich wird

$$d\mathfrak{e} = \frac{\mathfrak{E} ds}{R} \quad \text{oder} \quad \frac{d\mathfrak{e}}{ds} = \frac{\mathfrak{E}}{R}.$$

Setzt man oben ein, so ergibt sich:

$$\mathfrak{K} = m v^2 \frac{\mathfrak{E}}{R} + m \mathfrak{e} \frac{d^2s}{dt^2}.$$

Die erste Komponente ist die sogenannte Zentripetalkraft; sie hat die Richtung von $\mathfrak{E}$, ist also nach dem Krümmungsmittelpunkt M hin gerichtet.

Es bleibt die Berechnung der Arbeit. Dazu multipliziert man skalar mit $d\mathfrak{s}$. Da aber $d\mathfrak{s} \perp \mathfrak{E}$ ist, so wird $d\mathfrak{s}\mathfrak{E} = 0$. Andererseits ist $\mathfrak{e} \parallel d\mathfrak{s}$ also $\mathfrak{e}\, d\mathfrak{s} = ds$. Folglich wird

$$\mathfrak{K}\, d\mathfrak{s} = m\, ds\, \frac{d^2 s}{dt^2} = m\, ds\, \frac{dv}{dt} = m v\, dt\, \frac{dv}{dt} = m v\, dv,$$

da ja $ds : dt = v$, also $ds = v\, dt$ ist.

Es bleibt

$$\mathfrak{K}\, d\mathfrak{s} = d\left(\frac{m v^2}{2}\right).$$

Links steht die von der Kraft $\mathfrak{K}$ längs des Weges $d\mathfrak{s}$ geleistete Arbeit. Der Ausdruck rechts, $\frac{m v^2}{2} = L$ geschrieben, ist die kinetische Energie. Somit ist

$$\mathfrak{K}\, d\mathfrak{s} = dA = dL.$$

Integriert man von der Zeit t_0 bis zur Zeit t_1, indem man setzt: zur Zeit t_0, $v = v_0$, $\frac{m v_0^2}{2} = L_0$; zur Zeit t_1, $v = v_1$, $\frac{m v_1^2}{2} = L_1$, so wird

$$A = \int_{t_0}^{t_1} d\left(\frac{m v^2}{2}\right) = \left[\frac{m v^2}{2}\right]_{v_0}^{v_1} = L_1 - L_0,$$

d. h. die geleistete Arbeit ist gleich der Zunahme oder Abnahme der kinetischen Energie.

Trigonometrie.

Erster Abschnitt.
Die Winkelfunktionen im Einheitskreise.

1. Die Winkelmessung. Dreht man einen Strahl in der Ebene um einen seiner Punkte 0, so kehrt er nach einer gewissen Zeit in seine Anfangslage zurück. Die ganze, gleichförmig gedachte Bewegung einmal um den Anfangspunkt herum zerlegt man in 360 gleiche Teile und nennt jeden Teil einen Grad[1]). Ein beliebiger Winkel α in Fig. 98 wird durch die Anzahl Grade gemessen, um die man einen Schenkel drehen muß, bis er mit dem anderen zusammenfällt. Bei der praktischen Ausführung der Winkelmessung benutzt man in der Regel einen Teilkreis um den Drehpunkt 0 herum, dessen Umfang in 360 gleiche Abschnitte geteilt wird.

In neuerer Zeit ist vielfach in Aufnahme gekommen, die Grade statt in Minuten und Sekunden in $^1/_{10}$; $^1/_{100}$ usw. Grade zu zerlegen. Im

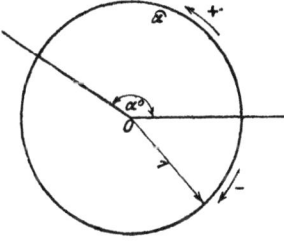

Fig. 98.

folgenden soll jedoch ausschließlich die alte Teilung benutzt werden.

Bei der Drehung des Strahles um 0 herum, beschreibt jeder seiner Punkte einen Kreis. Es ist deshalb naheliegend, die Länge dieser Bahnen selbst zur Winkelmessung zu benutzen. Freilich muß ein bestimmter Kreis ausgewählt werden. Man nimmt den Kreis, dessen Radius gleich der Längeneinheit ist, und nennt ihn

---

[1]) Ein Grad wird weiter in 60 gleiche Teile, die Minuten, und eine Minute wieder in 60 gleiche Teile, die Sekunden, zerlegt. Die Bezeichnungen für Grade °, Minuten ′ und Sekunden ″ bedeuten die Zahlen 0, I, II; sie beziehen sich auf die alte sexagesimale Schreibweise und sollen das erste bzw. zweite Sechzigstel der gegebenen Zahl andeuten.

kurz den **Einheitskreis**. Nach dieser zweiten Art wird der Winkel α durch die Bogenlänge gemessen, die seine Schenkel aus dem Umfange des Einheitskreises ausschneiden. Man sagt, der Winkel sei im Bogenmaß gemessen und schreibt $\hat{\alpha}$ im Gegensatz zu α^0. Die Umrechnung beider Maße ineinander geschieht mit Hilfe der Proportion:

$$\frac{\hat{\alpha}}{2\pi \cdot 1} = \frac{\alpha^0}{360^0}.$$

Daraus folgt

$$\hat{\alpha} = \frac{\pi \cdot \alpha^0}{180^0}.$$

Die zusammengehörigen Werte von $\hat{\alpha}$ und α^0 findet man in Tabellen angegeben.

2. Kartesische Koordinaten und Polarkoordinaten.

In einem Kreise, siehe Fig. 99, seien zwei aufeinander senkrechte Durchmesser gezogen und mit Maßstäben versehen. Der Nullpunkt der Maßstäbe sei in den Kreismittelpunkt gelegt, die Strecken nach rechts und oben seien positiv, die nach links und unten negativ genannt. Die mit Maßstäben bedeckten Durchmesser heißen die **Achsen**.

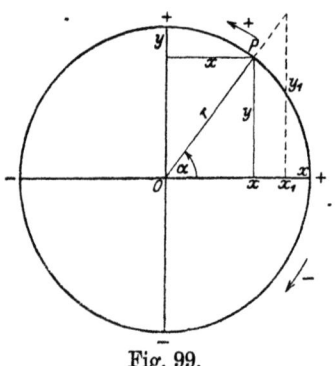

Fig. 99.

Jetzt kann man jedem Punkte zwei Zahlen, seine **Koordinaten**, eindeutig zuordnen, indem man die Maßstäbe an den Achsen entlang parallel verschoben denkt und auf ihnen die Abstände des Punktes von den Achsen nachmißt. So hat in der Figur P die Koordinaten 3 und 4. Man nennt 3 die **Abszisse** und 4 die **Ordinate** und schreibt kurz P (3; 4), d. h. P hat die Abszisse 3 und die Ordinate 4. Die Abszissen pflegt man durch den Buchstaben x, die Ordinaten durch den Buchstaben y zu bezeichnen und nennt deshalb die horizontale Achse die Abszissen- oder x-Achse, die vertikale Achse dagegen die Ordinaten- oder y-Achse.

Jedem Punkt sind seine Koordinaten eindeutig zugeordnet; umgekehrt entspricht zwei beliebigen Zahlen ein und nur ein bestimmter Punkt.

Man hat zur Messung der Koordinaten gewissermaßen die Parallelverschiebung der Achsen benutzt. Da diese Methode von

Des Cartes, lateinisch Cartesius, (1596—1650) eingeführt wurde, so heißen die Koordinaten auch kartesische Koordinaten. Sie sollen stets gemeint sein, wenn kurzweg von Koordinaten gesprochen wird.

Statt von der Parallelverschiebung hätte man von der Drehung ausgehen können. Dann gelangt man zu den Polarkoordinaten, indem man den Punkt P durch seinen Abstand $PO = r$ vom Nullpunkt und durch den Winkel α festlegt, um den man die x-Achse drehen muß, bis sie mit PO zusammenfällt. Zur Abkürzung hat man zu schreiben: P $(r; \alpha)$. Hierbei rechnet man Drehung von der positiven x-Achse zur positiven y-Achse positiv, im entgegengesetzten Sinne negativ. Man sagt auch: Die Drehung im entgegengesetzten Sinne des Uhrzeigerlaufs ist positiv, im Sinne des Uhrzeigerlaufs negativ zu setzen. Da die Winkel durch die Drehung gemessen werden, so gibt es also positive und negative Winkel. Man rechnet die Winkel stets von der positiven x-Achse an.

3. Umrechnung der kartesischen in Polarkoordinaten. Da zwei Koordinaten schon zur Bestimmung eines Punktes hinreichen, muß man die 4 Koordinaten ineinander umrechnen können. So müssen die kartesischen Koordinaten y und x durch r und α schon mitbestimmt sein. D. h. aber, zwischen den drei Größen y, r, α einerseits und den drei Größen x, r, α anderseits muß eine funktionale Beziehung[1]) bestehen. Es ist also z. B. $\alpha = f_1\,(y, r)$ und auch $\alpha = f_2\,(x, r)$.

Über die Form dieser Funktionen läßt sich noch genaueres aussagen. Wenn man, wie in Fig. 99 das rechtwinklige Dreieck ähnlich vergrößert oder verkleinert, dann bleibt α unverändert, solange nur der Quotient $y:r$; $y_1:r_1$ usw. denselben Wert behält. In gleicher Weise bleibt α unverändert, wenn $x:r$; $x_1:r_1$ usw. denselben Wert besitzt. Daher kann man genauer angeben, daß

$$\alpha = f_1\left(\frac{y}{r}\right) \text{ und } \alpha = f_2\left(\frac{x}{r}\right)$$

ist.

Aber auch umgekehrt ist durch eine bestimmte Größe des Winkels α das Verhältnis $y:r$ bzw. $x:r$ bestimmt. Daher ist auch $y:r$ eine Funktion von α, die den Namen Sinus erhalten hat, geschrieben:

$$\frac{y}{r} = \sin \alpha,$$

---

[1]) Es besteht eine funktionale Beziehung zwischen drei Größen, heißt nichts weiter als: wenn man für zwei der Größen beliebige Zahlenwerte einsetzt, so ist der Zahlenwert der dritten dadurch bestimmt und kann be-

und $x:r$ eine andere Funktion des Winkels α, die den Namen Kosinus erhalten hat, geschrieben:

$$\frac{x}{r} = \cos \alpha.$$

Die Umrechnungsformeln sind daher:

$$y = r \cdot \sin \alpha; \quad x = r \cdot \cos \alpha.$$

Sollen umgekehrt die Polarkoordinaten aus den kartesischen berechnet werden, so beachtet man, daß, ganz entsprechend wie oben gezeigt, $y:x$ eine Funktion von α ist. Diese hat den Namen Tangens erhalten; man schreibt

$$\frac{y}{x} = \operatorname{tg} \alpha.$$

Auch der umgekehrte Wert $x:y$ ist eine Funktion von α, genannt der Kotangens von α, die man schreibt

$$\frac{x}{y} = \operatorname{ctg} \alpha.$$

r berechnet man nach dem Pythagoras:

$$r = \sqrt{x^2 + y^2}.$$

4. Die allgemeinen Definitionen der Winkelfunktionen.

Führt man die Koordinatenumrechnung für Punkte durch, die auf dem Umfange des Einheitskreises liegen, so ist in den gefundenen Formeln $r = 1$ zu setzen, und die Ordinaten und Abszissen sind unmittelbar graphische Bilder der Funktionen Sinus und Kosinus.

Der Sinus eines Winkels ist gleich der Maßzahl der Ordinate, der Kosinus gleich der Maßzahl der Abszisse, die der Endpunkt des beweglichen Schenkels im Einheitskreise besitzt.

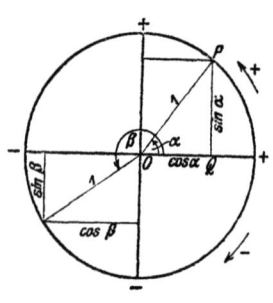

Fig. 100.

Diese Definitionen sollen für sämtliche positiven und negativen Winkel gelten.

Unmittelbar aus Fig. 100 liest man die wichtigen Formeln ab:

$$\sin^2 \alpha + \cos^2 \alpha = 1\,{}^{1});$$

---

rechnet werden. $\alpha = f_1(y, r)$ ist die mathematische Formel für die Aussage: α ist eine Funktion von y und r. Weiteres siehe im dritten Abschnitt der Algebra.

[1]) Statt $(\sin \alpha)^2$ schreibt man mit Weglassung der Klammer $\sin^2 \alpha$.

Die Winkelfunktionen im Einheitskreise. 143

$$\text{tg } \alpha = \frac{\sin \alpha}{\cos \alpha}; \quad \text{ctg } \alpha = \frac{\cos \alpha}{\sin \alpha};$$
$$\textbf{tg } \alpha \cdot \textbf{ctg } \alpha = \textbf{1}.$$

Auch für Tangens und Kotangens kann man sofort graphische Bilder erhalten, wenn man die Achsenmaßstäbe parallel mit sich in positiver Richtung verschiebt, bis sie zu Tangenten an dem Einheitskreise werden. Dann ist

der Tangens eines Winkels gleich der Maßzahl des vom beweglichen Schenkel auf der vertikalen Tangente abgeschnittenen Stückes,

der Kotangens gleich der Maßzahl des vom beweglichen Schenkel auf der horizontalen Tangente abgeschnittenen Stückes.

Die Richtigkeit dieser Definitionen, die auch für sämtliche Winkel gelten, beweist man aus Fig. 101 so:

$\triangle OPQ \sim \triangle ORS$ $\quad\triangle OPQ \sim \triangle OTU$
$\dfrac{RS}{OS} = \dfrac{PQ}{OQ}$ $\quad\dfrac{TU}{OU} = \dfrac{OQ}{PQ}.$

Nun ist aber

$OS = OU = 1,$
$PQ = \sin \alpha, \; OQ = \cos \alpha,$

also

$RS = \dfrac{\sin \alpha}{\cos \alpha} = \text{tg } \alpha;$

$TU = \dfrac{\cos \alpha}{\sin \alpha} = \text{ctg } \alpha.$

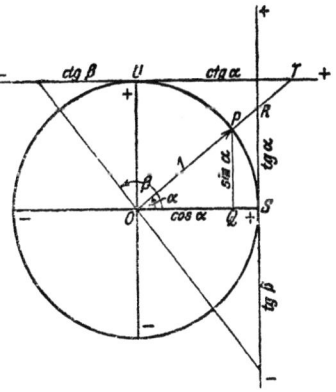

Fig. 101.

Übungen: Durch eine Winkelfunktion sind die anderen schon mitbestimmt. Man kann daher die Aufgabe stellen: Gegeben sei $\sin \varphi = 0{,}5$; wie groß sind $\cos \varphi$, $\text{tg } \varphi$ und $\text{ctg } \varphi$?

Es war $\sin^2 \varphi + \cos^2 \varphi = 1$; also ist

$$\cos \varphi = \pm \sqrt{1 - \sin^2 \varphi} = \pm \sqrt{1 - 0{,}25} = \pm \sqrt{0{,}75}$$
$$= \pm 0{,}5 \sqrt{3} = \pm 0{,}5 \cdot 1{,}732 = \pm 0{,}866.$$

Weiter ist

$$\text{tg } \varphi = \frac{\sin \varphi}{\cos \varphi} = \frac{0{,}5}{\pm 0{,}5 \cdot \sqrt{3}} = \frac{1}{\pm \sqrt{3}}$$

$$= \pm \frac{1}{3}\sqrt{3} = \pm \frac{1}{3} \cdot 1{,}732 = \pm 0{,}577$$

$$\operatorname{ctg} \varphi = \frac{1}{\operatorname{tg} \varphi} = \pm \frac{1}{1 : \sqrt{3}} = \pm \sqrt{3} = \pm 1{,}732.$$

Man konstruiere auf Millimeterpapier in einem Einheitskreis (Radius z. B. gleich 1 dm) die Winkel, deren Sinus 0,5 ist. Man findet zwei Winkel, einen spitzen und einen stumpfen. Durch Nachmessen überzeuge man sich von der Richtigkeit der gefundenen Ergebnisse.

5. Die Vorzeichen und die Grenzwerte der Winkelfunktionen. Durchläuft der Punkt P in Fig. 101 den Kreisumfang, so sind seine Ordinaten im ersten und zweiten Viertel des Einheitskreises positiv, dagegen im dritten und vierten negativ. Die Abszissen sind im ersten und vierten positiv, im zweiten und dritten negativ. Die Vorzeichen der Ordinaten und Abszissen sind zugleich die Vorzeichen von Sinus und Kosinus. In derselben Weise stellt man die Vorzeichen von Tangens und Kotangens fest, wobei man zu beachten hat, daß der bewegliche Schenkel, wenn nötig, über den Nullpunkt zu verlängern ist, damit er mit der zugehörigen Tangente zum Schnitt gebracht wird. Das gilt z. B. für tg β, wenn β wie in der Figur im zweiten Viertel liegt. Danach ergibt sich die folgende Tabelle:

	I	II	III	IV
sin	+	+	−	−
cos	+	−	−	+
tg	+	−	+	−
ctg	+	−	+	−

Einige Werte der Winkelfunktionen lassen sich unmittelbar mit Hilfe der Definition ablesen. Ist z. B. der Winkel 0°, so ist die Ordinate von P gleich 0, dagegen die Abszisse gleich 1. Folglich ist

$$\sin 0^\circ = 0; \quad \cos 0^\circ = 1.$$

Bei 90° ergeben sich die umgekehrten Werte usw. Man erkennt, daß Sinus und Kosinus immer gleich positiven oder negativen echten Brüchen zwischen -1 und $+1$ werden. Also ist immer

$$-1 \leqq \sin \alpha \leqq +1$$

und auch

$$-1 \leqq \cos \alpha \leqq +1.$$

Dagegen durchwandert der Punkt R in Fig. 101 von S beginnend die ganze Tangente bis ins Unendliche, wenn α von $0°$ bis $90°$ wächst. Wächst aber α noch über $90°$ hinaus, so springt der Punkt R vom Unendlichen auf der positiven Seite der Tangente zum Unendlichen auf der negativen Seite der Tangente über. Mit wachsendem α wächst dann weiter auch Tangens, da R aufsteigt, also die negativen Werte, absolut genommen, kleiner, folglich in Wahrheit größer werden. (Es ist ja z. B. $-7 < -1$.) Führt man die entsprechenden Überlegungen auch für Kotangens durch, so findet man: Während Tangens immer wächst, nimmt Kotangens immer ab. In einer Tabelle zusammengefaßt, sieht das Ergebnis so aus:

.	$0° = 0$	$90° = \frac{\pi}{2}$	$180° = \pi$	$270° = \frac{3}{2}\pi$	$360° = 2\pi$
sin	0	$+1$	0	-1	0
cos	$+1$	0	-1	0	$+1$
tg	0	$\pm\infty$	0	$\pm\infty$	0
ctg	$+\infty$	0	$\mp\infty$	0	$\mp\infty$

Hierin soll $\pm\infty$ andeuten, daß der Wert von $+\infty$ nach $-\infty$ überspringt, während $\mp\infty$ den Sprung im umgekehrten Sinne darstellt.

6. Einige spezielle Werte der Winkelfunktionen. In Fig. 102 ist ein Winkel von $45°$ im Einheitskreise gezeichnet. Da $PQ = OQ = x$ wird, so ist nach dem Pythagoras

$$2x^2 = 1; \quad x = \frac{1}{\sqrt{2}} = \frac{1}{2}\sqrt{2}.$$

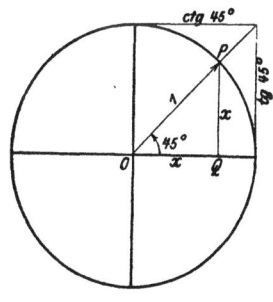
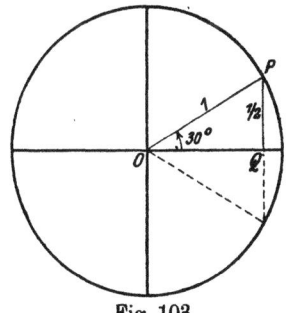

Fig. 102.   Fig. 103.

Das gibt die Werte

$$\sin 45° = PQ = \frac{1}{2}\sqrt{2} = \frac{1}{2} \cdot 1{,}414 = 0{,}707$$

$$\cos 45° = OQ = \frac{1}{2}\sqrt{2} = 0{,}707$$

$$\tg 45° = \frac{PQ}{OQ} = 1; \qquad \ctg 45° = \frac{OQ}{PQ} = 1.$$

In Fig. 103 ist ein Winkel von 30° eingezeichnet und das rechtwinklige Dreieck OPQ zu einem gleichseitigen ergänzt. Die Seite des gleichseitigen Dreiecks ist gleich 1 und folglich seine Höhe OQ gleich $\frac{1}{2}\sqrt{3}$; denn es ist ja

$$OQ = \sqrt{1 - \left(\frac{1}{2}\right)^2} = \sqrt{\frac{3}{4}} = \frac{1}{2}\sqrt{3}.$$

In diesem Dreieck liest man daher ab

$$\sin 30° = PQ = \frac{1}{2} = 0{,}5$$

$$\cos 30° = OQ = \frac{1}{2}\sqrt{3} = \frac{1}{2} \cdot 1{,}732 = 0{,}866$$

$$\tg 30° = \frac{PQ}{OQ} = \frac{\frac{1}{2}}{\frac{1}{2}\sqrt{3}} = \frac{1}{3}\sqrt{3} = 0{,}577$$

$$\ctg 30° = \frac{OQ}{PQ} = \sqrt{3} = 1{,}732.$$

Dasselbe gleichseitige Dreieck ist in Fig. 104 in etwas anderer Lage gezeichnet, so daß die Funktionen des Winkels von 60° abzulesen sind. Man erhält

$$\sin 60° = PQ = \frac{1}{2}\sqrt{3} = 0{,}866$$

$$\cos 60° = OQ = \frac{1}{2} = 0{,}5$$

$$\tg 60° = \sqrt{3} = 1{,}732$$

$$\ctg 60° = \frac{1}{\sqrt{3}} = 0{,}577.$$

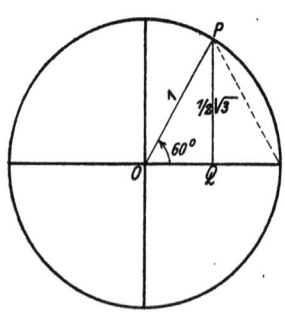

Fig. 104.

Die Winkelfunktionen im Einheitskreise.

Auch diese Werte seien in einer Tabelle zusammengestellt:

	30°	45°	60°
sin	$\frac{1}{2}$	$\frac{1}{2}\sqrt{2}$	$\frac{1}{2}\sqrt{3}$
cos	$\frac{1}{2}\sqrt{3}$	$\frac{1}{2}\sqrt{2}$	$\frac{1}{2}$
tg	$\frac{1}{3}\sqrt{3}$	1	$\sqrt{3}$ ·
ctg	$\sqrt{3}$	1	$\frac{1}{3}\sqrt{3}$

Die einfachsten Werte der Sinusfunktion und der Cosinusfunktion lassen sich leicht durch eine Gedächtnisregel einprägen, die durch die folgende Tabelle veranschaulicht sei:

	0°	30°	45°	60°	90°
sin	$\frac{1}{2}\sqrt{0}$	$\frac{1}{2}\sqrt{1}$	$\frac{1}{2}\sqrt{2}$	$\frac{1}{2}\sqrt{3}$	$\frac{1}{2}\sqrt{4}$
cos	$\frac{1}{2}\sqrt{4}$	$\frac{1}{2}\sqrt{3}$	$\frac{1}{2}\sqrt{2}$	$\frac{1}{2}\sqrt{1}$	$\frac{1}{2}\sqrt{0}$

7. Die graphische Darstellung der Winkelfunktionen. Die gefundenen Werte genügen bereits, um hinreichend genaue geo-

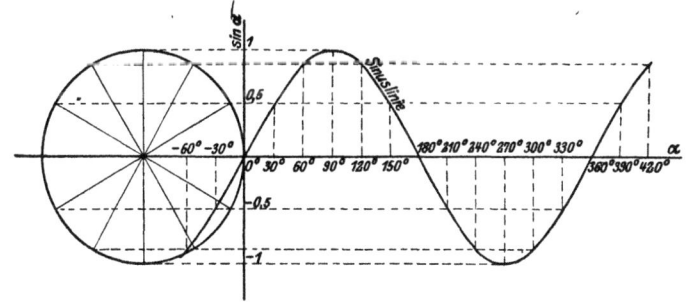

Fig. 105.

metrische Bilder der Winkelfunktionen zu zeichnen, aus denen die Werte für alle Winkel abgelesen werden können. Die Konstruktion wird man am besten rein geometrisch ausführen. Die Sinuslinie ist in Fig. 105 gezeichnet. In den gegebenen Einheitskreis hat man Winkel von 30°, 60°, 120° usw. einzutragen, indem man in bekannter Weise den Radius auf dem Kreisumfang absteckt. Die Ordinaten der Teilpunkte lotet man auf die vertikale

148   Trigonometrie.

Achse, die man beliebig annimmt, herüber, indem man als horizontale Achse die horizontale Achse des Kreises selbst wählt. Auf dieser horizontalen Achse trägt man in einem beliebigen Maßstabe die Grade ab (z. B. $2° = 1$ mm). Zeichnet man zu $30°$, $60°$ usw. die zugehörigen Ordinaten, so erhält man Punkte der gesuchten Kurve. Diese Punkte, miteinander durch eine stetige Kurve verbunden, liefern die Sinuslinie. Es sei besonders darauf aufmerksam gemacht, daß die negativen Winkel nach links abzutragen sind.

In 5. waren Tabellen aufgestellt worden, die sich jetzt unmittelbar ablesen lassen.

Verschiebt man die Kurve um $180°$, so geht sie in ihr Spiegelbild über; d. h. zu einem Winkel $180° + \alpha$ gehört ein gleich großer Sinus wie zu α selbst, aber das Vorzeichen ist umgekehrt.

$$\sin(180° + \alpha) = -\sin\alpha.$$

Ferner liest man aus dem graphischen Bilde die Formeln ab

$$\sin(180° - \alpha) = \sin\alpha,$$
$$\sin(-\alpha) = -\sin\alpha.$$

In Fig. 106 ist die Kosinuslinie gezeichnet. Die Kosinuswerte sind die Abszissen zu den gezeichneten Winkeln. Um sie bequem

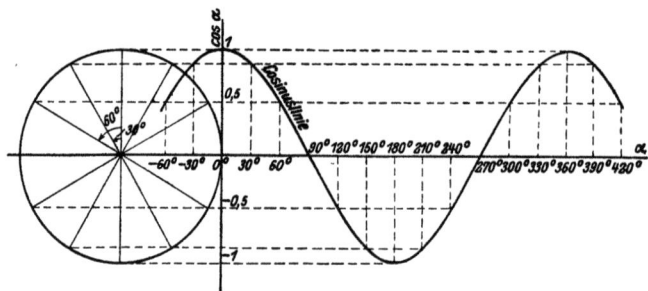

Fig. 106.

auf die vertikale Achse projizieren zu können, dreht man am besten den Einheitskreis um $90°$ herum. Die Kosinuslinie ist eine um $90°$ verschobene Sinuslinie. Entsprechend wie beim Sinus liest man die Formeln ab:

$$\cos(180° + \alpha) = -\cos\alpha$$
$$\cos(180° - \alpha) = -\cos\alpha$$
$$\cos(-\alpha) = \cos\alpha.$$

Da die Kosinuskurve eine um $90°$ verschobene Sinuskurve ist, so muß $\sin(90° + \alpha) = \cos\alpha$ sein. Dagegen liegt der

Die Winkelfunktionen im Einheitskreise. 149

cos $(90° + α)$ auf der negativen Seite der Achse, ist folglich gleich
$-\sin α$.

$$\sin (90° + α) = \cos α$$
$$\cos (90° + α) = -\sin α.$$

Ähnlich liest man ab

$$\sin (90° - α) = \cos α$$
$$\cos (90° - α) = \sin α.$$

Man merke sich die Regel: **Bei einer Verschiebung um 180° bleibt die Funktion erhalten, dagegen geht sie in ihre Kofunktion über, wenn man um 90° fortschreitet. Außerdem ist auf das Vorzeichen zu achten.** Diese Regel gilt auch für Tangens und Kotangens, wie sogleich gezeigt wird.

Die Funktionen Tangens und Kotangens werden in derselben Anordnung gezeichnet, wie oben Sinus und Kosinus. Man erkennt in den Fig. 107 und 108, daß die Kurven mehrfach ins Unendliche

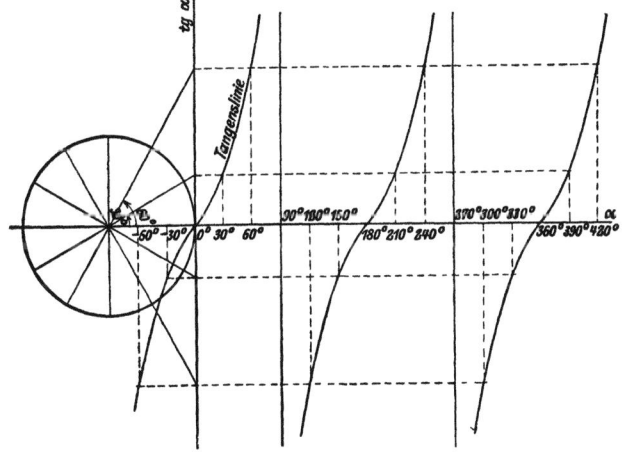

Fig. 107.

verlaufen. In Fig. 107 die Lote in den Punkten 90° und 270° und in Fig. 108 die Lote in den Punkten 0°, 180° und 360° heißen **Asymptoten** der Kurven. Diesen Asymptoten nähern sich die Kurven, ohne sie jedoch je zu erreichen. Asymptoten sind die Tangenten, die die Kurven im Unendlichen berühren. Die Tangenskurve geht bei Verschiebung um 90° in das Spiegelbild der Kotangenskurve über; dann sind die entsprechenden Ordinaten

150 Trigonometrie.

gleich lang, unterscheiden sich aber durch das Vorzeichen. Mit Rücksicht darauf liest man die Formeln ab:

$\operatorname{tg}(180° + \alpha) = + \operatorname{tg}\alpha,$ $\operatorname{ctg}(180° + \alpha) = + \operatorname{ctg}\alpha,$
$\operatorname{tg}(180° - \alpha) = - \operatorname{tg}\alpha,$ $\operatorname{ctg}(180° - \alpha) = - \operatorname{ctg}\alpha,$
$\operatorname{tg}(-\alpha) = - \operatorname{tg}\alpha,$ $\operatorname{ctg}(-\alpha) = - \operatorname{ctg}\alpha,$
$\operatorname{tg}(90° + \alpha) = - \operatorname{ctg}\alpha,$
$\operatorname{ctg}(90° + \alpha) = - \operatorname{tg}\alpha,$
$\operatorname{tg}(90° - \alpha) = \operatorname{ctg}\alpha,$
$\operatorname{ctg}(90° - \alpha) = \operatorname{tg}\alpha.$

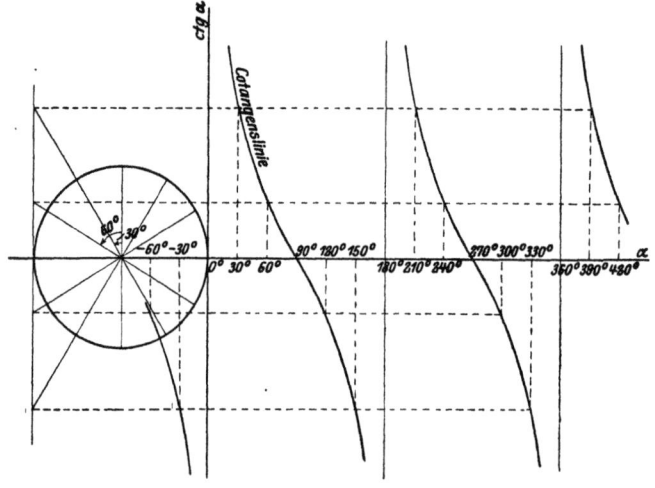

Fig. 108.

Es ist damit zugleich die oben gefundene Regel auch hier bestätigt. Zur Übung leite man aus den graphischen Bildern auch noch Formeln für $\sin(270° + \alpha)$; $\operatorname{tg}(360° - \alpha)$ usw. her.

Übungen: Man zeichne das graphische Bild der Funktion

$$\sin(\alpha - 30°).$$

Die Sinuslinie wird wie vorher konstruiert, aber der Anfangspunkt der Winkelteilung um 30° nach links verschoben.

Weiter zeichne man die Funktion

$$\sin 3\alpha.$$

Man konstruiere die Kurve $\sin\varphi$, indem man $\varphi = 3\alpha$ setzt, und bezeichne die Teilung auf der Winkelachse nach der Gleichung $\alpha = \dfrac{\varphi}{3}.$

Soll endlich noch das Bild der Funktion

$$4 \sin \alpha$$

entworfen werden, so geht man statt vom Einheitskreise vom Kreise mit dem Radius 4 aus und konstruiert mit seiner Hilfe die Sinuskurve wie gewöhnlich.

Zweiter Abschnitt.
Die Winkelfunktionen im rechtwinkligen und im schiefwinkligen Dreieck.

1. Das rechtwinklige Dreieck. Ein beliebiges rechtwinkliges Dreieck A B C sei gegeben (Fig. 109). Um den Eckpunkt A werde der Einheitskreis beschrieben und AC als horizontale Achse gewählt. Dann liest man die Proportionen ab:

$$\frac{\sin \alpha}{1} = \frac{a}{c}; \quad \frac{\cos \alpha}{1} = \frac{b}{c}.$$

Also ist

$$\sin \alpha = \frac{a}{c}; \quad \cos \alpha = \frac{b}{c}.$$

Durch Division folgt

$$\operatorname{tg} \alpha = \frac{a}{b}; \quad \operatorname{ctg} \alpha = \frac{b}{a}.$$

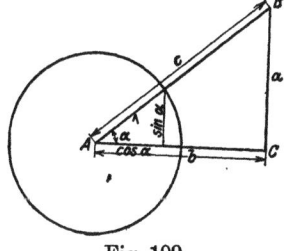

Fig. 109.

Da man den Eckpunkt, um welchen der Einheitskreis beschrieben werden soll, beliebig auswählen kann, so hat man für die Anwendungen im rechtwinkligen Dreieck die folgenden Definitionen der Winkelfunktionen gefunden:

Der **Sinus** eines Winkels ist das Verhältnis der ihm gegenüberliegenden Kathete zur Hypotenuse;

der **Kosinus** eines Winkels ist das Verhältnis der ihm anliegenden Kathete zur Hypotenuse;

der **Tangens** eines Winkels ist das Verhältnis der ihm gegenüberliegenden Kathete zu der ihm anliegenden;

der **Kotangens** eines Winkels ist das Verhältnis der ihm anliegenden Kathete zu der ihm gegenüberliegenden.

152 Trigonometrie.

Beispiele: In Fig. 110 ist im Dreieck E F G:

$$\sin \varphi = \frac{f}{g}; \quad \cos \varphi = \frac{e}{g}; \quad \operatorname{tg} \psi = \frac{e}{f}; \quad \operatorname{ctg} \psi = \frac{f}{e}$$

$$\cos \psi = \frac{f}{g}; \quad \sin \varphi = \cos \psi \quad \text{usw.}$$

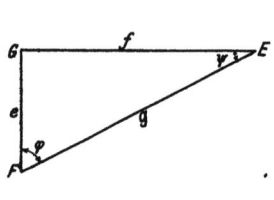

Fig. 110.

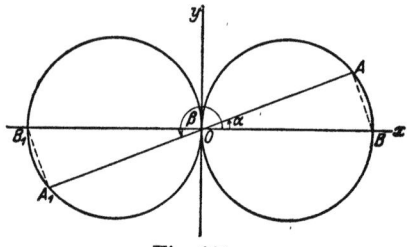

Fig. 111.

Zeichnet man wie in Fig. 111 zwei Kreise, deren Durchmesser jedesmal die Länge 1 besitzen, so sind die Sehnenlängen O A usw. gleich dem Kosinus der Winkel α usw. Denn im rechtwinkligen Dreieck O A B ist

$$\cos \alpha = \frac{OA}{OB} = \frac{OA}{1} = OA.$$

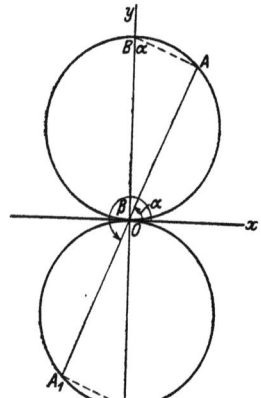

Anderseits ist $\cos(180° + \alpha) = -\cos \alpha$; da aber im rechtwinkligen Dreieck $OA_1 B_1$

$$\frac{OA_1}{OB_1} = \frac{OA_1}{-1} = -OA_1$$

ist, so ergibt sich ganz richtig

$$\cos \beta = \cos(180° + \alpha) = -OA_1.$$

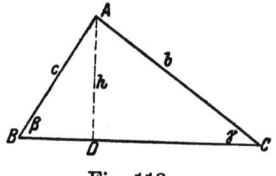

Fig. 112.   Fig. 113.

Man hat bei dieser neuen Art der graphischen Darstellung der Kosinusfunktion also darauf zu achten, daß sämtlichen Sehnen des linken Kreises das negative Vorzeichen zu geben ist.

In Fig. 112 ist in gleicher Weise die Sinusfunktion dargestellt.

Die Winkelfunktionen im Dreieck. 153

Wie man sich sofort an der Figur überzeugt, erhalten jetzt sämtliche Sehnen des unteren Kreises das negative Vorzeichen.

2. Der Sinussatz. Im schiefwinkligen Dreieck müssen drei Stücke gegeben sein, wenn man ein viertes berechnen will. Man wird daher nach Formeln zwischen vier Größen, Winkeln und Seiten, zu suchen haben. Zu dem Zwecke zerlegt man das schiefwinklige Dreieck durch eine Höhe in zwei rechtwinklige. In Fig. 113 ist das Dreieck ABC durch die Höhe AD geteilt worden. Man drückt das gemeinsame Stück beider Dreiecke, die Höhe h, in beiden Dreiecken durch Seiten und Winkel aus. Dann ist

$$\sin \beta = \frac{h}{c}; \quad h = c \cdot \sin \beta$$

$$\sin \gamma = \frac{h}{b}; \quad h = b \cdot \sin \gamma.$$

Daraus folgt

$$c \cdot \sin \beta = b \cdot \sin \gamma \quad \text{oder} \quad \frac{b}{\sin \beta} = \frac{c}{\sin \gamma}.$$

Bei Wahl einer andern Höhe hätte man auch für $\frac{a}{\sin \alpha}$ denselben Wert erhalten.

Die Formel

$$\frac{a}{\sin \alpha} = \frac{b}{\sin \beta} = \frac{c}{\sin \gamma}$$

heißt der **Sinussatz**.

In einem Dreieck ist das Verhältnis einer Seite zum Sinus des gegenüberliegenden Winkels konstant.

Es bleibt zu zeigen, daß die Formel auch gilt, wenn einer der Winkel, wie in Fig. 114, ein stumpfer ist. Hier liest man ab

$$h = b \cdot \sin \gamma; \quad h = c \cdot \sin x$$

$$b \cdot \sin \gamma = c \cdot \sin x.$$

Nun ist aber

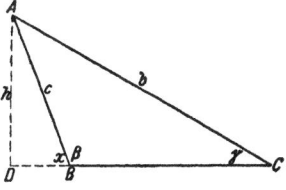

Fig. 114.

$$x = 180° - \beta,$$
$$\sin x = \sin (180° - \beta) = \sin \beta;$$

also wird

$$b \sin \gamma = c \cdot \sin \beta$$
$$\frac{b}{\sin \beta} = \frac{c}{\sin \gamma},$$

genau wie oben.

3. Der Kosinussatz.

Zu einer zweiten wichtigen Formel gelangt man mit Hilfe der Pythagoras. Man liest nämlich aus Fig. 115 ab: im Dreieck ABD
$$h^2 = c^2 - p^2,$$
im Dreieck ACD
$$h^2 = b^2 - (a-p)^2 = b^2 - a^2 + 2ap - p^2.$$

Daraus folgt
$$c^2 - p^2 = b^2 - a^2 + 2ap - p^2$$
$$b^2 = a^2 + c^2 - 2ap.$$

Die Hilfsgröße p ist durch Seiten und Winkel des Dreiecks auszudrücken. Man erhält
$$\cos\beta = \frac{p}{c}; \quad p = c \cdot \cos\beta.$$

Folglich ist
$$b^2 = a^2 + c^2 - 2ac\cos\beta.$$

Rechts steht die Summe der Quadrate zweier Seiten, vermindert um das doppelte Produkt dieser Seiten multipliziert mit dem Kosinus des eingeschlossenen Winkels. Links steht das Quadrat der dritten Seite. Die Formel heißt der **Kosinussatz**.

Nach derselben Regel hätte man bei Wahl einer andern Höhe die Formeln gefunden
$$a^2 = b^2 + c^2 - 2bc\cos\alpha,$$
$$c^2 = a^2 + b^2 - 2ab\cos\gamma.$$

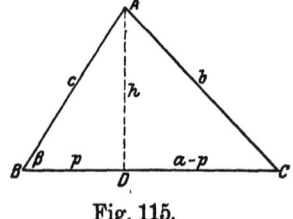

Fig. 115.   Fig. 116.

Auch hier bleibt zu zeigen, daß die Formel in einem Dreieck mit einem stumpfen Winkel ebenfalls gilt.

In Fig. 116 ist:
$$h^2 = c^2 - p^2 \text{ und } h^2 = b^2 - (a+p)^2 = b^2 - a^2 - 2ap - p^2,$$
also
$$c^2 - p^2 = b^2 - a^2 - 2ap - p^2$$
$$b^2 = a^2 + c^2 + 2ap.$$

Die Winkelfunktionen im Dreieck.

Nun ist aber $x = 180° - \beta$ und $\cos x = \cos(180° - \beta) = -\cos\beta$.

Ferner wird
$$\frac{p}{c} = \cos x = -\cos\beta$$
$$p = -c \cdot \cos\beta.$$

Setzt man den Wert ein, so bleibt genau wie oben
$$b^2 = a^2 + c^2 - 2ac \cdot \cos\beta.$$

4. Der Inhalt des Dreiecks. In vielen Fällen ist es nützlich, auch den Dreiecksinhalt durch Seiten und Winkel allein ausdrücken zu können. Man liest aus Fig. 117 ab
$$J = \frac{1}{2} a \cdot h$$
$$h = c \cdot \sin\beta$$
$$\mathbf{J = \frac{1}{2} a \cdot c \cdot \sin\beta}.$$

Mit Benutzung einer andern Höhe fände man
$$\mathbf{J = \frac{1}{2} bc \sin\alpha = \frac{1}{2} ab \sin\gamma}.$$

Der Dreiecksinhalt ist gleich dem halben Produkt zweier Seiten multipliziert mit dem Sinus des eingeschlossenen Winkels.

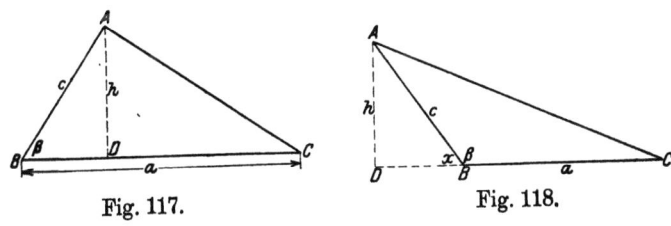

Fig. 117. Fig. 118.

Ist einer der Dreieckswinkel wie in Fig. 118 stumpf, so ändert sich die Formel nicht; denn es ist
$$J = \frac{1}{2} a \cdot h$$
$$h = c \cdot \sin x = c \cdot \sin(180° - \beta) = c \cdot \sin\beta$$
$$J = \frac{1}{2} a \cdot c \cdot \sin\beta.$$

Dritter Abschnitt.

Die Tabellen der Winkelfunktionen.

1. Tabellen der natürlichen Werte der Winkelfunktionen.

Man hat drei Arten von Tabellen zu unterscheiden:
die graphischen Tabellen,
die Tabellen der natürlichen Werte der Winkelfunktionen,
die Tabellen der Logarithmen der Winkelfunktionen.

Graphische Tabellen sind oben bereits entworfen worden. Aus ihnen pflegt man die wirklichen Werte für beliebige Winkel nicht zu entnehmen. Sie dienen mehr dazu, den Verlauf der Funktionen, Vorzeichen usw. zu überschauen. Hier ist aber auch der Rechenschieber zu erwähnen, der die wahren Werte der Winkelfunktionen abzulesen gestattet. Er wird tatsächlich, wenn auch nicht zu häufig, zu diesem Zwecke verwendet. Wer mit seinem Rechenschieber vertraut geworden ist, wird leicht selbst, von einfachen bekannten Werten ausgehend, finden, wie er einzustellen hat, um Sinus, Kosinus usw. ablesen zu können. Hier soll von einer Anweisung, die überdies jedem Rechenschieber beigegeben wird, abgesehen werden.

Dagegen soll die zweite Gruppe von Tabellen, die in jedem technischen Kalender zu finden ist, besprochen werden. Die Funktionswerte sind für alle Winkel zwischen $0°$ und $90°$, wachsend immer um $10'$, angegeben. Da $\sin \alpha = \cos (90° - \alpha)$ und $\operatorname{tg} \alpha = \operatorname{ctg}(90° - \alpha)$ ist, so braucht man nur die Sinus- bzw. Tangenstabelle rückwärts zu lesen, um die Kosinus- bzw. Kotangenswerte zu erhalten. Deshalb besitzen diese Tafeln von unten aufsteigend, also rückwärts eine zweite Teilung für die Kofunktionen. Man liest z. B. ab:

$\sin 63° 50' = 0{,}8975;$ $\operatorname{tg} 32° 10' = 0{,}6289,$
$\cos 15° 40' = 0{,}9628;$ $\operatorname{ctg} 77° 20' = 0{,}2247.$

Die ganzen Minuten berücksichtigt man durch Interpolation, indem man innerhalb des Zwischenraums von $10'$ proportionales Wachstum voraussetzt.

Man rechnet dabei so:

$\sin 53° 33' = ?$
$\sin 53° 30' = 0{,}8039$
$\sin 53° 40' = 0{,}8056$
Differenz $\quad\overline{17}$

Ansatz:
Auf $10'$ kommen 17 Einheiten
„ $3'$ „ x „

also
$$\frac{x}{3} = \frac{17}{10};$$
$$x = 5{,}1 \sim 5.$$

Ergebnis: sin 53° 33′ = 0,8044.

Es ist 5,1 auf 5 abzurunden, da die fünfte Stelle des Sinus in diesem Falle nicht bekannt ist; folglich kann auch keine Zahl zu ihr addiert werden.

Beim Kosinus und Kotangens ist zu beachten, daß diese Funktionen mit wachsendem Winkel abnehmen. Der berechnete Interpolationswert ist daher zu subtrahieren. Ein Beispiel mag auch das noch zeigen:

$$\text{ctg } 24° \, 17' = ?$$
$$\text{ctg } 24° \, 10' = 2{,}229$$
$$\underline{\text{ctg } 24° \, 20' = 2{,}211}$$
$$\text{Differenz} \quad 18$$

Interpolationswert: $1{,}8 \cdot 7 = 12{,}6 \sim 13$.
Ergebnis: ctg 24° 17′ = 2,216.

Ist umgekehrt der Funktionswert gegeben und der Winkel gesucht, so rechnet man, wie folgt:

Gegeben: tg α = 1,159; gesucht α.

$$\begin{array}{ll} \text{tg } 49° \, 10' = 1{,}157 & \text{tg } \alpha \quad\quad = 1{,}159 \\ \underline{\text{tg } 49° \, 20' = 1{,}164} & \underline{\text{tg } 49° \, 10' = 1{,}157} \\ \text{Differenz} \quad 7 & \text{Differenz} \quad 2 \end{array}$$

Auf 10′ kommen 7 Einheiten
 „ x′ „ 2 „

$$\frac{x}{10} = \frac{2}{7}; \quad x = 3.$$

Ergebnis: α = 49° 13′.

Beim Kosinus und Kotangens, die ja mit wachsendem Winkel abnehmen, geht man deshalb vom nächst größeren Werte, den man in den Tabellen findet, aus. Auch dafür ein Beispiel:

Gegeben: cos α = 0,3374; gesucht α.

$$\begin{array}{ll} \cos 70° \, 10' = 0{,}3393 & \cos \alpha \quad\quad = 0{,}3374 \\ \underline{\cos 70° \, 20' = 0{,}3365} & \underline{\cos 70° \, 10' = 0{,}3393} \\ \text{Differenz} \quad 28 & \text{Differenz} \quad 19 \end{array}$$

Auf 10′ kommen 28 Einheiten
 „ x′ „ 19 „

$$\frac{x}{10} = \frac{19}{28}; \quad x = 7.$$

Ergebnis: $\alpha = 70° 17'$.

2. Die Werte der Funktionen stumpfer Winkel.

Bei der Berücksichtigung stumpfer Winkel kommen zwei Formelgruppen in Betracht, je nachdem man den stumpfen Winkel durch seine Ergänzung zu 180° oder seinen Überschuß über 90° ersetzen will:

$$\sin(180° - \alpha) = \sin\alpha \qquad \sin(90° + \alpha) = +\cos\alpha$$
$$\cos(180° - \alpha) = -\cos\alpha \text{ usw.} \qquad \cos(90° + \alpha) = -\sin\alpha \text{ usw.}$$

Ein Beispiel mag sogleich erläutern, wie man zu rechnen hat:
$$\cos 115° 32' = -\cos(180° - 115° 32') = -\cos 64° 28'$$
$$= -0{,}4310$$
oder
$$\cos 115° 32' = \cos(90° + 25° 32') = -\sin 25° 32'$$
$$= -0{,}4310.$$

Das zweite Verfahren ist im allgemeinen vorzuziehen, da bei ihm die Minutenzahl unverändert bleibt und der Überschuß der Grade über 90° ohne besondere Rechnung sogleich bestimmt werden kann.

Bei der Berechnung des Winkels aus einem gegebenen Funktionswert ist zuerst zu beachten, daß $\sin\alpha = \sin(180° - \alpha)$ ist, d. h. man weiß nicht, ob der Winkel dem ersten oder zweiten Viertel angehört, wenn der Sinus gegeben ist. Ist z. B.

$$\sin\alpha = 0{,}5361,$$

so wird

$$\alpha = 32° 25'.$$

Da aber

$$\sin(180° - 32° 25') = \sin 32° 25'$$

ist, so ist auch $\alpha_1 = 147° 35'$ eine Lösung der Aufgabe.

Die andern Winkelfunktionen sind sämtlich im zweiten Viertel negativ. Die zugehörigen Winkel bestimmt man in folgender Weise:

$$\operatorname{ctg}\alpha = -2{,}016 \qquad\qquad \operatorname{ctg}\alpha = -2{,}016$$
$$\alpha = 180° - x \qquad\qquad \alpha = 90° + x$$
$$-\operatorname{ctg}\alpha = -\operatorname{ctg}(180° - x) \qquad -\operatorname{ctg}\alpha = -\operatorname{ctg}(90° + x)$$
$$= \operatorname{ctg} x = 2{,}016 \qquad\qquad = \operatorname{tg} x = 2{,}016$$
$$x = 26° 23' \qquad\qquad x = 63° 37'$$
$$\alpha = 153° 37' \qquad\qquad \alpha = 153° 37'.$$

Aus denselben Gründen wie oben ist auch hier im allgemeinen das zweite Verfahren vorzuziehen.

Die Winkel im dritten und vierten Viertel des Einheitskreises zu berücksichtigen, liegt für den Techniker kaum jemals Veranlassung vor. Hier soll darauf nicht eingegangen werden. Gegebenenfalls kann man sich leicht mit Hilfe der graphischen Bilder zurechtfinden.

3. Die Logarithmen der Winkelfunktionen. Die Vorteile des Rechnens mit Logarithmen sind gerade in der Trigonometrie recht wesentlich. Doch ist zu bemerken, daß bei den Anwendungen in der Technik der Nutzen nur wenig hervortritt, so daß man hier tatsächlich auch ohne Logarithmen gut auskommen könnte. Jedenfalls ist Sicherheit im Gebrauch der vorher besprochenen Tabellen wichtiger.

Die Logarithmentafeln[1]) enthalten die Logarithmen der vier Winkelfunktionen aller Winkel von $0°$ bis $90°$, von Minute zu Minute steigend. Außerdem kann die erste Dezimalstelle der Minuten berücksichtigt werden. Abweichend von der oben beschriebenen Anordnung pflegt man meist alle vier Winkelfunktionen von $0°$ bis $45°$ aufzuschreiben. Liest man hier die Sinustabelle rückwärts, so erhält man die Kosinuswerte von $45°$ bis $90°$; dagegen liefert die Kosinustabelle rückwärts gelesen die Sinuswerte von $45°$ bis $90°$. Ganz entsprechend gehören Tangens und Kotangens zusammen.

Sämtliche Sinus- und Kosinuswerte sind echte Brüche, so daß ihre Logarithmen die Form $0, \ldots - 1; 0, \ldots - 2$ usw. erhalten würden. Hier pflegt man immer statt dessen $9, \ldots - 10; 8, \ldots - 10$ usw. zu schreiben. Der Raumersparnis wegen wird $- 10$ nicht mitgedruckt, ist aber immer hinzuzudenken. Dieselbe Schreibweise verwendet man für Tangens und Kotangens, solange deren Werte echte Brüche sind. Ein paar Beispiele mögen folgen:

$\log \sin 53° 17' 28'' = \log \sin 53° 17{,}5' = 9{,}9040 - 10$
$\log \cos 44° 21{,}7' \qquad\quad = 9{,}8543 - 10$
$\log \text{tg } 69° 13{,}4' \qquad\quad = 0{,}4209.$

Vierter Abschnitt.

Beispiele zur Berechnung rechtwinkliger und schiefwinkliger Dreiecke.

1. Berechnung rechtwinkliger Dreiecke. In einem rechtwinkligen Dreieck ist eine Kathete $a = 317{,}6$ m und ein anliegen-

---

[1]) Es ist wieder eine vierstellige Tafel vorausgesetzt.

der Winkel $\beta = 43°17{,}6'$. Die übrigen Stücke des Dreiecks und sein Inhalt sind zu berechnen.

Aus Fig. 119 liest man die Formeln ab;

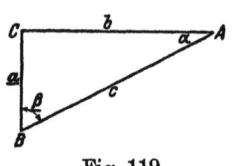

Fig. 119.

1. $\alpha = 90° - \beta$
2. $c = \dfrac{a}{\cos\beta}$
3. $b = a \cdot \operatorname{tg}\beta$
4. $J = \dfrac{a \cdot b}{2}$

Kann man ein Stück in verschiedener Weise berechnen, so nimmt man in der Regel die Formel, in der die meisten der vorkommenden Stücke gegeben sind.

Die Ausrechnung wird praktisch logarithmisch durchgeführt.

1. $90° = 89°60'$
$\underline{\beta = 43°17{,}6'}$
$\alpha = 46°42{,}4'$

2. $\log a = 2{,}5019$
$\underline{\log\cos\beta = 9{,}8620}$
$\log c = 2{,}6399$
$c = 436{,}4$ m

3. $\log a = 2{,}5019$
$\underline{\log\operatorname{tg}\beta = 9{,}9741}$
$\log b = 2{,}4760$
$b = 299{,}2$ m

4. $\log a = 2{,}5019$
$\log b = 2{,}4760$
$\underline{\log 0{,}5 = 0{,}6990-1}$
$\log J = 5{,}6769-1$
$ = 4{,}6769$
$J = 47520$ qm.

Anmerkung. Gleichschenklige Dreiecke werden berechnet, indem man sie durch die Höhe von der Spitze auf die Basis in rechtwinklige Dreiecke zerlegt.

Beispiel. Wie groß muß h bei dem Fig. 120 skizzierten Rundstahl eines Fräsers gemacht werden, wenn der Ansatzwinkel $\beta = 8°, 10°, 12°$ werden soll?

Die Tangente steht senkrecht auf dem Berührungsradius. Daher liest man im Dreieck OAB ab:

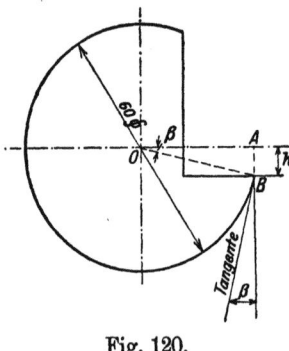

Fig. 120.

$$h = r\sin\beta$$

$h_1 = 30 \cdot \sin 8°;$ $h_2 = 30 \cdot \sin 10°;$ $h_3 = 30 \cdot \sin 12°$
$ = 30 \cdot 0{,}1392;$ $ = 30 \cdot 0{,}1736;$ $ = 30 \cdot 0{,}2079$
$ = 4{,}176;$ $ = 5{,}208;$ $ = 6{,}237$
$h_1 = 4{,}2$ mm; $h_2 = 5{,}2$ mm; $h_3 = 6{,}2$ mm.

Berechnung rechtwinkliger und schiefwinkliger Dreiecke. 161

2. Die erste Hauptaufgabe der Berechnung schiefwinkliger Dreiecke. Die Aufgaben, die allein in Betracht kommen, lassen sich sämtlich mit dem Sinussatz oder dem Kosinussatz lösen. Die Frage ist allein die, welcher der Sätze anzuwenden ist. Da der Sinussatz aussagt, daß das Verhältnis einer Dreiecksseite zum Sinus des Gegenwinkels konstant ist, so ist er immer dann zu nehmen, wenn unter den bekannten Stücken des Dreiecks eine Seite und ihr Gegenwinkel vorkommen. In allen andern Fällen führt der Kosinussatz zum Ziel.

Die erste Aufgabe, die sich in Anlehnung an die vier Kongruenzsätze ergibt, ist:

In einem Dreieck sind eine Seite und zwei Winkel gegeben. Die übrigen Stücke sind zu berechnen.

In Fig. 121 seien c, α und β bekannt. Da die Winkelsumme im Dreieck 180° beträgt, so kann man γ ebenfalls als gegeben betrachten, so daß eine Seite mit ihrem Gegenwinkel bekannt ist. Also ist der Sinussatz zu verwenden. Man erhält:

1. $\gamma = 180° - (\alpha + \beta)$ 3. $b = \dfrac{\sin \beta}{\sin \gamma} \cdot c$

2. $a = \dfrac{\sin \alpha}{\sin \gamma} \cdot c$ 4. $J = \dfrac{1}{2} ac \sin \beta$.

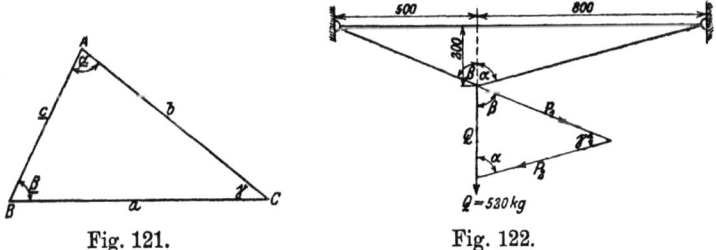

Fig. 121. Fig. 122.

Beispiel. Für die nebenstehende Skizze Fig. 122 sind die Stangenkräfte zu berechnen.

Die gegebene Kraft Q ist in zwei Komponenten in Richtung der Tragstangen zu zerlegen. In dem so entstandenen Kräftedreieck kennt man zunächst nur Q. Man kann jedoch die beiden Winkel α und β aus rechtwinkligen Dreiecken sofort berechnen. Die Lösung der Aufgabe sieht daher so aus:

1. $\operatorname{tg}\alpha = \dfrac{800}{200} = 4$ 2. $\operatorname{tg}\beta = \dfrac{500}{200} = 2{,}5$

$\alpha = 75° 58'$ $\beta = 68° 12'$

Neuendorff, Lehrbuch der Mathematik. 2. Aufl.   11

3. $\gamma = 180° - (\alpha + \beta)$
$= 180° - 144°10'$
$\gamma = 35°50'$

4. $P_1 = \dfrac{\sin\alpha}{\sin\gamma} \cdot Q$ 　　　 5. $P_2 = \dfrac{\sin\beta}{\sin\gamma} \cdot Q$

$= \dfrac{0{,}9702 \cdot 520}{0{,}5854}$ 　　　　　 $= \dfrac{0{,}9285 \cdot 520}{0{,}5854}$

```
9,702 : 5,854 = 1,657              9,285 : 5,854 = 1,586
5 854                              5 854
─────                              ─────
3 848                              3 431
3 512      520 · 1,657             2 927      520 · 1,586
─────      ─────────               ─────      ─────────
  336        520                     504        520
  293        312                     468        260
  ───         26                     ───         42
   43          4                      36          3
   41        ───                      35        ───
   ──        862                      ──        825
    2                                  1
```

$P_1 = 862$ kg 　　　　　　　　 $P_2 = 825$ kg.

Ergebnis: Die Last Q übt auf die Stangen Zugkräfte von 862 kg und 825 kg aus.

Zur Übung zeichne man die Skizze maßstäblich und überzeuge sich durch Nachmessen von der Richtigkeit der Ergebnisse.

3. Die zweite Hauptaufgabe. In einem Dreieck seien zwei Seiten und der eingeschlossene Winkel gegeben. Die übrigen Stücke sind zu berechnen.

In Fig. 123 seien b, c und α gegeben.

Mit dem Kosinussatz ist a zu berechnen. Dann aber sind a und α bekannt, also ist der Sinussatz anzuwenden.

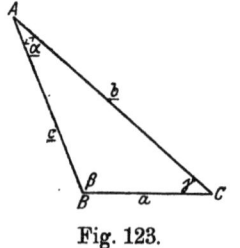
Fig. 123.

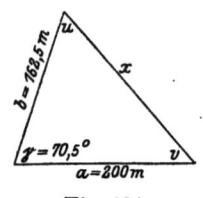
Fig. 124.

1. $a = \sqrt{b^2 + c^2 - 2bc\cos\alpha}$ 　　 3. $\sin\gamma = \dfrac{c}{a}\sin\alpha$

2. $\sin\beta = \dfrac{b}{a}\sin\alpha$ 　　　　　 4. $J = \dfrac{1}{2}bc\sin\alpha$.

Berechnung rechtwinkliger und schiefwinkliger Dreiecke. 163

Beispiel: In einem Bergwerke befinden sich zwei Stollen von 162,5 m und 200 m Länge, die einen Winkel von 70,5° einschließen. Wie lang wird der Verbindungsstollen der beiden Endpunkte, und unter welchen Winkeln zweigt derselbe ab?

In Fig. 124 ist:

1. $x = \sqrt{a^2 + b^2 - 2ab\cos\gamma}$

$a^2 = 40\,000$ $\qquad\qquad\qquad$ $\cos\gamma = 0{,}3338$
$b^2 = 26\,410$ $\qquad\qquad\qquad$ $2ab = 65\,000$
$\overline{a^2 + b^2 = 66\,410}$ $\qquad\qquad$ $3338 \cdot 6{,}500$
$2ab \cdot \cos\gamma = 21\,700$ $\qquad\qquad$ $\overline{20028}$
$\overline{x^2 = 44\,710}$ $\qquad\qquad\qquad$ 1669
$x = 211{,}5$ m $\qquad\qquad\qquad$ $\overline{21697}$

2. $\sin v = \dfrac{b}{x} \sin\gamma$ $\qquad\qquad$ 3. $\sin u = \dfrac{a}{x} \sin\gamma$

$\qquad = \dfrac{162{,}5 \cdot 0{,}9426}{211{,}5}$ $\qquad\qquad$ $= \dfrac{200 \cdot 0{,}9426}{211{,}5}$

$\qquad\qquad\qquad\qquad\qquad\qquad\qquad = \dfrac{188{,}52}{211{,}5}$

$16{,}25 \cdot 9{,}426$
$\overline{146{,}25}$
650
32
10
$\overline{153{,}17} : 211{,}5 = 0{,}7242$ $\qquad$ $1{,}8852 : 2{,}115 = 0{,}8913$
14805 $\qquad\qquad\qquad\qquad\qquad$ 16920
$\overline{512}$ $\qquad\qquad\qquad\qquad\qquad$ $\overline{1932}$
423 $\qquad v = 46°\,24'$ $\qquad\qquad$ 1904 $\qquad u = 63°\,2'$
$\overline{89}$ $\qquad\qquad\qquad\qquad\qquad$ $\overline{28}$
84 $\qquad\qquad\qquad\qquad\qquad$ 21
$\overline{5}$ $\qquad\qquad\qquad\qquad\qquad$ $\overline{7}$
4

Ergebnis. Der Stollen wird 211,5 m lang und muß unter Winkeln von 46,4° und 63,0° abzweigen.

4. Die dritte Hauptaufgabe. In einem Dreieck seien die drei Seiten gegeben. Die Winkel und der Inhalt sind zu berechnen.

Die Aufgabe erfordert die Anwendung des Kosinussatzes. Es ist
$$a^2 = b^2 + c^2 - 2bc \cdot \cos\alpha;$$

also

1. $\cos\alpha = \dfrac{b^2 + c^2 - a^2}{2bc}$.

Ganz entsprechend wird

2. $\cos\beta = \dfrac{c^2 + a^2 - b^2}{2ca}$

3. $\cos\gamma = \dfrac{a^2 + b^2 - c^2}{2ab}$.

Der Inhalt ist

4. $J = \dfrac{1}{2} bc \sin\alpha$.

Nachdem α berechnet ist, könnte man mit dem Sinussatz β und γ ermitteln. Das ist weniger empfehlenswert, weil dann die berechnete Größe α weiterbenutzt wird, während nach den angegebenen Formeln die Bedingung $\alpha + \beta + \gamma = 180°$ eine Kontrolle der Rechnung liefert.

Statt mit der Inhaltsformel (4) würde man besser mit

$$J = \sqrt{s(s-a)(s-b)(s-c)}$$

rechnen, wo

$$s = \dfrac{a+b+c}{2}$$

ist.

Beispiel: Zwei Kräfte, $P_1 = 130$ kg und $P_2 = 140$ kg, besitzen die Resultante $R = 85$ kg. Welche Winkel bildet R mit den beiden Kräften P_1 und P_2?

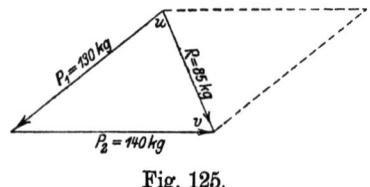

Fig. 125.

In Fig. 125 liest man ab:

$$\cos u = \dfrac{P_1^2 + R^2 - P_2^2}{2 P_1 R}$$

$$\cos v = \dfrac{R^2 + P_2^2 - P_1^2}{2 R P_2}$$

Berechnung rechtwinkliger und schiefwinkliger Dreiecke. 165

$P_2{}^2 =$ 19 600	$R^2 =$ 7 225
$R^2 =$ 7 225	$P_1{}^2 =$ 16 900
26 825	24 125
$P_1{}^2 =$ 16 900	$P_2{}^2 =$ 19 600
Zähler = 9 925	Zähler = 4 525
$2\,P_2\,R =$ 23 800	$2\,P_1\,R =$ 22 100

0,9925 : 2,380 = 0,4170   0,4525 : 2,210 = 0,2047
9520   4420
─────   ─────
 405   105
 238   88
─────   ─────
 167   cos v = 0,4170   17   cos u = 0,2048
 167   v = 65° 21'   15   u = 78° 11'
─────   ─────
   0   2

Ergebnis. Die Resultante bildet mit P_2 einen Winkel von 65,4° und mit P_1 einen Winkel von 78,2°.

5. Die vierte Hauptaufgabe. In einem Dreieck sind zwei Seiten und ein Winkel, der einer der Seiten gegenüberliegt, gegeben. Die übrigen Stücke sind zu berechnen. (Fig. 126.)

Gegeben seien b, c und γ.

Zunächst liefert der Sinussatz:

1. $\sin \beta = \dfrac{b}{c} \sin \gamma$.

Weiter ist

2. $\alpha = 180° - (\beta + \gamma)$,

3. $a = \dfrac{\sin \alpha}{\sin \gamma}\, c$,

4. $J = \dfrac{1}{2}\, b\, c \sin \alpha$.

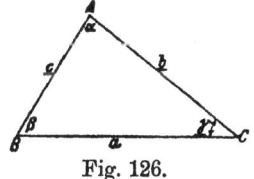

Fig. 126.

Die Sinusfunktion ist im zweiten Viertel des Einheitskreises positiv, so daß $\sin \beta = \sin (180° - \beta)$ ist. Ob in einem bestimmten Falle der spitze oder der stumpfe Winkel zu nehmen ist, hängt daher ganz von den übrigen gegebenen Stücken ab. Darauf muß man bereits bei der zweiten Hauptaufgabe achten, indem man zusieht, welche der möglichen Winkel zusammen 180° ergeben. Aber dort ist immer nur einer der Winkel richtig, da alle Dreiecke, die in zwei Seiten und dem eingeschlossenen Winkel übereinstimmen, kongruent sind.

Anders liegt die Sache hier. In Fig. 127 sind die möglichen Fälle angedeutet. Da
$$AB = b \cdot \sin \gamma$$
ist, so erhält man:

keine Lösung, wenn $b \cdot \sin \gamma > c$,
eine Lösung, wenn $b \cdot \sin \gamma = c$ (ein rechtwinkliges Dreieck),
zwei Lösungen, wenn $b > c > b \sin \gamma$,
eine Lösung, wenn $b \leqq c$ ist.

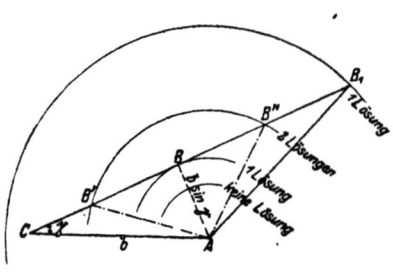

Fig. 127.

Man hat bei der Lösung der Aufgabe aber nicht einmal nötig, vorher zu überlegen, welcher der Fälle eintritt. Wenn man nämlich aus der ersten Formel β und $(180^\circ - \beta)$ bestimmt hat, braucht man beide Werte in die zweite Formel nur einzusetzen. Werden beide Werte α positiv, so gibt es zwei Lösungen; wird einer der Werte α negativ, so scheidet $(180^\circ - \beta)$ aus, und die Aufgabe besitzt nur eine Lösung. Ist das Dreieck bei B rechtwinklig, so wird von vornherein $\beta = 180^\circ - \beta = 90^\circ$. Ist endlich $b \sin \gamma > c$, so wird $\dfrac{b \sin \gamma}{c}$ größer als 1, so daß $\sin \beta$ gar nicht möglich ist.

Das Ergebnis stimmt natürlich mit dem vierten Kongruenzsatze überein.

Beispiel: Eine Kraft $R = 26$ kg soll in zwei Seitenkräfte P und Q so zerlegt werden, daß $P = 20$ kg wird und Q mit R einen Winkel von 20° bildet. Wie groß wird Q? (Fig. 128.)

1. $\sin v = \dfrac{R}{P} \sin \varphi$ 2. $u = 180^\circ - (\varphi + v)$

$\log R = 1{,}4150$ $\varphi + v_1 = 46^\circ 24'$
$\log \sin \varphi = 9{,}5341$ $u_1 = 133^\circ 36'$

$\qquad\qquad 10{,}9491$
$\log P = 1{,}3010$ $\varphi + v_2 = 173^\circ 36'$

$\log \sin v = 9{,}6481$ $u_2 = 6^\circ 24'$
$v_1 = 26^\circ 24'$
$v_2 = 153^\circ 36'$

Berechnung rechtwinkliger und schiefwinkliger Dreiecke.   167

Die Aufgabe besitzt folglich zwei Lösungen.

3. $Q = \dfrac{\sin u}{\sin \varphi} P.$

log sin u = 9,8598	= 9,0472
log P = 1,3010	= 1,3010
1,1608	= 0,3482
log sin φ = 9,5341	= 9,5341
log Q = 1,6267	= 0,8141
Q_1 = 42,3 kg	Q_2 = 6,5 kg.

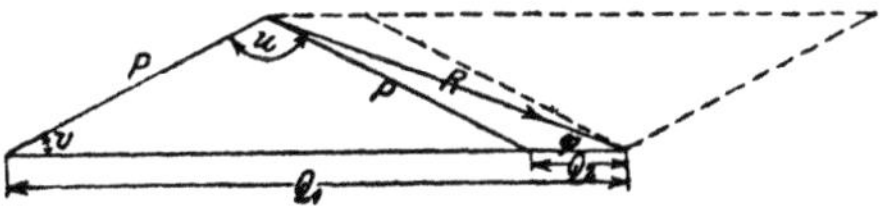

Fig. 128.

Ergebnis: Die Zerlegung ist in zweierlei Weise möglich. Entweder ist Q = 42,3 kg, dann bildet R mit P einen Winkel von 133,6°, oder es ist Q = 6,5 kg, während R mit P einen Winkel von 6,4° bildet.

In Fig. 128 sind beide Fälle maßstäblich dargestellt.

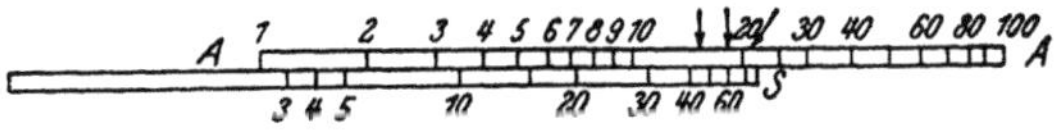

Fig. 129.

6. Rechnung nach dem Sinussatz mit dem Rechenschieber.

Man stecke den Schieber umgedreht so in den Stab, daß die Sinusteilung genau unter der oberen Stabteilung steht. Dann liest man zunächst über jedem Winkel den zugehörigen Sinus ab.

Jetzt seien in einem Dreieck gegeben:

a = 15,7 m; b = 20,1 m; β = 71° 54'.

Man stelle 71° 54' unter 20,1 ein; d. h. also, man dividiert 20,1 : sin 71° 54'; s. Fig. 129. Da aber nach dem Sinussatz

$a : \sin \alpha = b : \sin \beta = c : \sin \gamma$

ist, so bleibt bei der Division all dieser Brüche die Einstellung auf dem Rechenschieber die gleiche. Also liest man sofort unter 15,7 den gesuchten Winkel α = 48° ab. Endlich ist γ = 180° − (α + β) und folglich über 60° 6' abgelesen c = 18,3 m.

(Man überlege selbst, wie man einzustellen hat, wenn über einem Winkel abgelesen werden soll, der auf dem herausragenden Schieberteil liegt.)

Fünfter Abschnitt.
Goniometrische Formeln.

1. Geschichtliches. Die Lehre von den Eigenschaften der trigonometrischen Funktionen heißt Goniometrie. Der ganze erste Abschnitt gehört bereits zur Goniometrie. Hier sollen die wichtigen Additionsformeln mit ihren Folgerungen hinzugefügt werden.

Über die Geschichte der Trigonometrie mag kurz berichtet werden. Bereits bei den Babyloniern und Ägyptern finden sich die ersten Anfänge der Trigonometrie; aber erst astronomische Anforderungen führten, besonders bei den Griechen, zu einer Weiterbildung. Man hatte bereits Tabellen aufgestellt, in denen für die verschiedenen Zentriwinkel das Verhältnis der ganzen Sehnen zum Radius berechnet war. In Indien führte man statt der ganzen Sehnen die halben ein und schuf damit den Übergang zum Sinus. Das Wort Sinus ist durch eine falsche Übersetzung des indischen Wortes zunächst ins Arabische und dann ins Lateinische entstanden. Kosinus heißt Complementi sinus. Tangens ist im Anschluß an die Definitionen im Einheitskreis erst im 16. Jahrhundert eingeführt worden. Die jetzt übliche Darstellungsform der Trigonometrie geht hauptsächlich auf Euler (1707—1783) zurück.

2. Die ersten Additionstheoreme (Addition der Winkel). In Fig. 130 sind im Einheitskreis zwei Winkel, α und β, aneinandergelegt. Vom Endpunkt P des Winkels $(\alpha + \beta)$ fällt man Lote PQ und PR auf die übrigen Schenkel der Winkel und zieht endlich parallel bzw. senkrecht zur Horizontalen die Hilfslinien RT und RS. Dann liest man aus der Figur ab:

$$\sin(\alpha + \beta) = PQ = PT + TQ = PT + RS$$

$RS = OR \cdot \sin \alpha$	$PT = PR \cdot \cos \alpha$
$OR = \cos \beta$	$PR = \sin \beta$
$RS = \sin \alpha \cdot \cos \beta$	$PT = \cos \alpha \cdot \sin \beta$

$$\boldsymbol{\sin(\alpha + \beta) = \sin \alpha \cdot \cos \beta + \cos \alpha \cdot \sin \beta.}$$

$$\cos(\alpha + \beta) = OQ = OS - QS = OS - TR$$

$OS = OR \cdot \cos \alpha$	$TR = PR \cdot \sin \alpha$
$OR = \cos \beta$	$PR = \sin \beta$
$OS = \cos \alpha \cdot \cos \beta$	$TR = \sin \alpha \cdot \sin \beta$

$$\boldsymbol{\cos(\alpha + \beta) = \cos \alpha \cdot \cos \beta - \sin \alpha \cdot \sin \beta.}$$

Goniometrische Formeln. 169

Ganz ähnlich wie soeben ist die Fig. 131 für die Differenz zweier Winkel (α — β) gezeichnet. Vom freien Schenkel OP des Winkels (α — β) sind die Lote auf die andern Schenkel gefällt und dann die Hilfslinien RS und PT gezogen. Hier liest man ab:

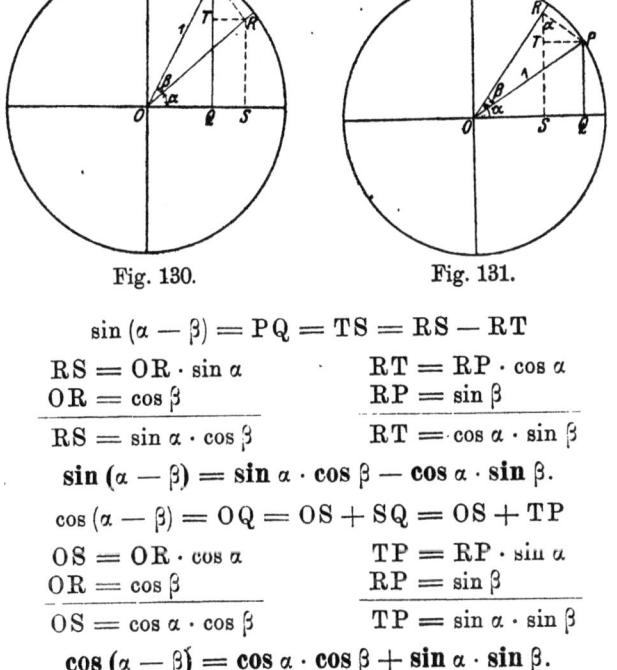

Fig. 130.   Fig. 131.

$$\sin(\alpha - \beta) = PQ = TS = RS - RT$$

$RS = OR \cdot \sin \alpha$	$RT = RP \cdot \cos \alpha$
$OR = \cos \beta$	$RP = \sin \beta$
$\overline{RS = \sin \alpha \cdot \cos \beta}$	$\overline{RT = \cos \alpha \cdot \sin \beta}$

$$\sin(\alpha - \beta) = \sin \alpha \cdot \cos \beta - \cos \alpha \cdot \sin \beta.$$

$$\cos(\alpha - \beta) = OQ = OS + SQ = OS + TP$$

$OS = OR \cdot \cos \alpha$	$TP = RP \cdot \sin \alpha$
$OR = \cos \beta$	$RP = \sin \beta$
$\overline{OS = \cos \alpha \cdot \cos \beta}$	$\overline{TP = \sin \alpha \cdot \sin \beta}$

$$\cos(\alpha - \beta) = \cos \alpha \cdot \cos \beta + \sin \alpha \cdot \sin \beta.$$

Aus den erhaltenen Ergebnissen lassen sich die entsprechenden Tangens- und Kotangensformeln herleiten.

$$\operatorname{tg}(\alpha + \beta) = \frac{\sin(\alpha + \beta)}{\cos(\alpha + \beta)} = \frac{\sin \alpha \cdot \cos \beta + \cos \alpha \cdot \sin \beta}{\cos \alpha \cdot \cos \beta - \sin \alpha \cdot \sin \beta}.$$

Um wieder auf die Tangensfunktion zu kommen, dividiert man Zähler und Nenner durch $\cos \alpha \cdot \cos \beta$.

$$\operatorname{tg}(\alpha + \beta) = \frac{\dfrac{\sin \alpha \cdot \cos \beta}{\cos \alpha \cdot \cos \beta} + \dfrac{\cos \alpha \cdot \sin \beta}{\cos \alpha \cdot \cos \beta}}{\dfrac{\cos \alpha \cdot \cos \beta}{\cos \alpha \cdot \cos \beta} - \dfrac{\sin \alpha \cdot \sin \beta}{\cos \alpha \cdot \cos \beta}} = \frac{\operatorname{tg} \alpha + \operatorname{tg} \beta}{1 - \operatorname{tg} \alpha \cdot \operatorname{tg} \beta}.$$

In ähnlicher Weise folgt:
$$\operatorname{tg}(\alpha - \beta) = \frac{\operatorname{tg}\alpha - \operatorname{tg}\beta}{1 + \operatorname{tg}\alpha \cdot \operatorname{tg}\beta}$$

$$\operatorname{ctg}(\alpha + \beta) = \frac{\cos(\alpha + \beta)}{\sin(\alpha + \beta)} = \frac{\cos\alpha \cdot \cos\beta - \sin\alpha \cdot \sin\beta}{\sin\alpha \cdot \cos\beta + \cos\alpha \cdot \sin\beta}.$$

Um zur Kotangensfunktion zurückzukommen, dividiert man Zähler und Nenner durch $\sin\alpha \cdot \sin\beta$.

$$\operatorname{ctg}(\alpha + \beta) = \frac{\dfrac{\cos\alpha \cdot \cos\beta}{\sin\alpha \cdot \sin\beta} - \dfrac{\sin\alpha \cdot \sin\beta}{\sin\alpha \cdot \sin\beta}}{\dfrac{\sin\alpha \cdot \cos\beta}{\sin\alpha \cdot \sin\beta} + \dfrac{\cos\alpha \cdot \sin\beta}{\sin\alpha \cdot \sin\beta}} = \frac{\operatorname{ctg}\alpha \cdot \operatorname{ctg}\beta - 1}{\operatorname{ctg}\beta + \operatorname{ctg}\alpha}$$

$$\operatorname{ctg}(\alpha - \beta) = \frac{\operatorname{ctg}\alpha \cdot \operatorname{ctg}\beta + 1}{\operatorname{ctg}\beta - \operatorname{ctg}\alpha}.$$

3. Beziehungen zwischen den Winkelfunktionen doppelter und halber Winkel. In den soeben hergeleiteten Formeln sind α und β Winkel beliebiger Größe. Man kann z. B. $\beta = \alpha$ setzen. Das ergibt die Formeln:

aus
$$\sin(\alpha + \beta) = \sin\alpha \cdot \cos\beta + \cos\alpha \cdot \sin\beta$$
folgt
$$\sin 2\alpha = 2\sin\alpha \cdot \cos\alpha;$$
aus
$$\cos(\alpha + \beta) = \cos\alpha \cdot \cos\beta - \sin\alpha \cdot \sin\beta$$
folgt
$$\cos 2\alpha = \cos^2\alpha - \sin^2\alpha.$$

Früher wurde gezeigt, daß
$$\cos^2\alpha = 1 - \sin^2\alpha \quad \text{oder} \quad \sin^2\alpha = 1 - \cos^2\alpha$$
ist. Mit Benutzung dieser Formeln wird:
$$\cos 2\alpha = 1 - 2\sin^2\alpha \quad \text{oder} \quad \cos 2\alpha = 2\cos^2\alpha - 1.$$

Man kann diese Formeln noch in etwas anderer Form schreiben. Es ist doch der links stehende Winkel doppelt so groß wie der rechts stehende; diese Beziehung kann man auch zum Ausdruck bringen, wenn man links α und rechts $\dfrac{\alpha}{2}$ schreibt. Dadurch erhält man die neue Formelgruppe:

$$\sin\alpha = 2\sin\frac{\alpha}{2} \cdot \cos\frac{\alpha}{2}; \qquad \cos\alpha = \cos^2\frac{\alpha}{2} - \sin^2\frac{\alpha}{2}$$

$$\cos \alpha = 1 - 2 \sin^2 \frac{\alpha}{2}$$
$$= 2 \cos^2 \frac{\alpha}{2} - 1.$$

4. Die zweiten Additionstheoreme (Addition der Funktionen).

Um eine letzte Formelgruppe herzuleiten, schreibt man die ersten Additionstheoreme für beliebige Winkel x und y hin und addiert bzw. subtrahiert sie.

$$\sin(x+y) = \sin x \cdot \cos y + \cos x \cdot \sin y$$
$$\sin(x-y) = \sin x \cdot \cos y - \cos x \cdot \sin y$$
$$\sin(x+y) + \sin(x-y) = 2 \sin x \cdot \cos y$$
$$\sin(x+y) - \sin(x-y) = 2 \cos x \cdot \sin y.$$

Die Bezeichnung der Winkel wählt man anders, indem man setzt:

$$x + y = \alpha$$
$$x - y = \beta$$
$$x = \frac{\alpha + \beta}{2}$$
$$y = \frac{\alpha - \beta}{2}.$$

In dieser neuen Bezeichnung heißen die Formeln

$$\sin \alpha + \sin \beta = 2 \sin \frac{\alpha + \beta}{2} \cdot \cos \frac{\alpha - \beta}{2}$$

$$\sin \alpha - \sin \beta = 2 \cos \frac{\alpha + \beta}{2} \cdot \sin \frac{\alpha - \beta}{2}.$$

Dieselbe Herleitung wendet man auf die Kosinusfunktion an.

$$\cos(x+y) = \cos x \cdot \cos y - \sin x \cdot \sin y$$
$$\cos(x-y) = \cos x \cdot \cos y + \sin x \cdot \sin y$$
$$\cos(x+y) + \cos(x-y) = 2 \cos x \cdot \cos y$$
$$\cos(x+y) - \cos(x-y) = -2 \sin x \cdot \sin y;$$

oder wieder mit der andern Winkelbezeichnung

$$\cos \alpha + \cos \beta = 2 \cos \frac{\alpha + \beta}{2} \cdot \cos \frac{\alpha - \beta}{2}$$

$$\cos \alpha - \cos \beta = -2 \sin \frac{\alpha + \beta}{2} \cdot \sin \frac{\alpha - \beta}{2}.$$

Um bequemer die Formeln dem Gedächtnis einzuprägen, merke

man die einfache Gedächtnisregel: „Beim Sinus steht das Minuszeichen"; eine Regel, die man fortwährend bestätigt finden wird (natürlich nicht ohne Ausnahmen).

5. Übungen.

1. $\sin 3\alpha = \sin(2\alpha + \alpha) = \sin 2\alpha \cdot \cos \alpha + \cos 2\alpha \cdot \sin \alpha$
$= 2 \sin \alpha \cos^2 \alpha + (\cos^2 \alpha - \sin^2 \alpha) \cdot \sin \alpha$
$= 2 \sin \alpha \cos^2 \alpha + \sin \alpha \cos^2 \alpha - \sin^3 \alpha$
$= 3 \sin \alpha \cos^2 \alpha - \sin^3 \alpha$
$= 3 \sin \alpha (1 - \sin^2 \alpha) - \sin^3 \alpha$
$= 3 \sin \alpha - 3 \sin^3 \alpha - \sin^3 \alpha$
$\sin 3\alpha = 3 \sin \alpha - 4 \sin^3 \alpha.$

Diese Formel wird z. B. bei der Theorie des Integrators gebraucht.

2. $\dfrac{\cos \alpha}{\sqrt{1 + \operatorname{tg}^2 \alpha}} - \cos 2\alpha = \dfrac{\cos \alpha}{\sqrt{1 + \dfrac{\sin^2 \alpha}{\cos^2 \alpha}}} - \cos 2\alpha$

$= \dfrac{\cos \alpha}{\sqrt{\dfrac{\cos^2 \alpha + \sin^2 \alpha}{\cos^2 \alpha}}} - \cos 2\alpha = \dfrac{\cos \alpha}{\dfrac{1}{\cos \alpha}} - \cos 2\alpha$

$= \cos^2 \alpha - \cos^2 \alpha + \sin^2 \alpha = \sin^2 \alpha.$

Sechster Abschnitt.

Die Berechnung der Kreisteile.

1. Die Bogenlänge. Es soll die zum Zentriwinkel α gehörige Bogenlänge b im Kreis mit dem Radius r berechnet werden. (Fig. 132).

Man zeichnet um denselben Mittelpunkt den Einheitskreis. Kreise sind ähnliche Figuren, so daß die Proportion besteht

$$\frac{b}{\hat{\alpha}} = \frac{r}{1}.$$

Also ist

$$b = r \cdot \hat{\alpha}.$$

Den Wert von $\hat{\alpha}$ entnimmt man Tabellen. Schon hier sei erwähnt, daß dieselben Tabellen in der Regel zu dem gegebenen Zentriwinkel noch Sehnenlänge, Bogenhöhe und Kreisabschnitt enthalten. Bei der praktischen Benutzung der Tabellen rechnet man mit

Die Berechnung der Kreisteile.

diesen Größen wie mit unbenannten Zahlen, so daß b die Benennung von r erhält.

Beispiel: $r = 7{,}4$ cm, $\alpha = 113°\,47'$, $b = ?$
Aus Tabellen:

$$\begin{array}{r} \hat{\alpha} = 1{,}9722 \\ + 0{,}0137 \\ \hline 1{,}9859 \cdot 7{,}4 \\ \hline 13{,}9013 \\ 7944 \\ \hline 14{,}6957 \end{array}$$

$b = 14{,}7$ cm

Meist ist die Bogenlänge in den Tabellen nur für ganze Grade angegeben. Die Länge für die Minuten erhält man, indem man den zur gleich großen Gradzahl gehörigen Wert durch 60 dividiert. Im Beispiel gehört zu $47°$ der Bogen $0{,}8203$, also zu $47'$ der Bogen $0{,}8203 : 60 = 0{,}0137$.

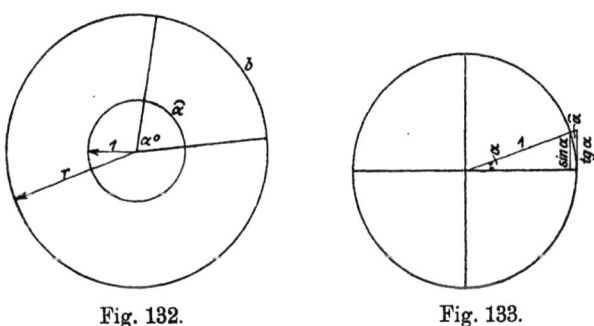

Fig. 132. Fig. 133.

2. Funktionen kleiner Winkel. In Fig. 133 sind $\sin \alpha$, $\hat{\alpha}$ und $\operatorname{tg} \alpha$ für einen kleinen Winkel α gezeichnet. Die drei Werte unterscheiden sich so wenig voneinander, daß man in vielen Fällen ohne merkbaren Fehler den einen Wert für den andern setzen darf. Man beachte aber wohl, daß für Sinus und Tangens der Winkel nur gemessen im Bogenmaß gesetzt werden darf. Zum Vergleich sei erwähnt:

$$\sin 5° = 0{,}0872$$
$$\text{Bogen zu } 5° = 0{,}0873$$
$$\operatorname{tg} 5° = 0{,}0875\,.$$

Setzt man statt Sinus oder Tangens den Bogen, so beträgt in diesem Beispiel der Fehler nur höchstens $0{,}23\,\%$.

Statt $\cos \alpha$ kann man bei kleinen Winkeln in vielen Fällen 1 setzen. Z. B. ist $\cos 5° = 0{,}9962$. Setzt man 1 dafür, so beträgt der Fehler nur $0{,}4\%$.

Anwendungen finden sich in der Optik bei der Herleitung der Linsenformel, bei der Formel für Riemenscheiben, bei der Pendelformel usw.

3. Der Kreisausschnitt. In Fig. 134 ist der zum Winkel α gehörige Ausschnitt in sehr viele kleine Dreiecke zerlegt. Die Grundlinien kann man ohne merklichen Fehler geradlinig annehmen. Dann ist der Inhalt

$$F = \Sigma \frac{r \cdot g_n}{2} = \frac{r}{2} \Sigma g_n = \frac{r}{2} b.$$

Setzt man noch für b den Wert $\hat{\alpha} \cdot r$, so ist

$$F = \frac{1}{2} \hat{\alpha} r^2.$$

Die Größe des Ausschnitts im Einheitskreise ist

$$F_1 = \frac{1}{2} \hat{\alpha},$$

kann also auch aus der Tabelle entnommen werden.

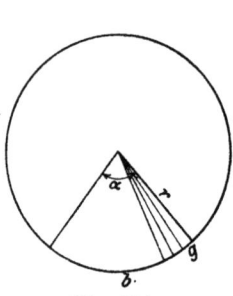

Fig. 134.

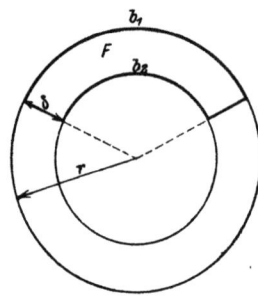

Fig. 135.

4. Der Ausschnitt aus einem Kreisring. Nach Fig. 135 berechnet man das gesuchte Flächenstück als Differenz zweier Ausschnitte

$$F = \frac{1}{2} b_1 r - \frac{1}{2} b_2 (r - \delta) = \frac{1}{2} [b_1 r - b_2 (r - \delta)].$$

Aus der Ähnlichkeit der Kreise folgt

$$\frac{r - \delta}{b_2} = \frac{r}{b_1},$$

Die Berechnung der Kreisteile.

also
$$\frac{\hat{\delta}}{b_1 - b_2} = \frac{r}{b_1}; \quad r(b_1 - b_2) = b_1 \hat{\delta}.$$

Nun kann man umformen
$$F = \frac{1}{2}[b_1 r - b_2 r + b_2 \delta] = \frac{1}{2}[r(b_1 - b_2) + b_2 \delta]$$

$$F = \frac{1}{2}[b_1 \hat{\delta} + b_2 \hat{\delta}] = \hat{\delta} \frac{b_1 + b_2}{2}.$$

Während man den Kreisausschnitt wie ein Dreieck mit der Grundseite b und der Höhe r berechnen kann, erhält man den Ausschnitt aus einem Kreisring, wenn man wie beim Trapez mit den parallelen Seiten b_2 und b_1 und der Höhe $\hat{\delta}$ verfährt.

5. Der Kreisabschnitt. Der Kreisabschnitt (Fig. 136) ist gleich der Differenz von einem Kreisausschnitt und einem Dreieck.

$$F = \frac{1}{2} b r - \frac{1}{2} r^2 \sin \alpha$$
$$= \frac{1}{2} \hat{\alpha} r^2 - \frac{1}{2} r^2 \sin \alpha$$
$$= \frac{1}{2} r^2 (\hat{\alpha} - \sin \alpha).$$

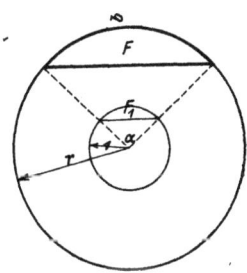

Fig. 136.

Hat man eine Tabelle zur Verfügung, in der auch die Kreisabschnitte des Einheitskreises F_1 angegeben sind, so besteht, da die Flächen ähnlicher Figuren sich wie die Quadrate entsprechender Strecken verhalten, die Proportion
$$F : F_1 = r^2 : 1,$$
also ist
$$F = F_1 \cdot r^2.$$

Anwendung: Gegeben sei ein Kreis mit dem Radius $r = 1$ dm. Es soll seine Integralkurve gezeichnet werden.

Als Achse werde der horizontale Durchmesser AB, siehe Fig. 137 gewählt. In der Tabelle des Einheitskreises findet man zu jeder Bogenhöhe den zugehörigen Kreisabschnitt. Die Bogenhöhen sind aber hier gleich den von A ab gerechneten Abszissen; als Ordinaten werden die Inhalte der Kreisabschnitte abgetragen. Der Kreis werde in natürlicher Größe gezeichnet; als Maßstab der Flächen ist gewählt 1 dm = 1 qdm.

Fig. 137 ist ein verkleinertes Bild dieser Zeichnung. Soll jetzt z. B. der Kreis in drei gleiche Teile zerlegt werden, so teilt man die Endordinate BC in drei gleiche Stücke, lotet horizontal zur Integralkurve hinüber und zieht durch die gefundenen Schnittpunkte D und E die Ordinaten. Diese teilen den Kreis in drei gleiche Teile. Denn es ist ja nach der Konstruktion z. B. EF gleich dem dritten Teil des ganzen Kreisinhalts BC. Also ist der zur Bogenhöhe AF gehörige Abschnitt gleich einem Drittel des Kreisinhalts usw.

6. Bogenhöhe und Sehnenlänge.

Bogenhöhe und Sehnenlänge berechnet man leicht planimetrisch oder trigonometrisch. Man kann auch die entsprechenden Werte des Einheitskreises der Tabelle entnehmen und mit dem Radius r multiplizieren.

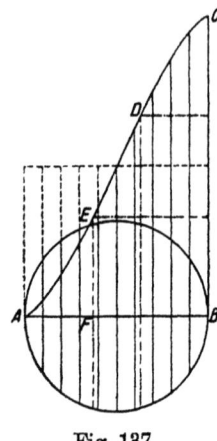

Fig. 137.

Beispiel: Auf der Bohrmaschine sollen 15 Löcher in einen Verbindungsflanschen, auf einer Kreislinie gleichmäßig verteilt, gebohrt werden. Der Kreisdurchmesser beträgt 155 mm. Die Zirkelöffnung zum Abstecken der Lochmitten ist zu berechnen.

Es ist die Sehnenlänge zu bestimmen. Der Zentriwinkel ist

$$\alpha = \frac{360°}{15} = 24°.$$

Zu einem Winkel von 24° gehört nach der Tabelle im Einheitskreise die Sehne 0,4158, also bei einem Radius von $\frac{155}{2}$ mm die Sehne $s = \frac{0{,}4158 \cdot 155}{2}$.

$$\frac{155 \cdot 0{,}2079}{\begin{array}{c}31{,}0\\11\\1\\\hline 32{,}2\end{array}}$$

s = 32,2 mm.

7. Übungsbeispiel.

Zwei Riemenscheiben mit offenem Riemen werden durch einen Riemen von der Gesamtlänge l = 16 600 mm verbunden. Der Riemen bildet mit der Zentrale der Riemenscheiben einen Winkel $\alpha = 4° 45'$. Der Radius der größeren Scheibe ist r = 1300 mm; wie groß muß der Radius der kleineren Scheibe gewählt werden? (Fig. 138.)

Die Berechnung der Kreisteile.

Die Gesamtlänge zerfällt in zwei Bogenstücke und zwei Tangenten

$$l = b_1 + b_2 + 2t.$$

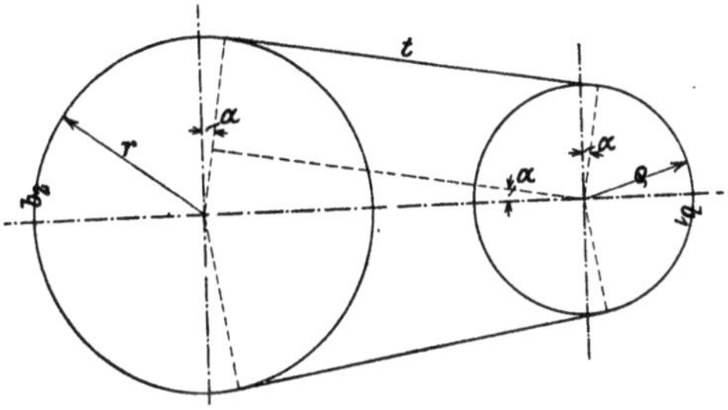

Fig. 138.

Es ist
$$b_1 = (\widehat{180° - 2\alpha})\rho$$
$$b_2 = (\widehat{180° + 2\alpha})r$$
$$t = \operatorname{ctg}\alpha\,(r - \rho).$$

Da aber der zu 180° gehörige Bogen den Wert π im Einheitskreise hat, so erhält man durch Einsetzen

$$l = (\pi - 2\hat{\alpha})\rho + (\pi + 2\hat{\alpha})r + 2\operatorname{ctg}\alpha\,(r - \rho).$$

Diese Gleichung ist nach ρ aufzulösen.

$$l = \rho\,(\pi - 2\hat{\alpha} - 2\operatorname{ctg}\alpha) + r\,(\pi + 2\hat{\alpha} + 2\operatorname{ctg}\alpha)$$
$$\rho = \frac{l - r\,(\pi + 2\hat{\alpha} + 2\operatorname{ctg}\alpha)}{\pi - 2\hat{\alpha} - 2\operatorname{ctg}\alpha}.$$

Hierin sind die gegebenen Zahlenwerte einzusetzen

$$\rho = \frac{166 - 13\,(\pi + \widehat{9°30'} + 2\operatorname{ctg}4°45')}{\pi - \widehat{9°30'} - 2\operatorname{ctg}4°45'}.$$

Als Maßeinheit ist jetzt 1 dm gewählt.

$$\widehat{9°30'} = \quad 0{,}1571$$
$$\phantom{\widehat{9°30'} =} +\ 0{,}0087$$
$$2\operatorname{ctg}4°45' = \quad 12{,}04$$
$$\phantom{2\operatorname{ctg}4°45' =} +\ 12{,}04$$
$$\phantom{2\operatorname{ctg}4°45' =} \overline{\ \ 24{,}25\ \ }$$
$$\pi = \quad 3{,}14$$
$$ +\ 27{,}39$$
$$ -\ 21{,}11$$

$$\rho = \frac{166 - 13 \cdot 27{,}39}{-21{,}11}$$
$$= \frac{166 - 356{,}07}{-21{,}11} = \frac{190{,}07}{21{,}11} = 9.$$

Der Radius der kleineren Scheibe ist gleich 900 mm zu wählen.

178 Trigonometrie.

Siebenter Abschnitt.

Die Ableitungen der Winkelfunktionen.

Benutzt man in der Differentialrechnung trigonometrische Funktionen, so ist der Winkel stets im Bogenmaß gemessen gedacht.

1. Die Differentiation von Sinus und Kosinus.
In Fig. 139 kann das Dreieck aus dx, dy, $d\varphi$ als ein geradliniges, rechtwinkliges betrachtet werden. Man liest aus ihm ab

$$dy = d\varphi \cdot \cos \varphi$$
$$dx = -d\varphi \cdot \sin \varphi.$$

Der „Zuwachs" von x ist, da x selbst abnimmt, negativ zu setzen. Da aber im Einheitskreis

$$y = \sin \varphi; \quad x = \cos \varphi$$

ist, so lauten die Formeln

$$\frac{d(\sin \varphi)}{d\varphi} = \cos \varphi; \quad \frac{d(\cos \varphi)}{d\varphi} = -\sin \varphi.$$

Umgekehrt erhält man die Integralformeln

$$\int \cos \varphi \cdot d\varphi = \sin \varphi + C; \quad \int \sin \varphi \cdot d\varphi = -\cos \varphi + C.$$

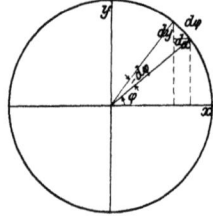

Fig. 139.

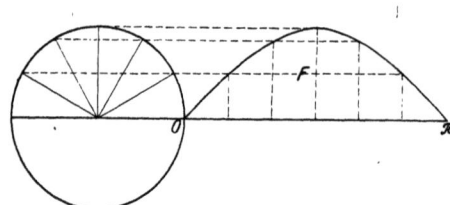

Fig. 140.

Beispiel. Es sei eine Sinuslinie aufgezeichnet; jetzt aber darf der Maßstab auf der horizontalen Achse nicht mehr willkürlich gewählt werden, vielmehr sind die Winkel im Bogenmaß mit dem Radius als Längeneinheit abzutragen. Das ist in Fig. 140 geschehen.

Wie groß ist der von der x-Achse und dem von 0 bis π reichenden Bogen begrenzte Flächenteil?

Man erhält

$$F = \int_0^\pi \sin \varphi \, d\varphi = [-\cos \varphi]_0^\pi$$
$$= -\cos \pi + \cos 0.$$

Die Ableitungen der Winkelfunktionen.

Da $\cos \pi = \cos 180^0 = -1$ und $\cos 0 = 1$ ist, so wird
$$F = 2.$$
Ist also z. B. der Kreisradius gleich 1 dm, so wäre F = 2 qdm.

2. Differentiation von Tangens und Kotangens.
Im Einheitskreise ist
$$\operatorname{tg} \varphi = \frac{y}{x}; \quad \operatorname{ctg} \varphi = \frac{x}{y}$$
und folglich
$$d(\operatorname{tg} \varphi) = \frac{x\,dy - y\,dx}{x^2}; \quad d(\operatorname{ctg} \varphi) = \frac{y\,dx - x\,dy}{y^2}.$$
Es war aber
$$x = \cos \varphi; \quad y = \sin \varphi; \quad dx = -\sin \varphi \cdot d\varphi; \quad dy = \cos \varphi \cdot d\varphi.$$
Setzt man diese Werte ein, so erhält man
$$\frac{d(\operatorname{tg} \varphi)}{d\varphi} = \frac{\cos^2 \varphi + \sin^2 \varphi}{\cos^2 \varphi}; \quad \frac{d(\operatorname{ctg} \varphi)}{d\varphi} = \frac{-\sin^2 \varphi - \cos^2 \varphi}{\sin^2 \varphi}.$$
Die Zähler sind 1 bzw. — 1, also
$$\frac{d(\operatorname{tg} \varphi)}{d\varphi} = \frac{1}{\cos^2 \varphi}; \quad \frac{d(\operatorname{ctg} \varphi)}{d\varphi} = -\frac{1}{\sin^2 \varphi}.$$
Durch Integration folgt umgekehrt
$$\int \frac{d\varphi}{\cos^2 \varphi} = \operatorname{tg} \varphi + C; \quad \int \frac{d\varphi}{\sin^2 \varphi} = -\operatorname{ctg} \varphi + C.$$
Will man dagegen die Integrale von Tangens und Kotangens bestimmen, so hat man so zu verfahren:
$$\int \operatorname{tg} \varphi \, d\varphi = \int \frac{\sin \varphi}{\cos \varphi} d\varphi = -\int \frac{d\cos \varphi}{\cos \varphi} = -\ln \cos \varphi + C,$$
$$\int \operatorname{ctg} \varphi \, d\varphi = \int \frac{\cos \varphi}{\sin \varphi} d\varphi = \int \frac{d\sin \varphi}{\sin \varphi} = \ln \sin \varphi + C.$$

Beispiel. $\int \sin^2 \alpha \, d\alpha = ?$
$$\cos 2\alpha = 1 - 2\sin^2 \alpha; \quad \sin^2 \alpha = \frac{1}{2} - \frac{1}{2} \cos 2\alpha$$
$$\int \sin^2 \alpha \, d\alpha = \int \left(\frac{1}{2} - \frac{1}{2} \cos 2\alpha\right) d\alpha = \int \frac{d\alpha}{2} - \int \frac{\cos 2\alpha}{2} d\alpha$$
$$= \frac{\alpha}{2} - \frac{\sin 2\alpha}{4} + C.$$

Geometrie.

Erster Abschnitt.
Allgemeine Einleitung.

1. Gerade und Ebene. Eine gerade Linie ist durch zwei Punkte bestimmt. Eine Ebene ist bestimmt
  durch drei Punkte, die nicht auf einer Geraden liegen,
  oder durch eine Gerade und einen Punkt außerhalb der Geraden,
  oder durch zwei sich schneidende Geraden,
  oder durch zwei parallele Geraden.

2. Parallele Geraden und Ebenen. Zwei in einer Ebene liegende Geraden heißen parallel, wenn sie sich in keinem eigentlichen Punkte schneiden. Man sagt dafür auch: Die parallelen Geraden schneiden sich in einem unendlich fernen Punkte oder einem uneigentlichen Punkte.

Zwei Ebenen heißen parallel, wenn sie sich in keiner eigentlichen Geraden schneiden.

Eine Gerade heißt zu einer Ebene parallel, wenn sie die Ebene in keinem eigentlichen Punkte schneidet.

Im allgemeinen schneiden sich zwei Geraden der Ebene in einem Punkte, zwei Ebenen im Raume in einer Geraden, drei Ebenen in einem Punkte, eine Gerade und eine Ebene ebenfalls in einem Punkte.

3. Geraden im Raum. Zwei Geraden im Raum können sich schneiden oder parallel sein oder auch windschief sein. Windschief zueinander heißen zwei Geraden, durch die keine gemeinsame Ebene gelegt werden kann. In Fig. 141 g und h.

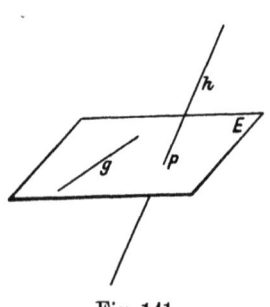

Fig. 141.

Legt man durch zwei parallele Geraden g und h wie in

Fig. 142 beliebige Ebenen, so sind die Schnittlinien s aller dieser Ebenen zu g und h parallel.

Hat man zwei sich schneidende Geraden g und h, denen zwei andere sich schneidende Geraden g_1 und h_1 parallel sind,

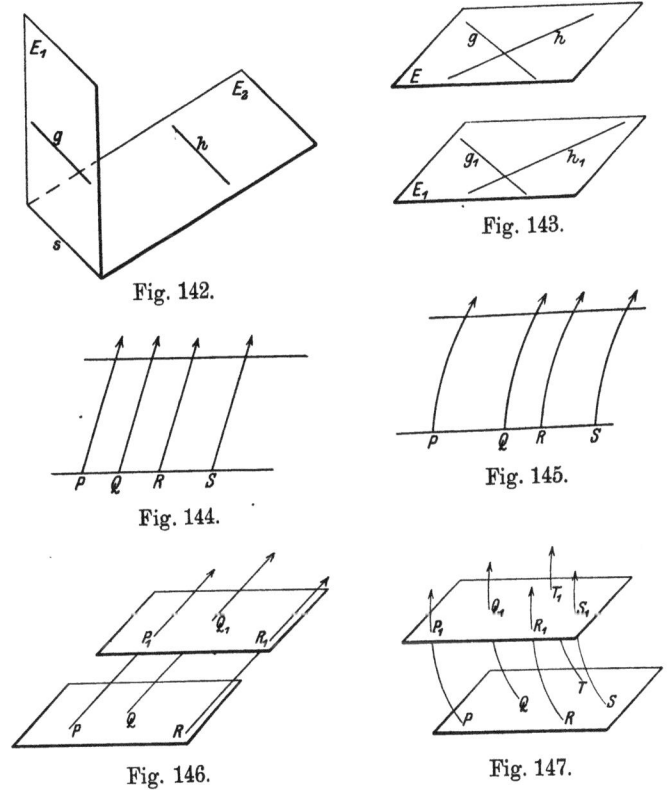

Fig. 142.

Fig. 143.

Fig. 144.

Fig. 145.

Fig. 146.

Fig. 147.

so sind die durch die Geradenpaare gelegten Ebenen E und E_1, siehe Fig. 143, ebenfalls parallel.

4. Parallelverschiebung oder Translation. Verschiebt man eine Gerade oder eine Ebene, wie in den Fig. 144—147 dargestellt ist, parallel zu sich selbst, und beschreibt dabei ein Punkt P eine beliebige geradlinige oder krummlinige Bahn, so sind die Bahnen sämtlicher anderen Punkte gleich lang und dazu parallel.

5. Senkrechte Geraden und Ebenen. Eine Gerade heißt auf einer Ebene senkrecht, wenn sie auf sämtlichen Geraden, die in der Ebene durch den Lotfußpunkt gelegt werden können, senkrecht steht. Eine Gerade steht auf einer Ebene immer dann senkrecht, wenn sie auf zwei Geraden der Ebene senkrecht steht. Siehe Fig. 148.

Neigungswinkel einer Geraden zu einer Ebene nennt man den Winkel, den die Gerade mit ihrer Projektion auf diese Ebene einschließt, Fig. 149. Es ist der kleinste Winkel, um den man die Gerade um R drehen muß, wenn sie in die Ebene hineinfallen soll. Steht eine Gerade auf einer Ebene senkrecht, so bildet sie mit der Ebene einen Neigungswinkel von 90°.

Rotiert eine Ebene um eine Achse, Fig. 150, so beschreiben sämtliche Punkte Kreisbögen, deren Ebenen zur Rotationsachse senkrecht stehen, und deren Mittelpunkte auf der Achse selbst liegen. Die Bahnen aller Punkte sind ähnlich; ihre Längen sind den Abständen der Punkte von der Rotationsachse proportional.

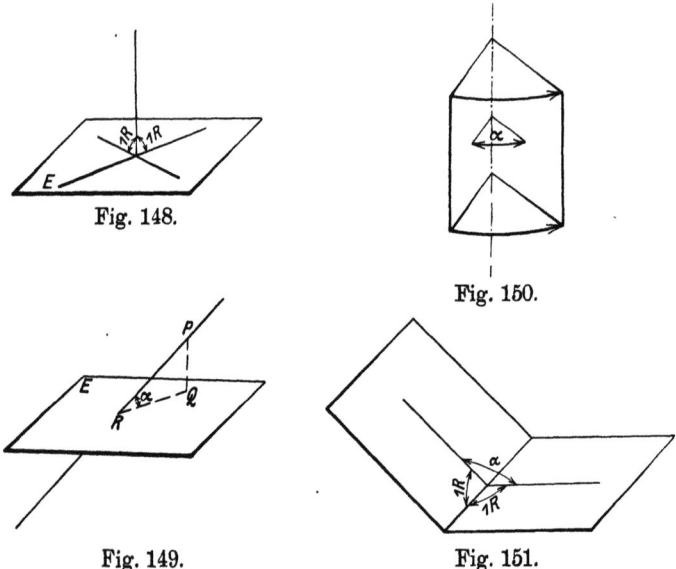

Fig. 148.

Fig. 150.

Fig. 149. Fig. 151.

Der Winkel zweier Ebenen ist das Maß der Drehung, durch die eine Ebene in die andere um die Schnittlinie als Achse hineingedreht wird. Errichtet man, wie in Fig. 151, auf der Schnittgeraden irgendzwei Lote in den Ebenen, so schließen diese den Neigungswinkel oder kürzer den Winkel der Ebenen ein. Zwei Ebenen heißen aufeinander senkrecht, wenn sie einen Winkel von 90° miteinander bilden.

Anmerkung: Den Punkten der Ebene entsprechen im Raume ebenfalls die Punkte; dagegen entsprechen den Geraden der Ebene und ihren Eigenschaften im Raume die Ebenen. Lehrsätze über die Geraden der Ebene lassen sich deshalb auf die Ebenen im Raum übertragen. Eine besondere Betrachtung erfordern die Geraden im Raume.

6. Der Körper. Ein Teil des Raumes, der allseitig von Flächen begrenzt wird, heißt ein Körper. Wird er von Ebenen umgrenzt, so heißen diese seine Seiten, die Schnittgeraden der Ebenen seine Kanten, die Schnittpunkte der Kanten seine Ecken.

Zweiter Abschnitt.

Die Inhalte geradlinig begrenzter, ebener Figuren.

1. Das Flächenmaß. Die Einheit des Flächenmaßes ist ein Quadrat, dessen Seite gleich der Einheit des Längenmaßes ist. So hat z. B. 1 qm die Seitenlänge 1 m oder 1 Quadratzoll die Seitenlänge 1 Zoll usw. Soll der Flächeninhalt irgendeiner ebenen Figur bestimmt werden, so hat man ursprünglich zu untersuchen, wie viele Quadrate der gewählten Einheit in die Fläche hineingelegt werden können. In der Regel wird man die Fläche mit Zirkel und Lineal in ein gleich großes Rechteck verwandeln müssen, das man wirklich mit Quadraten bedecken kann. Die Flächengleichheit ist mit Hilfe der Kongruenzsätze zu beweisen.

2. Das Rechteck. Man messe die Seiten eines gezeichnet vorliegenden Rechtecks mit dem kleinsten praktisch möglichen Maßstabe (höchstens $1/10$ mm) nach. Hat man z. B. 88 mm und 53 mm gefunden, haben sich also keine Bruchteile von mm mehr ergeben, so zieht man Parallelen zu den Seiten je im Abstande von 1 mm. Dadurch wird das ganze Rechteck mit Quadratmillimetern bedeckt. Die Anzahl ist 88 · 53, d. h. gleich dem Produkt der Maßzahlen beider Seiten. Also ist der ganze Inhalt gleich 88 · 53 qmm. Ganz allgemein lautet das Ergebnis:

Der Inhalt des Rechtecks ist gleich dem Produkt der Maßzahlen beider Seiten. Die Benennung ist gleich der Quadrateinheit, die zur benutzten Längeneinheit gehört. Beide Seiten sind mit derselben Längeneinheit zu messen.

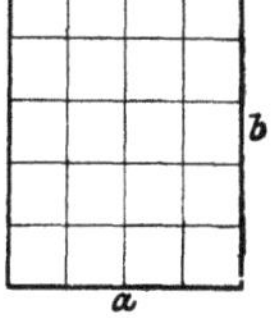

In Formeln (s. Fig. 152)

$$F = a \cdot b.$$

Fig. 152.

Man kann die Inhaltsbestimmung auch so auffassen, daß man die Grundlinie a parallel zu sich über die Fläche weg verschiebt.

Jedesmal, wenn der Weg von einer Längeneinheit zurückgelegt ist, ist eine Schicht von Quadraten überstrichen. Also ist die Anzahl der Schichten gleich der Maßzahl des Weges, und der ganze Inhalt ist wieder a · b.

3. Das Parallelogramm. Die soeben durchgeführte Betrachtung kann sofort auf alle Flächen ausgedehnt werden, die durch Parallelverschiebung einer Geraden entstanden sind. Wie in den Fig. 153 und 154 gezeigt ist, lassen sie sich durch stufenförmige Flächen ersetzen. Die Anzahl der Schichten wird durch den in senkrechter Richtung zurückgelegten Weg gemessen, also

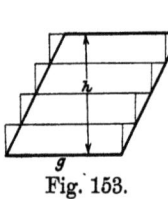 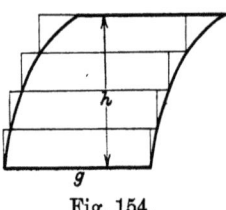

Fig. 153. Fig. 154.

durch die sogenannte Höhe. Daraus folgt, daß der Inhalt des Parallelogramms gleich dem Produkt aus Grundlinie und Höhe ist. In Formeln

$$\mathbf{F} = \mathbf{g} \cdot \mathbf{h}.$$

4. Das Dreieck und das Trapez. Wie Fig. 155 zeigt, kann man jedes Dreieck durch Hinzufügung eines gleich großen Dreiecks zu einem Parallelogramm ergänzen. Das Parallelogramm hat dieselbe Grundlinie und Höhe wie das Dreieck, folglich ist der Inhalt des Dreiecks

$$\mathbf{F}_\triangle = \frac{1}{2} \, \mathbf{g} \cdot \mathbf{h}.$$

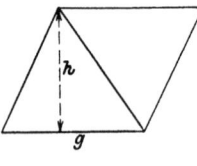 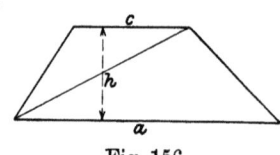

Fig. 155. Fig. 156.

Das Trapez Fig. 156 mit den parallelen Seiten a und c und der Höhe h kann in zwei Dreiecke zerlegt werden. Sein Inhalt ist gleich der Summe der Dreiecksinhalte. Folglich

$$\mathbf{F} = \frac{1}{2} \, a \cdot h + \frac{1}{2} \, c \cdot h = \frac{a+c}{2} \cdot h.$$

Die Inhalte geradlinig begrenzter, ebener Figuren. 185

Eine beliebige geradlinig begrenzte Fläche mißt man aus, indem man sie in Dreiecke zerlegt. Ihr Inhalt ist gleich der Summe der Dreiecksinhalte.

5. Anwendung. Das statische Moment einer Kraft kann graphisch durch den doppelten Inhalt eines Dreiecks dargestellt werden. Die Grundlinie des Dreiecks ist die als gerade Linie gezeichnete Kraft, und die Spitze liegt im Drehpunkt. In Fig. 157 sei P die Kraft und A der Drehpunkt, dann ist

$$M = P \cdot l \text{ und } F_\triangle = \frac{1}{2} Pl,$$

folglich

$$M = 2 F_\triangle.$$

Mit Hilfe dieser graphischen Darstellung soll der Satz bewiesen werden:

Greifen in einem Punkte mehrere Kräfte an, so ist die Summe der statischen Momente dieser Kräfte gleich dem statischen Moment der resultierenden Kraft.

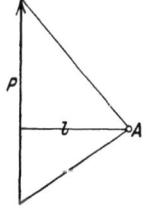

Fig. 157.

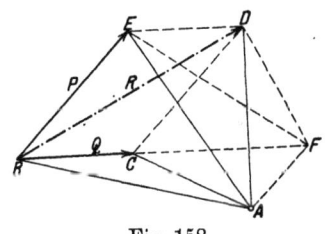

Fig. 158.

In Fig. 158 sind zwei Kräfte P und Q, die im Punkte B angreifen, gezeichnet. R ist die resultierende Kraft; A sei der Drehpunkt. Dann ist

$$M_P = 2 \triangle ABE; \quad M_Q = 2 \triangle ABC; \quad M_R = 2 \triangle ABD.$$

Zieht man noch $AF \parallel CD \parallel BE$, verbindet F mit D und beachtet, daß Dreiecke mit gleicher Grundlinie und Höhe inhaltsgleich sind, so findet man die folgenden Beziehungen:

$$\triangle ABE = \triangle FBE = \triangle DBF$$
$$\triangle ACD = \triangle FCD$$
$$\triangle ABD = \triangle ABC + \triangle BCD + \triangle ACD$$
$$= \triangle ABC + \triangle BCD + \triangle FCD$$
$$= \triangle ABC + \triangle DBF$$
$$\triangle ABD = \triangle ABC + \triangle ABE$$

oder
$$M_R = M_Q + M_P.$$

Für zwei Kräfte ist so der Satz bewiesen. Dann gilt er auch für n Kräfte; denn man kann die Resultante zweier Kräfte mit der dritten Kraft, deren Resultante mit der vierten Kraft usw. zusammenfassen, so daß die wiederholte Anwendung des bewiesenen Satzes die gesuchte Formel liefert

$$M_{P_1} + M_{P_2} + M_{P_3} + \cdots + M_{P_n} = M_R$$

oder

$$\sum M_{P_n} = M_R.$$

Die Kräfte brauchen nicht in einem Punkte anzugreifen. Man kann ja zwei Kräfte, indem man sie in ihrer Richtung verschiebt, zum Schnitt bringen. Dann bringt man deren Resultante mit der dritten Kraft zum Schnitt usw. Das Ergebnis ist dasselbe wie oben. Eine besondere Betrachtung wird nur notwendig, wenn die Resultante von (n — 1) Kräften mit P_n ein Kräftepaar bildet, also parallel und entgegengesetzt gerichtet zu P_n ist. Darauf soll hier nicht weiter eingegangen werden.

Dritter Abschnitt.

Das Prisma.

1. Definitionen. Der Körper, welcher entsteht, wenn man ein ebenes Vieleck parallel zu sich selbst an geradlinigen Bahnen entlang verschiebt, heißt ein Prisma. Die Eckpunkte des Vielecks beschreiben die Seitenkanten des Prismas, die alle gleich

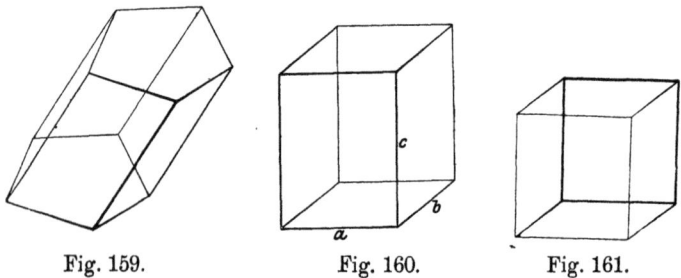

Fig. 159.   Fig. 160.   Fig. 161.

lang und parallel sind. Stehen die Seitenkanten auf der Grundfläche senkrecht, so heißt das Prisma gerade. Ist die erzeugende Grundfläche eines geraden Prismas ein Rechteck, so heißt das

Prisma ein Quader. Der Würfel ist ein Quader, dessen sämtliche Seiten Quadrate sind.

Alle Querschnitte parallel zur Grundfläche sind der Grundfläche kongruent: Q = G.

Die Fig. 159—161 stellen ein gewöhnliches fünfseitiges Prisma, einen Quader und einen Würfel dar.

2. Das Körpermaß. Die Einheit des Körpermaßes ist ein Würfel, dessen Kanten gleich der Einheit des Längenmaßes sind. So hat z. B. 1 cbm die Kantenlänge 1 m oder 1 Kubikzoll die Kantenlänge 1 Zoll usw. Soll das Volumen eines Körpers bestimmt werden, so hat man ursprünglich zu untersuchen, wie viele Würfel der gewählten Einheit in den Körper hineingelegt werden können. In der Regel wird man den Körper mit einem inhaltsgleichen geraden Prisma vergleichen müssen, dessen Volumen sich leicht bestimmen läßt. Die Inhaltsgleichheit ist mit Hilfe der Kongruenz zu beweisen.

3. Das Volumen des Quaders und des geraden Prismas.
Beim Quader messe man die drei im allgemeinen verschiedenen Kanten a, b und c der Fig. 162, so genau es der Körper gestattet, nach. Im allgemeinen wird man höchstens auf $1/_{10}$ mm genau messen können. Das sei hier geschehen. Dann denke man den ganzen Körper durch Ebenen in $1/_{10}$ mm Abstand parallel zur Grundfläche, Stirnfläche und Seitenfläche in Würfel zerlegt (in der Figur für eine größere Maßeinheit durchgeführt). Die Maßzahlen seien a, b und c. Dann liegen auf der Grundfläche a · b Würfel, c Schichten sind vorhanden; also enthält der Quader a · b · c Würfel.

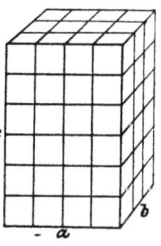

Fig. 162.

Die Benennung ist $\dfrac{1}{10^3}$ cmm, da $1/_{10}$ mm die Längeneinheit war.

Das Ergebnis ist:

Man messe die beiden Grundkanten und die Länge der Seitenkante in derselben Maßeinheit. Das Volumen des Quaders ist gleich dem Produkt der drei Maßzahlen. Die Benennung ist durch den Würfel gegeben, dessen Kantenlänge gleich der Maßeinheit ist. In Formeln

$$V = a \cdot b \cdot c.$$

Die Volumenmessung beim Quader läßt sich noch in andrer Weise auffassen. Verschiebt man nämlich die in Quadrate geteilte Grundfläche an den vertikalen Kanten entlang nach oben, so ist jedesmal eine Schicht Würfel entstanden, wenn der zurückgelegte

188 Geometrie.

Weg gleich der Quadratseite ist. Die Anzahl der Schichten, d. h. der zurückgelegte Weg gemessen mit der Maßeinheit der Quadratseite, multipliziert mit der Anzahl der Quadrate ist gleich dem Volumen.

Diese Betrachtung läßt sich auf jedes gerade Prisma ausdehnen. Die Grundfläche kann man, wie oben gezeigt, ausmessen; man kann also angeben, wie viele Quadrate der gewählten Einheit gleiche Größe wie die Grundfläche besitzen. Verschiebt man jetzt diese Grundfläche G um die zugrunde gelegte Längeneinheit an den senkrechten Kanten aufwärts, so ist eine Schicht entstanden von Würfeln, deren Anzahl gleich dem Maße der Grundfläche ist. Ist die Länge der senkrechten Kante h, so entstehen im ganzen h Schichten von der Größe G. Folglich ist das Volumen des geraden Prismas

$$V = G \cdot h.$$

4. Das schiefe Prisma. Beim schiefen Prisma verschiebt man die Grundfläche parallel zu sich stufenweise in senkrechter Richtung, wie in Fig. 163 angedeutet ist. Dabei kommt jedesmal ein Stück hinzu, das aber genau gleich dem wegfallenden Stücke ist. Die Anzahl der Schichten wird durch die Höhe des Körpers gemessen. Das Volumen ist

$$V = G \cdot h.$$

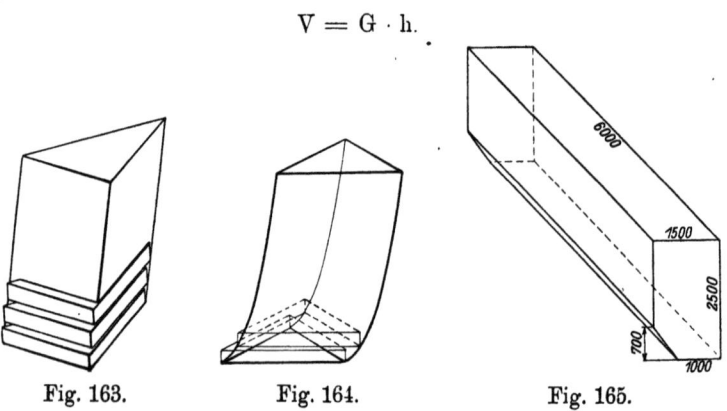

Fig. 163.   Fig. 164.   Fig. 165.

Diese Formel bleibt auch noch richtig, wenn der Körper dadurch entstanden ist, daß man eine Grundfläche parallel zu sich an krummlinigen Bahnen verschoben hat. In Fig. 164 ist angedeutet, wie die Zerlegung in Schichten erfolgt.

5. Übungsbeispiel. Für den in Fig. 165 skizzierten Kohlenbunker ist eine Integralkurve zu entwerfen.

Man berechne den Körper als Prisma.

Die Inhalte krummlinig begrenzter, ebener Figuren.

1. Volumen bis zur Höhe 350 mm.

$$V_1 = \frac{1000 + 1250}{2} \cdot 350 \cdot 6000 \text{ cmm} = 1{,}125 \cdot 2{,}1 \text{ cbm} =$$
$$= 2{,}3625 \text{ cbm}$$
$$V_1 = 2{,}36 \text{ cbm}.$$

2. Volumen bis zur Höhe 700.

$$V_2 = \frac{1000 + 1500}{2} \cdot 700 \cdot 6000 \text{ cmm} = 1{,}250 \cdot 4{,}2 \text{ cbm} = 5{,}25 \text{ cbm}$$
$$V_2 = 5{,}25 \text{ cbm}.$$

3. Volumen bis zur Höhe 2500.

$$V_3 = V_2 + 1500 \cdot 1800 \cdot 6000 \text{ cmm} = 5{,}25 + 16{,}2 \text{ cbm}$$
$$V_3 = 21{,}45 \text{ cbm}.$$

Nimmt man das Gewicht von 1 cbm Kohle zu 0,8 t an, so kann man zugleich das Gewicht der im Bunker enthaltenen Kohlen bis zu jeder Höhe angeben.

Auf einer vertikalen Achse trägt man die Höhen, auf der horizontalen das Volumen und darüber zugleich das Gewicht ab.

Bis zur Höhe 0,7 m erhält man eine schwachgekrümmte Kurve, von da ab, da das Volumen des Quaders der Höhe proportional zunimmt, eine Gerade. Fig. 166.

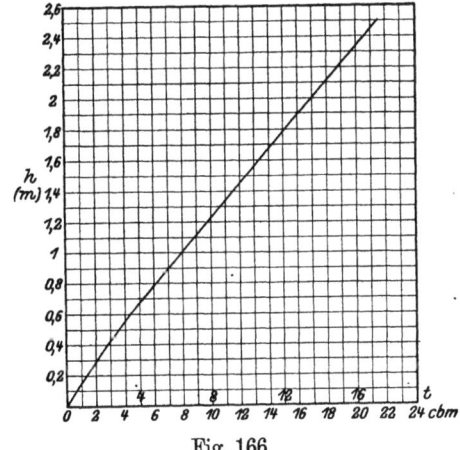

Fig. 166.

Vierter Abschnitt.

Die Inhalte krummlinig begrenzter, ebener Figuren.

1. Flächenbestimmung mit Hilfe von quadratisch geteiltem Papier. Eine ebene Figur soll eine ganz beliebige krummlinige Begrenzung haben. Näherungsweise bestimmt man den Inhalt der

Fläche, indem man sie auf quadratisch geteiltes Papier aufzeichnet, wie in der Fig. 167, und die Anzahl der Quadrate abzählt, die von der Fläche bedeckt werden. Dabei rechnet man die zum größeren Teile bedeckten Quadrate ganz, die zum kleineren Teile bedeckten gar nicht mit. Man liest ab

$$F = 20 \text{ qcm},$$

wenn in der ursprünglichen, hier verkleinerten Zeichnung die Quadratseite 1 cm war.

Liegt die Fläche fertig gezeichnet vor, so bedeckt man sie mit quadratisch geteiltem Pauspapier, wie es im Handel zu haben ist, und zählt auf diesem die Quadrate ab.

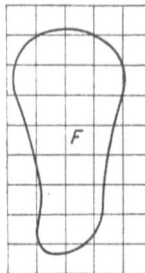

Fig. 167.

2. Flächenmessung durch Wägung. Man zeichnet die Fläche auf Pappkarton auf, schneidet sie aus und wägt sie. Das Gewicht sei z. B. 53 g. Dann schneidet man aus demselben Karton 1 qdm und wägt es ebenfalls. Das Gewicht sei 17 g. Da man durchschnittlich überall das gleiche Gewicht des Kartons in der Flächeneinheit voraussetzen kann, so ist die gesuchte Fläche

$$F = \frac{53}{17} = 3{,}1 \text{ qdm}.$$

Das Verfahren ist nur bei nicht zu kleinen Flächen anwendbar.

3. Das Polarplanimeter. Ein Instrument, mit dem mechanisch der Inhalt einer beliebigen Fläche gemessen wird, heißt ein Planimeter. Am bekanntesten ist das im Jahre 1854 von Amsler erfundene Polarplanimeter, dessen Bild Fig. 168 zeigt[1]). Seine Theorie soll zunächst entwickelt werden.

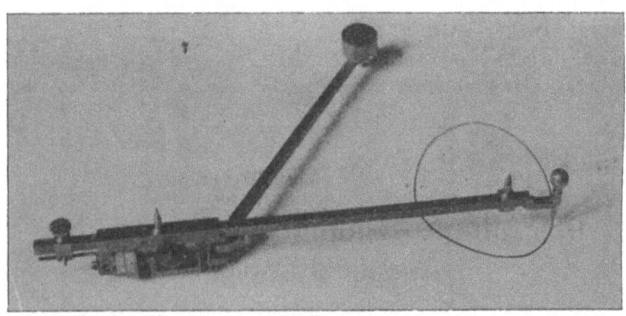

Fig. 168.

---

[1]) Außerdem sei auf das Stangenplanimeter hingewiesen. In seiner

Die Inhalte krummlinig begrenzter, ebener Figuren.

In Fig. 169 ist F die Fläche, welche ausgemessen werden soll. L ist irgendeine Hilfskurve. Man nehme einen festen Stab und führe ihn so über die Fläche, daß sich das eine Ende auf L das andere auf dem Umfang von F verschiebt. Der Stab ist in mehreren Lagen eingezeichnet, zugleich ist die Bewegungsrichtung durch Pfeile angegeben. Rechnet man die Stabverschiebung von links nach rechts in der vorliegenden Figur positiv und in entgegengesetzter Richtung negativ, so wird die Fläche F nur einmal in positiver Richtung, der zwischen F und L liegende Teil aber zweimal, positiv und negativ, überstrichen. Gibt man den überstrichenen Flächen selbst die Vorzeichen der Bewegungsrichtung, so bleibt nur die gesuchte Fläche F übrig.

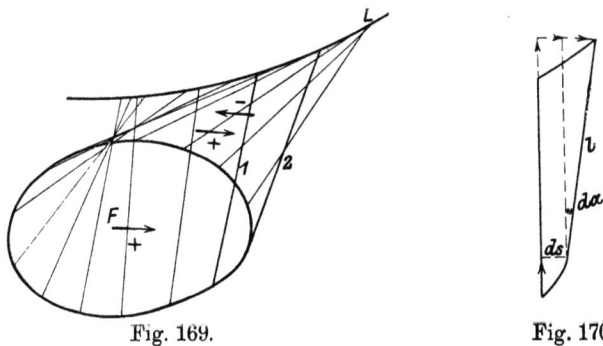

Fig. 169. Fig. 170.

Um die Bewegung des Stabes genauer zu untersuchen, ist in Fig. 170 derselbe in zwei benachbarten Lagen 1 und 2 herausgezeichnet. Man kann den Stab aus der Stellung 1 in die Stellung 2 durch eine Parallelverschiebung und eine Drehung gebracht denken, wie es jene Figur andeutet. Dabei wird ein Rechteck und ein Kreisausschnitt überstrichen. Hat der Stab die konstante Länge l, so ist die überstrichene kleine Fläche

$$dF = l \cdot ds + \frac{1}{2} l^2 d\alpha.$$

Die ganze Fläche ist gleich der Summe aller unendlich kleinen

---

einfachsten Form wurde es von dem dänischen Offizier Prytz erfunden. In vorzüglicher verbesserter Ausführung wird es von der Firma O. Richter, Chemnitz, hergestellt. Wie man nach demselben Prinzip sich für wenige Pfennige aus einem gewöhnlichen Radiermesser ein gut brauchbares Planimeter herstellt, zeigte Sachs. [Ein kalibriertes Stangenplanimeter. Zeitschrift für praktischen Maschinenbau (American Machinist) 1910, S. 1152].

Flächenteilchen, also gleich dem Integral

$$F = \int l\,ds + \int \frac{1}{2} l^2\,d\alpha.$$

Dabei ist zu beachten, daß die Verschiebungen und Drehungen ds und $d\alpha$ in der einen Richtung positiv und in der entgegengesetzten negativ zu rechnen sind.

Man sieht leicht ein, daß das zweite Integral Null ist[1]). Da der Stab in die Anfangslage zurückkehrt, muß er genau so weit zurückgedreht werden, wie er aus der Anfangslage herausgedreht wurde. Also fällt die Summe aller Drehungen heraus.

Es brauchen also nur die Verschiebungen gemessen zu werden. Zu dem Zwecke trägt der Stab eine Rolle, auf der der zurückgelegte Weg abgelesen wird. Bewegt man den Stab in entgegengesetzter Richtung, so dreht sich auch die Rolle zurück, so daß selbsttätig der Weg ds subtrahiert wird.

Bei der praktischen Ausführung bewegt sich das eine Stabende auf einem Kreisbogen. Das erreicht man durch einen zweiten mit ihm gelenkig verbundenen Stab, der sich um eine festgelegte, durch Gewicht beschwerte Spitze dreht.

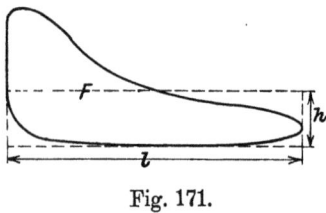

Fig. 171.

Bei gewöhnlichen Apparaten sind Stablänge und Rollendurchmesser so gewählt, daß man unmittelbar den Flächeninhalt in Quadratzentimetern auf der Rolle abliest. Bei besseren Ausführungen ist die Stablänge verstellbar, so daß die Multiplikation mit einer auf dem Stab angegebenen Konstanten notwendig wird.

Eine am bequemsten mit dem Planimeter zu lösende Aufgabe des Maschinenbauers ist, die mittlere Höhe eines Dampfdruckdiagramms und damit den mittleren Dampfdruck selbst zu bestimmen.

In Fig. 171 ist ein solches Diagramm schematisch gezeichnet. Es soll also die Höhe eines gleich großen Rechtecks ermittelt werden, dessen Grundlinie gleich der Breite des Diagramms ist. Das Planimeter liefert

$$F = l \int ds.$$

---

[1]) Wäre die Fläche F sehr groß, so könnte L ganz innerhalb F liegen, und man könnte in die Anfangslage zurückkehren, indem man eine Drehung um 360° ausführt. Darauf soll, weil praktisch unwichtig, nicht Rücksicht genommen werden.

Die Inhalte krummlinig begrenzter, ebener Figuren. 193

Hat man die Stablänge l, die zwischen zwei in der Fig. 168 sichtbaren Spitzen eingestellt wird, gleich der Breite des Diagramms gemacht, so soll der Rechtecksinhalt $F = l \cdot h$ sein. Demnach wird

$$h = \int ds.$$

Man liest die mittlere Höhe direkt auf der Rolle ab. Dazu muß man wissen, welcher Weg von der Rolle zurückgelegt ist, wenn sie um einen Teilstrich weitergedreht wurde. Diese Zahl wird dem Apparat beigegeben, kann aber, wenn nötig, auch nachgemessen werden. Entspricht z. B. einem Teilstrich der Weg von 0,6 mm, und liest man auf der Rolle 53,4 ab, so wäre die mittlere Höhe

$$h = 0{,}6 \cdot 53{,}4 = 32{,}04 \text{ mm}.$$

4. Der Integrator. In Fig. 172 ist ein Integrator abgebildet. Das ist zunächst nichts anderes als ein Planimeter, bei dem als

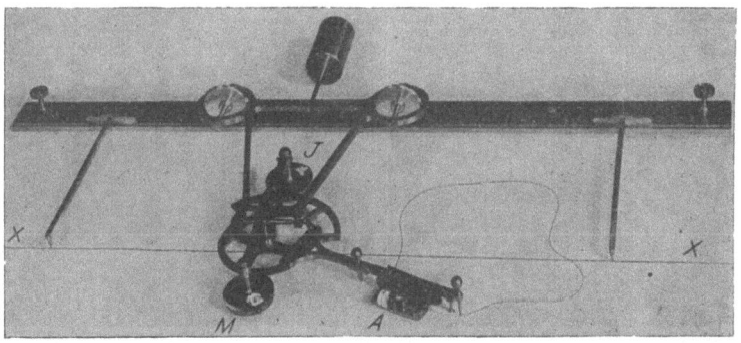

Fig. 172.

Kurve L eine gerade Linie gewählt ist, so daß das eine Stabende mit Hilfe des Lineals auf einer Geraden verschoben wird, während das andere die Fläche, deren Inhalt gesucht wird, umfährt. Für diesen Zweck gilt alles genau so, wie oben dargestellt. Der Apparat leistet aber mehr, indem er auch noch statische Momente und Trägheitsmomente mechanisch zu ermitteln gestattet. Dazu wird er z. B. im Schiffbau viel verwendet.

Die Theorie soll an der Fig. 173 erklärt werden. Die Achse, in bezug auf die das Trägheitsmoment der Fläche F bestimmt werden soll, sei die x-Achse. Die Fläche werde in vertikale Streifen der konstanten Breite dx zerlegt. Ein solcher Streifen habe die Höhe a. Ein Flächenteilchen dieses Streifens hat den Inhalt $dy \cdot dx$, also das Trägheitsmoment $y^2 \, dy \, dx$. Das Trägheitsmoment des ganzen Streifens ist folglich

$$J_1 = \int_0^a y^2 \, dy \, dx.$$

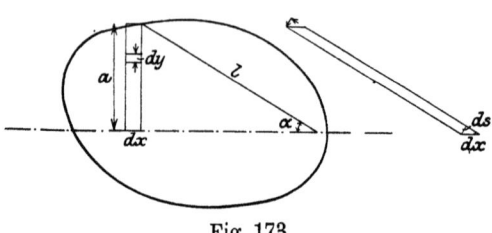

Fig. 173.

Da dx konstant ist, ergibt sich

$$J_1 = dx \int_0^a y^2 \, dy = dx \left[\frac{1}{3} y^3\right]_0^a = \frac{a^3}{3} \, dx.$$

Der Stab habe die Länge l und bilde den Winkel α mit der Achse, wenn er sich im Endpunkte von a, wie in der Figur, befindet. Dann ist $a = l \cdot \sin \alpha$, also

$$J_1 = \frac{l^3 \sin^3 \alpha}{3} \, dx.$$

Aus der bekannten Formel

$$\sin 3\alpha = 3 \sin \alpha - 4 \sin^3 \alpha$$

folgt

$$\sin^3 \alpha = \frac{3}{4} \sin \alpha - \frac{1}{4} \sin 3\alpha.$$

Damit wird

$$J_1 = \frac{l^3}{4} \sin \alpha \, dx - \frac{l^3}{12} \sin 3\alpha \, dx.$$

Das Trägheitsmoment der ganzen Fläche ist

$$J = \frac{l^3}{4} \int \sin \alpha \, dx - \frac{l^3}{12} \int \sin 3\alpha \, dx.$$

An dem Stabe befindet sich wieder eine Rolle. Ihre Bewegung soll untersucht werden, wenn das Stabende das kleine Rechteck umfährt. Beim Überstreichen der Grundlinie dreht sich die Rolle garnicht. Die Drehung beim Überfahren der vertikalen Wege ergibt ebenfalls 0, da der eine Weg aufwärts, der andere

Die Inhalte krummlinig begrenzter, ebener Figuren. 195

abwärts überfahren wird. Es bleibt nur der obere horizontale Weg. Man führe den Stab von der einen in die andere Grenzlage, indem man ihn, wie in der Nebenfigur angedeutet, parallel mit sich und dann in sich verschiebt. Die Rolle wird nur bei der Parallelverschiebung gedreht, und zwar ist der Weg der Rolle

$$ds = \sin\alpha\, dx.$$

Also ist das ganze Stück, um das die Rolle gedreht wird, wenn der Stab die ganze Fläche umfahren hat,

$$s = \int \sin\alpha\, dx.$$

Nun soll

$$\frac{l^3}{4}\int \sin\alpha\, dx$$

berechnet werden, folglich muß der auf der Rolle abgelesene Wert noch mit einer Konstanten multipliziert werden, die dem Apparat beigegeben wird.

Weiter besitzt der Apparat eine zweite Rolle, die mit der ersten durch Zahnradübertragung verbunden ist, aber so, daß ihre Achse stets einen Winkel 3α mit der x-Achse bildet. Daher ist das auf dieser Rolle abgelesene Stück proportional zu $\int \sin 3\alpha\, dx$. Um $\dfrac{l^3}{12}\int \sin 3\alpha\, dx$ zu erhalten, muß der abgelesene Wert mit einer neuen Konstanten multipliziert werden, die ebenfalls dem Apparat beigegeben ist. Das wahre Trägheitsmoment ist gleich der Differenz der ermittelten Werte.

Es ist nicht nötig, die Flächenteile auf beiden Seiten der Achse für sich zu berechnen, da ja nur beim Umfahren des Umfangs ein zu berücksichtigender Beitrag zur Drehung der Rolle geliefert wird. Man kann folglich sogleich den ganzen Umfang der Fläche umfahren.

Der Apparat trägt noch eine dritte Rolle, mit deren Hilfe statische Momente ermittelt werden; darauf soll hier nicht weiter eingegangen werden.

5. Der Kreisinhalt und der Kreisumfang. Um den Kreisinhalt zu berechnen, bedeckt man den Kreis möglichst genau mit gleich großen Dreiecken, Fig. 174, d. h. man zeichnet in ihn ein regelmäßiges n-Eck, dessen Inhalt n-mal so groß ist wie der eines jener Dreiecke. Verdoppelt man fortlaufend die Seitenzahl, so kommt man dem Kreisinhalt beliebig nahe. Berechnet man jedesmal zugleich den Inhalt des umbeschriebenen Vielecks mit gleicher Seitenzahl, so werden die Ergebnisse bis zu einer gewissen Dezimalstelle übereinstimmen; bis dahin muß aber auch der Kreisinhalt der ja zwischen jenen Vielecken liegt, mit der gefundenen Zahl übereinstimmen.

Den Inhalt des Kreises mit dem Radius 1 nennt man π. Berechnet man ihn, wie oben gezeigt, so findet man $\pi = 3{,}14159$. Es läßt sich beweisen, daß die Quadratur des Kreises nicht möglich ist, d. h., daß man den Kreis nicht mit Zirkel und Lineal in ein gleich großes Quadrat verwandeln kann. Für das praktische Rechnen ist diese Frage ganz gleichgültig, da man den Inhalt immer so genau, wie erforderlich, bestimmen kann.

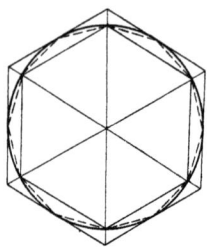

Fig. 174.

Sehr brauchbar ist der Näherungswert $\frac{22}{7}$ für π.

Alle Kreise sind ähnliche Figuren. Daher verhalten sich ihre Inhalte wie die Quadrate entsprechender Strecken, also z. B. wie die Quadrate der Radien. Aus Fig. 175 liest man ab

$$\frac{F_r}{F_1} = \frac{r^2}{1}.$$

Da aber $F_1 = \pi$ nach Definition ist, wird

$$F_r = \pi r^2 = \frac{\pi d^2}{4},$$

wenn mit d der Durchmesser bezeichnet wird.

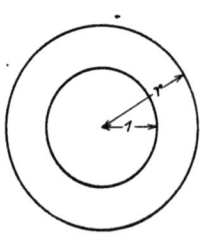
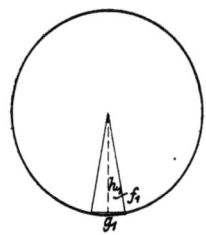

Fig. 175.   Fig. 176.

Zur Bestimmung des Kreisumfangs ersetzt man wieder den Kreis durch ein regelmäßiges n-Eck. Hier ist, siehe Fig. 176,

$$f_1 = \frac{1}{2} g_1 h_1$$

und

$$\sum f_n = \sum \frac{1}{2} g_n h_1 = \frac{1}{2} h_1 \sum g_n.$$

Läßt man die Anzahl der Vieleckseiten unendlich groß werden, also $n = \infty$, so wird

$$\sum f_n = F_r; \quad h_1 = r; \quad \sum g_n = u,$$

wenn u den Kreisumfang bezeichnet. Also bleibt

$$F_r = \frac{1}{2} r u \quad \text{oder} \quad \pi r^2 = \frac{1}{2} r u$$

$$u = 2 \pi r = \pi d.$$

Fünfter Abschnitt.

Der Zylinder.

1. Volumen und Mantel des Zylinders. Durch Parallelverschiebung einer krummlinig begrenzten, ebenen Figur an geradlinigen Bahnen entlang entsteht ein Zylinder. Die Volumenberechnung geschieht wie beim Prisma, indem man die Grundfläche, die immer so genau, wie verlangt, durch Quadrate ersetzt werden kann, stufenweise verschoben denkt. Deshalb ist

$$V = G \cdot h.$$

Ist die erzeugende Fläche ein Kreis, so wird

$$V = \pi r^2 h = \frac{\pi d^2}{4} h.$$

Beim geraden Kreiszylinder, Fig. 177, kann man sogleich noch die Größe der Mantelfläche angeben; wenn man den Mantel längs

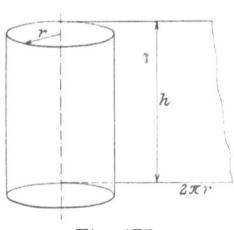
Fig. 177.

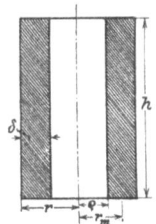
Fig. 178.

einer Geraden aufschneidet und abwickelt, erhält man ein Rechteck, dessen Grundlinie gleich dem Kreisumfang, und dessen Höhe gleich der Zylinderhöhe ist. Folglich wird

$$M = 2 \pi r \cdot h = \pi d \cdot h.$$

2. Der Hohlzylinder.

In Fig. 178 ist der Schnitt durch einen Hohlzylinder gezeichnet. Sein Volumen ist gleich der Differenz zweier Zylinder:

$$V = \pi r^2 h - \pi \rho^2 h$$

oder
$$= \pi h (r^2 - \rho^2) = \pi h (r + \rho)(r - \rho).$$

Es ist aber $r - \rho = \delta$ gleich der Wandstärke des Hohlzylinders und $\frac{r + \rho}{2} = r_m$ gleich dem mittleren Radius. Daher wird

$$V = 2 \pi h r_m \delta.$$

Statt $2 \pi h r_m$ kann man M_m, d. h. den mittleren Mantel, setzen, so daß man schließlich erhält

$$V = M_m \cdot \delta.$$

Man hat also gefunden, was man unmittelbar der Anschauung hätte entnehmen können, daß das Volumen ebensogroß ist, wie das eines Prismas über dem mittleren Mantel mit der Höhe δ.

3. Übungen.

1. Aufgabe. Wie verhält sich die Höhe zum Grundkreisdurchmesser eines zylindrischen Litermaßes, das die kleinste Benetzungsfläche besitzt?

Die Benetzungsfläche besteht aus einer Kreisfläche und der Mantelfläche, also ist die Funktion, die ein Minimum werden soll,

$$B = \pi r^2 + 2 \pi r h.$$

r und h sind variabel. Das Gefäß soll ein Litermaß sein; wählt man also 1 dm als Längeneinheit, so muß

$$\pi r^2 \cdot h = 1 \quad \text{oder} \quad h = \frac{1}{\pi r^2}$$

sein. Das gibt

$$B = \pi r^2 + \frac{2}{r}.$$

Zur Bestimmung des Extremwertes differenziert man nach r und setzt die Ableitung gleich Null.

$$\frac{dB}{dr} = 2 \pi r - \frac{2}{r^2} = 0.$$

Daraus folgt

$$r = \sqrt[3]{\frac{1}{\pi}} \, \text{dm} \quad \text{oder} \quad r^2 = \frac{1}{\pi r}.$$

Oben war

$$h = \frac{1}{\pi r^2} \quad \text{oder} \quad r^2 = \frac{1}{\pi h},$$

Der Zylinder.

folglich wird
$$h = r$$
und
$$\frac{h}{d} = \frac{1}{2}.$$

Das Gefäß ist viel zu flach, als daß es für Flüssigkeiten praktisch brauchbar wäre.

Soll noch gezeigt werden, daß wirklich ein Minimum vorliegt, so bildet man

$$\frac{d^2 B}{d r^2} = 2\pi + \frac{4}{r^3}.$$

Da r immer positiv ist, ist der ganze Ausdruck immer positiv, also auch für $r = \sqrt[3]{\dfrac{1}{\pi}}$. Folglich ist der gefundene Extremwert wirklich ein Minimum.

2. Aufgabe. Das Gewicht des Flanschenrohres Fig. 179 ist zu berechnen. Spez. Gew. 7,25.

Das Volumen des Rohres ist

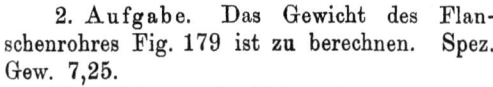

Fig. 179.

$$V_1 = \left(\frac{\pi d_1^2}{4} - \frac{\pi d_2^2}{4}\right) h = \left(\frac{\pi 7^2}{4} - \frac{\pi 5^2}{4}\right) 150 \text{ ccm}$$
$$= (38{,}48 - 19{,}63)\, 150 = 18{,}85 \cdot 150 = 2827{,}5 \text{ ccm}.$$

Das Volumen der Flanschen ist

$$V_2 = 2\left[\left(\frac{\pi 14^2}{4} - \frac{\pi 5^2}{4}\right) 2 - 6 \cdot \frac{\pi 1{,}8^2}{4} \cdot 2\right] \text{ccm}$$
$$= 2[(153{,}9 - 19{,}63)\, 2 - 12 \cdot 2{,}545]$$
$$= 2(134{,}3 \cdot 2 - 30{,}54) = 2(268{,}6 - 30{,}5) = 2 \cdot 238{,}1$$

$$V_2 = 476{,}2 \text{ ccm}.$$

$G = V \cdot \gamma = (V_1 + V_2)\gamma = (2827{,}5 + 476{,}2)\, 7{,}25 = 3303{,}7 \cdot 7{,}25$

$$G = 24 \text{ kg}$$

```
21750
  218
    3
-----
23960
```

Sechster Abschnitt.

Die Guldinschen Regeln.

1. Die Rotation eines Rechtecks um eine Achse. Die Formel für den Inhalt eines Hohlzylinders kann noch anders gedeutet werden. Es war ja

$$V = 2\pi h\, r_m\, \delta;$$

hierin ist $h \cdot \delta = F$ die Fläche des senkrechten Querschnitts, nämlich des Rechtecks, während $r_m = x_0$ gleich dem Schwerpunktsabstand dieses Rechtecks von der Achse ist. Damit wird

$$V = 2\pi x_0 F.$$

Da der Hohlzylinder durch Rotation der Fläche um die Achse entsteht, so erhält man einen Satz, der dem früher gefundenen für die Parallelverschiebung an die Seite zu setzen ist:

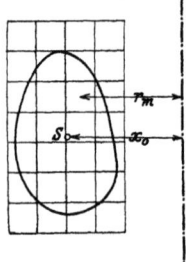

Fig. 180.

Rotiert ein Rechteck um eine Achse, so entsteht ein Hohlzylinder, dessen Volumen gleich dem Inhalt der Fläche mal dem vom Schwerpunkt zurückgelegten Weg ist.

2. Die erste Guldinsche Regel. Auch dieser Satz gilt, wenn die Querschnittsfläche eine beliebige Gestalt besitzt. Man denke sie sich nämlich wie in Fig. 180 auf Quadratpapier aufgezeichnet, auf dem jedes Quadrat den Inhalt f besitzt. Ein einzelnes Quadrat erzeugt bei der Rotation einen Hohlzylinder vom Volumen

$$v = 2\pi r_m \cdot f.$$

Alle von der Fläche bedeckten Quadrate zusammen ergeben das Volumen

$$\sum v = 2\pi f \sum r_m.$$

Werden n Quadrate bedeckt, so ist die ganze Fläche $n \cdot f = F$. Multipliziert man rechts mit n, dividiert aber zugleich durch n, damit der Gesamtwert nicht geändert wird, so erhält man

$$\sum v = 2\pi n \cdot f \cdot \frac{\sum r_m}{n} = 2\pi F \frac{\sum r_m}{n}.$$

Die Quadrate denkt man so klein gewählt, daß man ohne merkbaren Fehler $n \cdot f = F$ setzen konnte. Dann wird zugleich $\sum v = V$ gleich dem wahren Volumen des Rotationskörpers.

Endlich ist dann $\dfrac{\sum r_m}{n} = x_0$ der mittlere Abstand aller Punkte der Fläche von der Achse. Der Punkt, der diesen mittleren Abstand besitzt, heißt der Schwerpunkt der Fläche. In der Mechanik wird gezeigt, daß jede Fläche tatsächlich nur einen Punkt enthält, der in bezug auf jede beliebige Achse den mittleren Abstand besitzt.

Aus unserer Formel wird endlich

$$\mathbf{V} = 2\,\pi\,\mathbf{x_0} \cdot \mathbf{F}.$$

Das Volumen jedes Rotationskörpers ist gleich dem Produkt aus der Fläche des erzeugenden Querschnitts multipliziert mit dem Weg des Schwerpunktes von diesem Querschnitt.

Der Satz gilt auch, wenn der Schwerpunkt nur einen Teil des Kreisumfanges zurücklegt, für den dabei entstandenen Teil des Rotationskörpers.

3. Übungen. 1. Aufgabe. Welches spezifische Gewicht besitzt ein Ringkörper mit Kreisquerschnitt, der in Wasser von 4° C 7 cm tief eintaucht, wenn der Radius des Querschnittkreises 9 cm ist?

Da der Körper schwimmt, so muß das Gewicht des Ringes G_R gleich dem Gewicht des Wassers G_W sein.

$$G_R = G_W.$$

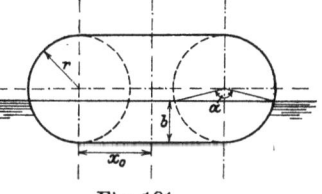

Fig. 181.

Das spezifische Gewicht des Ringes sei γ, das des Wassers ist 1. Folglich kann man setzen

$$V_R \cdot \gamma = V_W; \quad \gamma = \dfrac{V_W}{V_R}.$$

Mit den Bezeichnungen der Fig. 181 wird

$$V_R = 2\,\pi\,x_0\,\pi\,r^2 = 2\,\pi^2\,x_0\,r^2$$
$$V_W = 2\,\pi\,x_0\,A,$$

wenn A den Kreisabschnitt bedeutet, der vom Querschnitt eintaucht. Wie in der Trigonometrie gezeigt wurde, ist

$$A = \dfrac{r^2}{2}(\hat{\alpha} - \sin\alpha),$$

also

$$V_W = 2\,\pi\,x_0\,\dfrac{r^2}{2}(\hat{\alpha} - \sin\alpha).$$

Die gefundenen Ausdrücke sind oben in die Gleichung für γ einzusetzen.

$$\gamma = \frac{\pi x_0 r^2 (\hat{a} - \sin \alpha)}{2 \pi^2 x_0 r^2} = \frac{\hat{a} - \sin \alpha}{2 \pi}.$$

Jetzt fehlt nur noch die Berechnung von α. Man findet

$$\cos \frac{\alpha}{2} = \frac{2}{9} = 0{,}2222$$

$$\frac{\alpha}{2} = 77^\circ 10'; \quad \alpha = 154^\circ 20'.$$

Weiter ist:

$\hat{a} = 2{,}6878$
$\phantom{\hat{a} =} + 0{,}0058$
$\overline{\hat{a} = 2{,}6936}$
$\sin \alpha = 0{,}4331$
$\overline{\text{Zähler} = 2{,}2605}$

$$\gamma = \frac{2{,}2605}{2 \pi} = \frac{0{,}720}{2} = 0{,}36.$$

Ergebnis: Das spezifische Gewicht des Ringkörpers ist

$$\gamma = \mathbf{0{,}36}.$$

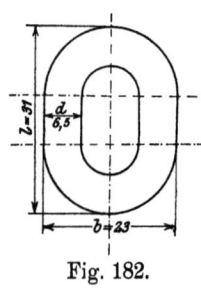

Fig. 182.

2. Aufgabe. Das Gewicht des in Fig. 182 skizzierten Kettengliedes ist zu berechnen, wenn das spezifische Gewicht 7,7 ist.

Der Körper setzt sich aus zwei Zylindern und zwei halben Ringkörpern zusammen. Man erhält, wenn man die halben Ringstücke zu einem ganzen vereinigt denkt und nach der ersten Guldinschen Regel berechnet:

$$V = 2 \cdot \frac{\pi d^2}{4} (l - b) + \frac{\pi d^2}{4} 2 \pi \frac{b - d}{2}$$

$$= \frac{\pi d^2}{4} [2 (l - b) + \pi (b - d)]$$

$$= 33{,}18 (2 \cdot 8 + 51{,}84) = \underline{33{,}18 \cdot 67{,}84}$$

$\phantom{= 33{,}18 (2 \cdot 8 + 51{,}84) = }1990{,}8$
$G = 2{,}25 \cdot 7{,}7 \phantom{= 33{,}18 (2 \cdot 8} 2323$
$\overline{ 15{,}75} \phantom{= 33{,}18 (2 \cdot 8 + 5} 265$
$ 1{,}58 \phantom{= 33{,}18 (2 \cdot 8 + 51,8} 13$
$\overline{ 17{,}33} \phantom{= 33{,}18 (2 \cdot 8 + 5} \overline{2250{,}9}$

Ergebnis: Das Gewicht des Kettengliedes ist

17,3 g.

Die Guldinschen Regeln.

4. Rotation einer Geraden um eine Achse. Rotiert eine gerade Linie um eine Achse, so beschreibt sie den Mantel eines sogenannten Kegelstumpfs. Wickelt man diesen Mantel ab, so erhält man einen Ausschnitt aus einem Kreisring. In der Trigonometrie wurde gezeigt, daß man solch einen Ausschnitt wie ein Trapez berechnen kann.

In Fig. 183 sei s die Gerade, die um die Achse rotiert. Der abgewickelte Mantel ist (verkleinert) in Fig. 184 gezeichnet. Die

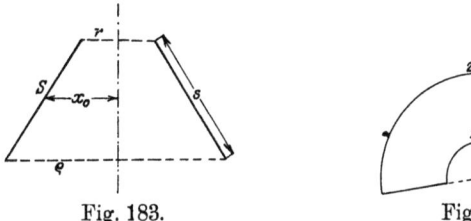

Fig. 183.　　　　　Fig. 184.

Kreisbögen des Ringausschnitts sind gleich den Umfängen der Grenzkreise, die von der rotierenden Geraden erzeugt werden. Daher ist die ganze erzeugte Fläche

$$M = \frac{2\pi\rho + 2\pi r}{2} \cdot s = 2\pi \frac{r+\rho}{2} \cdot s.$$

Hierin ist $\frac{r+\rho}{2} = x_0$ der Abstand des Schwerpunktes S, nämlich des Mittelpunktes, der Geraden s.

Daher wird auch

$$M = 2\pi x_0 \cdot s.$$

Die Fläche, die eine Gerade erzeugt, wenn sie um eine Achse rotiert, ist gleich dem Produkt aus der Länge der Geraden mal dem Weg des Schwerpunktes dieser Geraden.

5. Die zweite Guldinsche Regel. Rotiert eine beliebige Kurve um eine Achse, so kann man die Kurve durch gleich lange Sehnen ersetzen, deren Anzahl n stets so groß gewählt werden kann, daß die Länge der Kurve mit der Summe der Sehnenlängen, so genau man will, übereinstimmt.

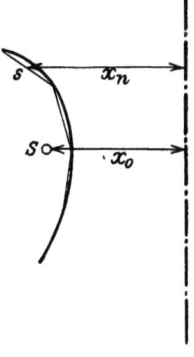

Fig. 185.

Ist s die konstante Sehnenlänge und x_n der jeweilige Schwerpunktsabstand von s, wie in Fig. 185 angedeutet, so ist die von sämtlichen Sehnen erzeugte Mantelfläche

$$M = 2\pi x_1 \cdot s + 2\pi x_2 \cdot s + \cdots + 2\pi x_n \cdot s$$
$$= 2\pi s \sum x_n.$$

Multipliziert und dividiert man wieder mit n, so wird

$$M = 2\pi n \cdot s \frac{\sum x_n}{n}.$$

Ist n hinreichend groß, so wird $n \cdot s = l$ die Länge der Kurve und $\frac{\sum x_n}{n} = x_0$ der Abstand des Schwerpunkts dieser Kurve von der Rotationsachse. Demnach ist

$$M = 2\pi x_0 \cdot l.$$

Der Mantel einer Umdrehungsfläche ist gleich dem Produkt aus der Länge der erzeugenden Kurve mal dem Weg, den der Schwerpunkt der Kurve zurücklegt.

Auch dieser Satz gilt, wenn der Schwerpunkt nur einen Teil des Kreises zurücklegt, für den dabei entstandenen Mantelteil.

Siebenter Abschnitt.

Pyramide und Kegel, Pyramidenstumpf und Kegelstumpf.

1. Die Definition der Pyramide. Verschiebt man eine ebene Fläche parallel mit sich selbst, indem man sie zugleich ähnlich verkleinert, so entsteht eine Pyramide. Die Eckpunkte der Grundfläche beschreiben gerade Linien, die in einem Punkte, der Spitze der Pyramide, zusammenlaufen.

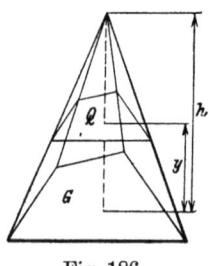

Fig. 186.

Der Inhalt eines beliebigen Querschnitts, der parallel zur Grundfläche im Abstande y gelegt wird, ist eine Funktion dieser Höhe y. Da sich die Inhalte ähnlicher Figuren wie die Quadrate homologer Strecken verhalten, so liest man aus Fig. 186 ab:

$$\frac{Q}{G} = \frac{(h-y)^2}{h^2} = \frac{h^2 - 2hy + y^2}{h^2} = 1 - 2\frac{y}{h} + \frac{y^2}{h^2}$$

und

$$Q = G - 2\frac{G}{h}y + \frac{G}{h^2}y^2.$$

Denkt man sich die Pyramide gebildet, indem man über jedem Querschnitt ein Prisma mit sehr kleiner Höhe errichtet, also z. B. die Pyramide aus Papierblättern aufschichtet, so erhält man beliebig genau das wahre Volumen der Pyramide, wenn man nur die Dicken der Schichten klein genug wählt. Daraus folgt aber:

Zwei Pyramiden sind inhaltsgleich, wenn sie gleiche Grundfläche und Höhe besitzen.

Denn in diesem Falle sind nach obiger Querschnittsformel sämtliche Querschnitte in gleichen Höhen y gleich groß, also auch alle vorher beschriebenen dünnen Schichten.

2. Das Volumen einer dreiseitigen Pyramide. Der Pyramide im Raum entspricht in der Ebene das Dreieck. Ähnlich wie man den Dreiecksinhalt bestimmt, indem man das Dreieck zu einem Parallelogramm ergänzt, so geht man im Raume von der dreiseitigen Pyramide aus, die man zu einem Prisma ergänzt. Während aber das Dreieck die Hälfte des Parallelogramms ist, ist die Pyramide nur der dritte Teil des Prismas. Man beachte, daß man bei der Ergänzung zu einem Prisma, die in Fig. 187 gezeichnet ist, ein Prisma mit gleicher Grundfläche und Höhe erhält. Das Ergänzungsstück zerlegt man durch den Hilfsschnitt A E D in zwei Teile. Dann sind als Pyramiden mit gleicher Grundfläche und Höhe einander gleich:

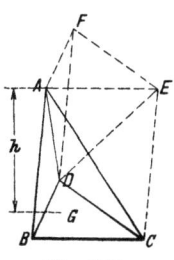

Fig. 187.

$$A\,(B\,C\,D) = D\,(A\,E\,F)^1)$$
$$A\,(D\,E\,C) = A\,(D\,E\,F).$$

Auf der rechten Seite steht beidemal dieselbe Pyramide; also sind alle drei einander gleich

$$A\,(B\,C\,D) = D\,(A\,E\,F) = A\,(D\,E\,C)$$

und jede ein Drittel des ganzen Körpers. Es folgt daraus

$$A\,(B\,C\,D) = \frac{1}{3}\,B\,C\,D\,A\,E\,F.$$

Da die Pyramide dieselbe Grundfläche und Höhe wie das Prisma hat, so ist ihr Volumen

$$V = \frac{1}{3}\,G \cdot h.$$

---

[1] Es ist jedesmal zuerst die Spitze geschrieben und daneben in Klammern die Grundfläche.

3. Das Volumen der Pyramide. Hat die Pyramide eine beliebige gerad- oder krummlinig begrenzte Grundfläche, so verwandelt man diese Grundfläche so genau wie erforderlich in ein Dreieck gleichen Inhalts. Über diesem Dreieck errichtet man eine Pyramide mit gleicher Höhe. Wie oben gezeigt wurde, haben dann beide Pyramiden gleiches Volumen. Da aber Grundfläche und Höhe gleich sind, so haben sie auch dieselbe Volumenformel, die folglich für alle Pyramiden lautet:

$$V = \frac{1}{3} G \cdot h.$$

4. Der Kegel. Besitzt die Pyramide eine krummlinig begrenzte Grundfläche, so heißt sie ein Kegel. Besonders interessiert ein Kreiskegel, dessen Grundfläche ein Kreis ist. Das Volumen des Kreiskegels ist folglich

$$V = \frac{1}{3} \frac{\pi d^2}{4} \cdot h = \frac{1}{3} \pi r^2 \cdot h.$$

In Fig. 188 ist ein gerader Kreiskegel gezeichnet, bei dem die Spitze senkrecht über dem Mittelpunkt des Grundkreises liegt. Der Mantel des geraden Kreiskegels ergibt in der Ebene abgewickelt einen Kreisausschnitt. Aus der Fig. 189 liest man seine Größe unmittelbar ab, da, wie früher gezeigt, der Kreisausschnitt wie ein Dreieck berechnet werden kann. Es ist

$$M = \frac{1}{2} \pi d \cdot s = \pi r \cdot s.$$

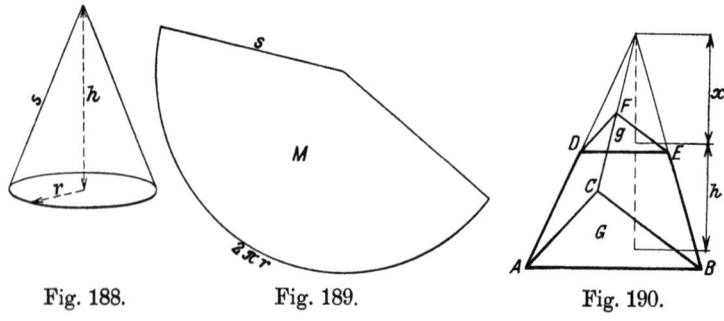

Fig. 188.   Fig. 189.   Fig. 190.

5. Der Pyramidenstumpf. Schneidet man von einer Pyramide durch einen ebenen Schnitt parallel zur Grundfläche ein Stück ab, so heißt der Restkörper ein Pyramidenstumpf. Seinen Inhalt berechnet man, indem man ihn wieder zu einer Pyramide ergänzt denkt, als Differenz zweier Pyramiden. Mit den Benennungen

Pyramide und Kegel, Pyramidenstumpf und Kegelstumpf.

der Fig. 190 erhält man

$$V = \frac{1}{3} G (h + x) - \frac{1}{3} g \cdot x.$$

Hierin ist noch x unbekannt. Man formt deshalb zunächst so um, daß x nur einmal vorkommt.

$$V = \frac{1}{3} G h + \frac{1}{3} G x - \frac{1}{3} g x$$

$$= \frac{1}{3} [G \cdot h + x (G - g)].$$

Um x zu berechnen, beachtet man, daß G und g einander parallel sind. Diese Eigenschaft führt zu der Proportion

$$\frac{G}{g} = \frac{(h + x)^2}{x^2}$$

oder

$$\frac{\sqrt{G}}{\sqrt{g}} = \frac{h + x}{x} = \frac{h}{x} + 1$$

$$\frac{h}{x} = \frac{\sqrt{G}}{\sqrt{g}} - 1 = \frac{\sqrt{G} - \sqrt{g}}{\sqrt{g}}$$

$$x = \frac{h \sqrt{g}}{\sqrt{G} - \sqrt{g}}.$$

Schafft man noch die Wurzeln aus dem Nenner fort, indem man mit $\sqrt{G} + \sqrt{g}$ erweitert, so bleibt

$$x = \frac{h \sqrt{g} (\sqrt{G} + \sqrt{g})}{G - g} = h \frac{\sqrt{G \cdot g} + g}{G - g}.$$

Diesen Wert von x setzt man oben ein und erhält

$$V = \frac{1}{3} \left[G \cdot h + h \frac{\sqrt{G \cdot g} + g}{G - g} (G - g) \right]$$

$$\mathbf{V = \frac{1}{3} h (G + \sqrt{G \cdot g} + g).}$$

6. Der Kreiskegelstumpf. Beim Kreiskegelstumpf ist nach Fig. 191

$$G = \frac{\pi d^2}{4} = \pi r^2, \quad g = \frac{\pi \delta^2}{4} = \pi \rho^2$$

$$V = \frac{1}{3} h \left(\frac{\pi d^2}{4} + \frac{\pi d \delta}{4} + \frac{\pi \delta^2}{4} \right) = \frac{\pi}{12} h (d^2 + d \cdot \delta + \delta^2)$$
$$= \frac{\pi}{3} h (r^2 + r \cdot \rho + \rho^2).$$

Wie schon oben gezeigt wurde, ist der Mantel des geraden Kreiskegelstumpfs

$$M = \frac{1}{2} \pi s (d + \delta) = \pi s (r + \rho).$$

Zur Umrechnung der Größen s und h ineinander beachte man die Beziehung
$$s^2 = h^2 + (r - \rho)^2.$$

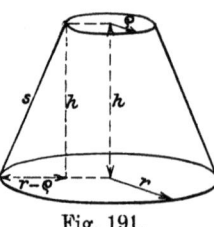

Fig. 191.

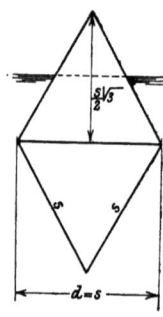

Fig. 192.

7. Übungen. Ein gleichseitiger Doppelkegel aus Buchenholz mit dem spez. Gewicht $\gamma = 0{,}75$ und 60 cm Kantenlänge soll als Boje verwendet werden. Wie schwer dürfen bei dieser Boje Kette, Ring usw. sein, wenn sie im Seewasser vom spez. Gew. $\gamma_1 = 1{,}026$ nicht tiefer als bis zur halben Höhe des oberen Kegels eintauchen soll?

Damit die Boje, Fig. 192, schwimmt, muß das Gewicht der Boje G_B zusammen mit dem Gewicht der Kette usw. G_K gleich dem Gewicht der verdrängten Wassermenge G_W sein.

$$G_B + G_K = G_W.$$

Es ist
$$G_B = V_B \cdot \gamma = 2 \cdot \frac{1}{3} \frac{\pi s^2}{4} \cdot \frac{s}{2} \sqrt{3}\, \gamma,$$

da der Querschnitt durch diesen Kegel ein gleichseitiges Dreieck und folglich der Durchmesser des Grundkreises gleich der Seitenlinie s und die Kegelhöhe $\frac{s}{2} \sqrt{3}$ ist.

Ferner ist
$$G_W = V_W \gamma_1,$$

wo V_W als die Differenz eines Doppelkegels und eines kleinen Kegels mit halber Höhe und halbem Grundkreisdurchmesser berechnet wird.

$$V_W \cdot \gamma_1 = \left[2 \cdot \frac{1}{3} \frac{\pi s^2}{4} \frac{s}{2} \sqrt{3} - \frac{1}{3} \frac{1}{4} \frac{\pi s^2}{4} \cdot \frac{1}{2} \frac{s}{2} \sqrt{3}\right] \gamma_1$$

$$= \left[\frac{1}{3} \frac{\pi s^2}{4} s \sqrt{3} - \frac{1}{3} \frac{\pi s^2}{4} s \sqrt{3} \frac{1}{16}\right] \gamma_1$$

$$= \frac{1}{3} \frac{\pi s^2}{4} s \sqrt{3} \gamma_1 \frac{15}{16}.$$

Diese Werte sind oben einzusetzen. Löst man zugleich nach der Unbekannten G_K auf, so bleibt

$$G_K = \frac{1}{3} \frac{\pi s^2}{4} s \sqrt{3} \gamma_1 \frac{15}{16} - \frac{1}{3} \frac{\pi s^2}{4} s \sqrt{3} \gamma$$

$$= \frac{1}{3} \frac{\pi s^2}{4} s \sqrt{3} \left(\frac{15}{16} \gamma_1 - \gamma\right)$$

$$= \frac{1}{3} \, 2827{,}43 \cdot 103{,}92 \left(\frac{15}{16} 1{,}026 - 0{,}75\right)$$

$$= \frac{2827 \cdot 34{,}64}{84810} \qquad \left(\frac{15{,}390}{16} - 0{,}75\right)$$

$$\begin{array}{r} 1131 \\ 169 \\ 11 \\ \hline 97920 \end{array} \qquad (0{,}962 - 0{,}75)$$

$$G_K = 0{,}212 \cdot 97{,}92$$

$$\begin{array}{r} 19{,}08 \\ 148 \\ 19 \\ \hline 20{,}75 \end{array}$$

Ergebnis: Die Boje darf noch mit **21 kg** belastet werden.

Achter Abschnitt.

Kugel und Kugelteile.

1. Das Volumen beliebiger Körper. Von ganz willkürlichen und regellosen Körpern, für die eine mathematische Berechnung nach Formeln sicher ausgeschlossen ist, soll im folgenden abgesehen werden. Ihr Volumen muß nach physikalischen Methoden, indem man z. B. die verdrängte Wassermenge bestimmt, ermittelt werden. Alle andern Körper kann man so entstanden denken, daß man die Grundfläche parallel mit sich verschiebt und zugleich nach einem vorgeschriebenen Gesetz vergrößert oder verkleinert. Dann wird der Querschnitt in jeder Höhe eben nach diesem Gesetz berechnet werden können, d. h. es wird der Querschnitt Q eine Funktion der Höhe y sein: $Q = f(y)$.

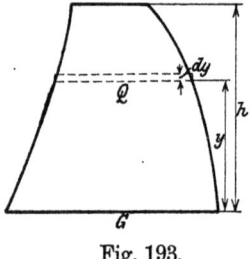

Fig. 193.

Um das Volumen des Körpers zu berechnen, denke man über jedem Querschnitt Q, Fig. 193, ein Prisma mit sehr kleiner Höhe errichtet und alle diese Prismen addiert. Ist die Höhe der Prismen unendlich klein, nämlich dy, so hat man zur Volumenberechnung eine Summe von unendlich vielen, unendlich dünnen Schichten zu bilden, d. h. man hat zu integrieren.

Das Volumen einer Schicht ist

$$S = Q \cdot dy = f(y) \cdot dy,$$

also das Volumen des ganzen Körpers

$$V = \int_0^h f(y) \cdot dy.$$

2. Anwendung. Beim Prisma ist $Q = G$, also

$$V = \int_0^h G\, dy = \Big[G y\Big]_0^h = G \cdot h.$$

Bei der Pyramide war

$$Q = G - 2\frac{G}{h} y + \frac{G}{h^2} y^2,$$

also wird

$$V = \int_0^h \left(G - 2\frac{G}{h} y + \frac{G}{h^2} y^2\right) dy$$

$$= \left[G y - \frac{G}{h} y^2 + \frac{1}{3}\frac{G}{h^2} y^3\right]_0^h = G \cdot h - G \cdot h + \frac{1}{3} G h$$

$$V = \frac{1}{3} G \cdot h.$$

Kugel und Kugelteile.

3. Das Kugelvolumen. Eine Kugel entsteht, wenn eine Halbkreisfläche um ihren Grenzdurchmesser rotiert. Der Umfang des Halbkreises beschreibt dabei die Kugeloberfläche. Da alle Punkte des Halbkreises, also alle Punkte der Oberfläche, vom Mittelpunkte gleichen Abstand haben, so schneidet jede Ebene die Kugel in einem Kreise, nämlich im Grundkreise eines geraden Kreiskegels, der den Schnitt mit dem Mittelpunkt verbindet.

In Fig. 194 sind zwei benachbarte parallele Querschnitte durch die Kugel gelegt, die eine Schicht vom Volumen $S = Q\,dy$ ausschneiden.

Hier ist einerseits
$$Q = \pi \rho^2$$
und anderseits nach bekannten Sätzen der Planimetrie
$$\rho^2 = y(2r - y),$$
so daß
$$Q = 2\pi r y - \pi y^2$$
und
$$S = (2\pi r y - \pi y^2)\,dy$$
wird.

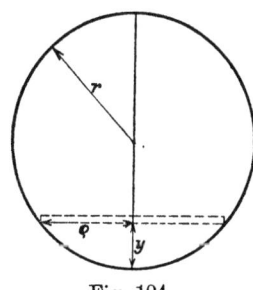

Fig. 194.

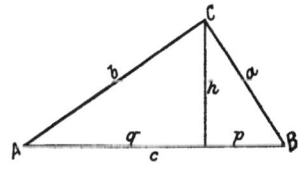

Fig. 195.

Folglich ist das Kugelvolumen, da y von 0 bis $2r$ wächst,

$$V = \int_0^{2r} (2\pi r y - \pi y^2)\,dy$$

$$= \left[\pi r y^2 - \frac{1}{3}\pi y^3\right]_0^{2r} = 4\pi r^3 - \frac{8}{3}\pi r^3$$

$$V = \frac{4}{3}\pi r^3 = \frac{1}{6}\pi d^3.$$

Anmerkung. Es sei an die Sätze der Planimetrie erinnert:
Im rechtwinkligen Dreieck ist das Quadrat über der Höhe gleich dem Rechteck aus den Abschnitten der Hypotenuse und das Quadrat über einer Kathete gleich dem Rechteck aus der ganzen Hypotenuse und dem der Kathete anliegenden Abschnitt der Hypotenuse.

14*

Nach Fig. 195 in Formeln:

$$h^2 = p \cdot q; \quad a^2 = p \cdot c; \quad b^2 = q \cdot c.$$

Schneiden sich zwei Sehnen eines Kreises, so ist das Produkt aus den Abschnitten der einen Sehne gleich dem Produkt aus den Abschnitten der anderen.

Nach Fig. 196 in Formeln:

$$p \cdot q = s \cdot r \quad \text{bzw.} \quad AS \cdot BS = CS \cdot DS.$$

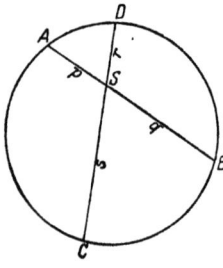
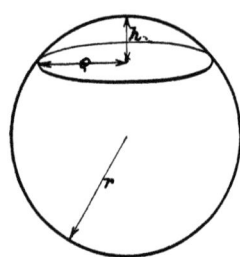

Fig. 196.   Fig. 197.

4. Der Kugelabschnitt. Eine beliebige Schnittebene zerlegt die Kugel in zwei Kugelabschnitte. In der Regel denkt man an den kleineren Abschnitt, der den Kugelmittelpunkt nicht enthält. Man erhält seinen Inhalt, wenn man genau wie oben integriert, aber zwischen den Grenzen 0 und h. Dann wird:

$$V = \int_0^h (2\pi r y - \pi y^2)\, dy = \left[\pi r y^2 - \frac{1}{3}\pi y^3\right]_0^h$$

$$= \pi r h^2 - \frac{1}{3}\pi h^3$$

$$\mathbf{V = \frac{1}{3}\pi h^2 (3r - h).}$$

Bezeichnet man den Radius des Grenzkreises, Fig. 197, mit ρ, so ist nach den erwähnten planimetrischen Sätzen wieder

$$\rho^2 = h(2r - h) = 2rh - h^2$$

$$r = \frac{\rho^2 + h^2}{2h}$$

Damit wird:

Kugel und Kugelteile. 213

$$V = \frac{1}{3}\pi h^2 \left(\frac{3\rho^2 + 3h^2}{2h} - h\right) = \frac{1}{3}\pi h^2 \frac{3\rho^2 + 3h^2 - 2h^2}{2h}$$

$$\mathbf{V} = \frac{1}{6}\pi\mathbf{h}\,(3\rho^2 + \mathbf{h}^2).$$

Die erste Formel ist im allgemeinen zu benutzen, wenn die Kugel gegeben ist, und berechnet werden soll, wie groß ein Abschnitt von vorgeschriebener Höhe werden wird. Die zweite Formel dagegen enthält nur Stücke, die am Abschnitt selbst nachgemessen werden können, so daß sie unmittelbar zu seiner Volumenberechnung dienen kann.

5. Übungsaufgabe. Der Schwimmer einer Speiseleitung besteht aus zwei kongruenten Abschnitten von Hohlkugeln. Der Durchmesser des Schwimmers ist 320 mm, seine Höhe 200 mm und seine Wandstärke 2 mm. Er taucht in Wasser 92 mm tief ein. Wie groß ist das spezifische Gewicht des verwendeten Materials?

Es ist wieder das Gewicht des Schwimmers gleich dem Gewicht des Wassers

$$G_S = G_W$$

und folglich

$$V_S \cdot \gamma = V_W.$$

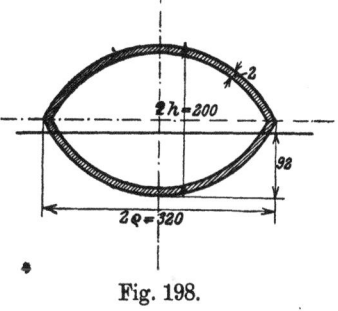

Fig. 198.

Mit den Bezeichnungen der nebenstehenden Skizze Fig. 198 ist:

$$160^2 = 100\,(2r - 100)$$
$$r = 178 \text{ mm}$$

$$V_W = \frac{1}{3}\pi h^2 (3r - h) = \frac{1}{3}\pi\, 92^2\,(3 \cdot 178 - 92)$$

$$V_S = 2 \cdot \frac{1}{6}\pi h\,(3\rho^2 + h^2) - 2\,\frac{1}{3}\pi\,(h-2)^2\,(3r_1 - h + 2)$$

$$= \frac{1}{3}\pi\,100\,(3 \cdot 160^2 + 100^2) - 2\,\frac{1}{3}\pi\,98^2\,(3 \cdot 176 - 98)$$

$$\gamma = \frac{V_W}{V_S} = \frac{92^2\,(3 \cdot 178 - 92)}{100\,(3 \cdot 160^2 + 100^2) - 2 \cdot 98^2\,(3 \cdot 176 - 98)}$$

$$= \frac{3741{,}1}{8680 - 8259{,}4} = \frac{3741{,}1}{420{,}6} = 8{,}89.$$

Ergebnis: Das spezifische Gewicht des Schwimmers ist 8,89, also das Material des Schwimmers **Kupfer**.

214   Geometrie.

6. Der Kugelausschnitt. Fügt man zum Kugelabschnitt noch den Kegel hinzu, Fig. 199, der den Grundkreis des Kugelabschnitts mit dem Mittelpunkte der Kugel verbindet, so entsteht ein Kugelausschnitt. Sein Volumen ist folglich:

$$V = \frac{1}{3}\pi h^2 (3r - h) + \frac{1}{3}\pi \rho^2 (r - h),$$

und da

$$\rho^2 = h(2r - h)$$

ist, wird

$$V = \frac{1}{3}\pi h^2 (3r - h) + \frac{1}{3}\pi h(2r - h)(r - h)$$

$$= \frac{1}{3}\pi h(3rh - h^2 + 2r^2 - 2rh - rh + h^2)$$

$$\mathbf{V = \frac{2}{3}\pi r^2 \cdot h = \frac{1}{6}\pi d^2 h.}$$

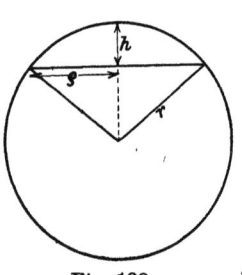 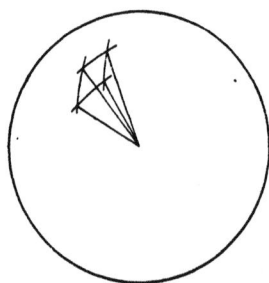

Fig. 199.   Fig. 200.

7. Die Kugeloberfläche. Man lege in einer regelmäßigen Anordnung ebene Schnitte durch den Kugelmittelpunkt, welche die Kugel in Pyramiden zerlegen. Ist die Anzahl der Schnitte hinreichend groß gewählt, so können die Grundflächen der Pyramiden als eben betrachtet und die Höhe gleich dem Radius gesetzt werden. In Fig. 200 ist eine solche Pyramide eingezeichnet worden mit dem Inhalt

$$i = \frac{1}{3} f \cdot r.$$

Folglich ist

$$\sum i = \frac{1}{3} r \sum f.$$

Wird die Anzahl der Schnitte unendlich groß, so erfüllen die Pyramiden genau die Kugel, während die Grundflächen zusammen die Oberfläche der Kugel bedecken. Also ist

$$\sum i = V \quad \text{und} \quad \sum f = F$$

und
$$V = \frac{1}{3} r \cdot F.$$

Wie bekannt, ist
$$V = \frac{4}{3} \pi r^3;$$

dies eingesetzt, liefert
$$\frac{4}{3} \pi r^3 = \frac{1}{3} r F$$

$$\mathbf{F} = 4 \pi \mathbf{r}^2 = \pi \mathbf{d}^2.$$

Die Kugeloberfläche ist viermal so groß wie ein größter Kugelkreis.

8. Die Kugelkappe. Eine Ebene schneidet von der Kugeloberfläche eine Kugelkappe ab. Zerlegt man genau wie vorher einen Kugelausschnitt, Fig. 201, so ergibt sich für die Kugelkappe K

$$V = \frac{1}{3} r \cdot K,$$

wo
$$V = \frac{2}{3} \pi r^2 h$$

zu setzen ist.
$$\frac{2}{3} \pi r^2 h = \frac{1}{3} r K$$

$$\mathbf{K} = 2 \pi \mathbf{r} \mathbf{h} = \pi \mathbf{d} \mathbf{h}.$$

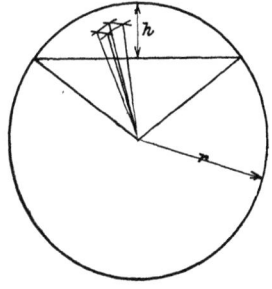
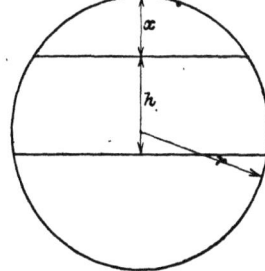

Fig. 201.　　　　　　　　　Fig. 202.

9. Die Kugelzone. Genau dieselbe Formel findet man auch für die Kugelzone. Eine Kugelzone wird von zwei parallelen Ebenen aus der Kugeloberfläche herausgeschnitten. Man berechnet

sie als Differenz zweier Kappen. Nach Fig. 202 wird
$$Z = K_2 - K_1 = 2\pi r (h + x) - 2\pi r x$$
$$= 2\pi rh + 2\pi rx - 2\pi rx$$
$$\mathbf{Z = 2\pi rh = \pi d h.}$$

Anmerkung. Aus Fig. 203 erkennt man unmittelbar: Die Kugeloberfläche und ihre Teile sind gleich dem Mantel des der Kugel umbeschriebenen Zylinders bzw. den entsprechenden Teilen desselben. Darauf beruht z. B. eine Methode, die Erdoberfläche flächentreu auf eine Ebene abzubilden.

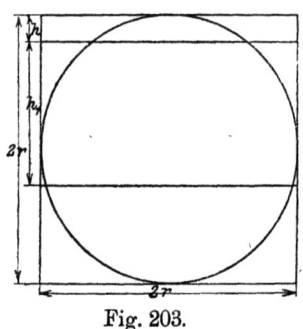
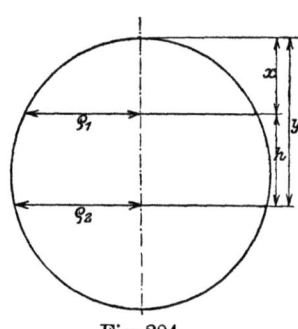

Fig. 203.   Fig. 204.

10. Die Kugelschicht. Zwei parallele Ebenen schneiden aus der Kugel eine Kugelschicht aus, deren Volumen als Differenz zweier Abschnitte berechnet wird. Nach Fig. 204 ist

$$S = \frac{1}{3}\pi y^2 (3r - y) - \frac{1}{3}\pi x^2 (3r - x)$$
$$= \frac{1}{3}\pi [3r(y^2 - x^2) - (y^3 - x^3)]$$
$$= \frac{1}{3}\pi (y - x)[3r(y + x) - (y^2 + yx + x^2)].$$

An der Schicht selbst kann man nur ρ_1, ρ_2 und h nachmessen. Diese Größen sind in die Formel einzuführen. Es ist

$$\rho_1^2 = x(2r - x); \qquad \rho_2^2 = y(2r - y)$$
$$3\rho_1^2 = 6rx - 3x^2; \qquad 3\rho_2^2 = 6ry - 3y^2.$$

Die Summe beider Gleichungen führt zu

$$3\rho_1^2 + 3\rho_2^2 = 6r(y + x) - 3y^2 - 3x^2$$
$$6r(y + x) = 3\rho_1^2 + 3\rho_2^2 + 3y^2 + 3x^2.$$

Am besten wird man auch oben in der eckigen Klammer $6r(y + x)$

Kugel und Kugelteile. 217

herstellen, indem man in der Klammer mit 2 multipliziert, dann aber zugleich auf der rechten Seite durch 2 dividiert. Darauf setzt man den für $6r(y+x)$ gefundenen Wert ein. So wird

$$S = \frac{1}{6}\pi(y-x)[6r(y+x) - 2y^2 - 2yx - 2x^2]$$

$$= \frac{1}{6}\pi(y-x)[3\rho_1^2 + 3\rho_2^2 + y^2 + x^2 - 2yx]$$

$$= \frac{1}{6}\pi(y-x)[3\rho_1^2 + 3\rho_2^2 + (y-x)^2].$$

Endlich ist noch $y-x=h$ zu setzen. Dann wird die Schlußformel

$$S = \frac{1}{6}\pi h(3\rho_1^2 + 3\rho_2^2 + h^2).$$

Anmerkung. Die Formeln dieses Abschnitts lassen sich in mehrfacher Weise untereinander auf ihre Richtigkeit prüfen. Setzt man z. B. in der Formel für den Kugelabschnitt $\rho = r$ und $h = r$, so muß sich das Volumen der Halbkugel ergeben. Oder aus der Formel der Kugelschicht wird für $\rho_1 = 0$ die Formel für den Kugelabschnitt und für $\rho_1 = 0$, $\rho_2 = r$, $h = r$ wieder die Formel für das Volumen der Halbkugel usw.

11. Schwerpunktsberechnungen durch die Guldinschen Regeln. Die Formeln für die Guldinschen Regeln lauteten:

$$V = 2\pi x_0 F \quad \text{und} \quad M = 2\pi x_0 l.$$

Sind hierin V und F bzw. M und l bekannt, so kann der Schwerpunktsabstand x_0 von der Rotationsachse berechnet werden. Nach dieser Methode sollen die Schwerpunkte einiger Kreisteile bestimmt werden.

a) **Der Halbkreis.** Man lasse den Halbkreis um den Grenzdurchmesser rotieren, dann entsteht eine Kugel. Der Schwerpunkt des Halbkreises liegt auf seiner Symmetrieachse, d. i. der auf dem Grenzdurchmesser senkrechte Radius. Seinen Abstand x_0 vom Mittelpunkt, s. Fig. 205, findet man nach der Formel:

$$V = 2\pi x_0 F$$

$$\frac{4}{3}\pi r^3 = 2\pi x_0 \frac{\pi r^2}{2}$$

$$x_0 = \frac{4r}{3\pi}.$$

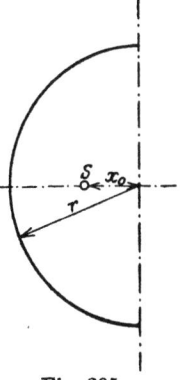

Fig. 205.

b) Der Halbkreisumfang. Aus $M = 2\pi x_0 l$ folgt

$$4\pi r^2 = 2\pi x_0 \pi r$$

$$x_0 = \frac{2r}{\pi}.$$

c) Der Kreisausschnitt. Nach Fig. 206 ist:

$$F = \frac{1}{2} r^2 \widehat{\alpha}.$$

Bei der Rotation entsteht ein Körper, der erhalten wird, wenn man von der Kugel zwei Ausschnitte abzieht.

$$V = \frac{4}{3}\pi r^3 - 2 \cdot \frac{2}{3}\pi r^2 h = \frac{4}{3}\pi r^2 (r-h).$$

Da

$$r - h = r \sin\frac{\alpha}{2}$$

ist, wird daraus:

$$V = \frac{4}{3}\pi r^3 \sin\frac{\alpha}{2}.$$

Also ist

$$\frac{4}{3}\pi r^3 \sin\frac{\alpha}{2} = 2\pi x_0 \frac{1}{2} r^2 \widehat{\alpha}$$

$$x_0 = \frac{4 r \sin\frac{\alpha}{2}}{3 \widehat{\alpha}}.$$

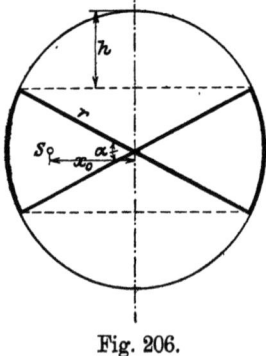

Fig. 206.

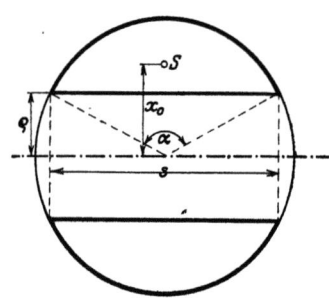

Fig. 207.

d) Der Kreisabschnitt. Nach Fig. 207 ist:

$$V = \frac{1}{6}\pi h (3\rho_1^2 + 3\rho_2^2 + h^2) - \pi \rho_1^2 h,$$

nämlich gleich der Differenz einer Kugelschicht und eines Zylinders. Da aber $\rho_1 = \rho_2 = \rho$ und $h = s$ ist, so bleibt

$$V = \frac{1}{6}\pi s(6\rho^2 + s^2) - \pi \rho^2 s = \pi \rho^2 \cdot s + \frac{1}{6}\pi s^3 - \pi \rho^2 s$$

$$V = \frac{1}{6}\pi s^3.$$

Wie in der Trigonometrie gezeigt wurde, ist weiter

$$F = \frac{1}{2} r^2 (\widehat{\alpha} - \sin \alpha),$$

also wird

$$\frac{1}{6}\pi s^3 = 2\pi x_0 \frac{1}{2} r^2 (\widehat{\alpha} - \sin \alpha)$$

$$x_0 = \frac{s^3}{6 r^2 (\widehat{\alpha} - \sin \alpha)}.$$

e) **Der Kreisbogen.** Nach Fig. 208 ist: $M = 2\pi r \cdot s$ also

$$2\pi r \cdot s = 2\pi x_0 b$$

$$x_0 = \frac{r \cdot s}{b}.$$

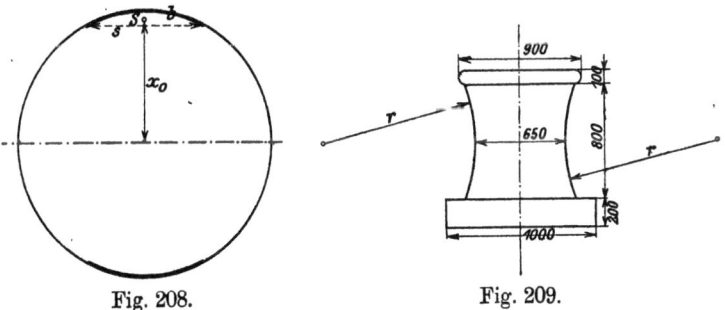

Fig. 208.   Fig. 209.

f) **Übungsbeispiel.** Das Gewicht des in Fig. 209 skizzierten hölzernen Spillkopfes ist zu berechnen. Spez. Gew. $\gamma = 0,8$.

Man denke den Körper aus drei Schichten bestehend. V_1, das Volumen der obersten Schicht, ist ein Zylinder und ein Halbkreiswulst.

$$V_1 = \frac{\pi d^2}{4} h + \frac{\pi r^2}{2} 2\pi x_0$$

$$= \frac{\pi 8^2}{4} 1 + \frac{\pi}{8} 2\pi \left(\frac{4 r}{3\pi} + 4\right)$$

$$= 50{,}27 + 0{,}7854\,(0{,}67 + 12{,}57)$$
$$= 50{,}27 + \underline{0{,}7854 \cdot 13{,}24}$$

$$\begin{array}{r}7{,}854\\2356\\157\\31\\ \hline 10{,}398\end{array}$$

$$= 50{,}27 + 10{,}40$$
$$V_1 = 60{,}67 \text{ cdm.}$$

V_2, das Volumen der mittleren Schicht, ist die Differenz aus einem Zylinder und einem durch Rotation eines Kreisabschnitts erzeugten Körper.

$$V_2 = \frac{\pi\, 8^2}{4} \cdot 8 - A\, 2\pi x_0$$

$$r = \frac{\frac{s^2}{4} + h^2}{2h} = \frac{16 + 0{,}75^2}{1{,}5} = \frac{16 + 0{,}5625}{1{,}5} = \frac{165{,}625}{15} = 11{,}04 \text{ dm}$$

$$\operatorname{ctg} \frac{\alpha}{2} = \frac{r - h}{\frac{s}{2}} = \frac{11{,}04 - 0{,}75}{4} = \frac{10{,}29}{4} = 2{,}57$$

$$\frac{\alpha}{2} = 21°\,15'; \quad \alpha = 42°\,30'.$$

$$A = \frac{r^2}{2}(\widehat{\alpha} - \sin \alpha) = \frac{121{,}9}{2}(0{,}7446 - 0{,}6777)$$

$$= \frac{1}{2}\,\underline{121{,}9 \cdot 0{,}0669}$$

$$A = \frac{8{,}15}{2} \text{ qdm}$$

$$\begin{array}{r}6{,}69\\134\\7\\5\\ \hline 8{,}15\end{array}$$

$$x_0 = 11{,}04 + 3{,}25 - \frac{s^3}{6r^2(\widehat{\alpha} - \sin \alpha)} = 14{,}29 - \frac{512}{6 \cdot 8{,}15}$$
$$= 14{,}3 - 10{,}5 = 3{,}8$$

$$V_2 = 50{,}27 \cdot 8 - \underline{8{,}15\,\pi \cdot 3{,}8} = 402{,}16 - \pi \cdot 31$$

$$\begin{array}{r}30{,}4\\4\\2\\ \hline 31{,}0\,\pi\end{array}$$

$V_2 = 402{,}16 - 97{,}39 = 304{,}77$ cdm.

V_3, das Volumen der untersten Schicht, ist ein Zylinder.

$$V_3 = \frac{\pi \cdot 10^2}{4} \cdot 2 = 78{,}54 \cdot 2 = 157{,}08 \text{ cdm}$$

$$V = V_1 + V_2 + V_3 = 60{,}67 + 304{,}77 + 157{,}08$$

$$V = 522{,}52 \text{ cdm}$$

$$G = V \cdot \gamma = 522{,}5 \cdot 0{,}8 = 418 \text{ kg.}$$

Das Gewicht des Spillkopfes beträgt **418** kg.

Neunter Abschnitt.

Die Simpsonsche Regel.

1. Das Prismatoid. Es gibt eine große Zahl von ziemlich allgemeinen Körpern, deren Aufbau so weit gesetzmäßig ist, daß zu ihrer Volumenberechnung außer der Höhe nur noch Grundfläche, Deckfläche und ein Querschnitt, der diesen parallel durch die Mitte der Höhe gelegt ist, bekannt zu sein brauchen. Zu diesen Körpern gehört z. B. das Prismatoid, bei dem zuerst die Volumenformel hergeleitet werden soll.

Verbindet man die Seiten und Ecken zweier in parallelen Ebenen liegenden Vielecke in regelmäßiger Aufeinanderfolge durch Dreiecke, so entsteht ein Prismatoid.

G sei die Grundfläche, D die Deckfläche und M der oben erwähnte Mittelschnitt. In Fig. 210 ist ein Prismatoid mit seinem Mittelschnitt gezeichnet. Die Ebene des Mittelschnitts halbiert zugleich die Seitenkanten. Jedes Seitendreieck wird in zwei Teile zerlegt; das abgeschnittene kleine Dreieck ist immer der vierte Teil des ganzen Seitendreiecks.

Auf dem Mittelschnitt suche man einen beliebigen Punkt P aus und verbinde ihn mit sämtlichen Ecken. Die Strahlen aus P verbinde man durch Ebenen; dann ist das ganze Prismatoid in Pyramiden zerlegt. Man findet

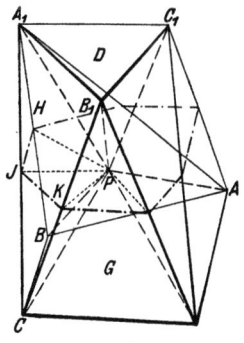

Fig. 210.

$$P(A B C \cdots) = \frac{1}{3} G \cdot \frac{h}{2}; \quad P(A_1 B_1 C_1 \cdots) = \frac{1}{3} D \cdot \frac{h}{2}.$$

Die Punkte in den Klammern sollen andeuten, daß die Vielecke der Grund- und Deckfläche beliebig viele Ecken haben können. In der Figur ist nur der Übersicht wegen der einfachste Fall gezeichnet.

Dazu kommen die Seitenpyramiden $P(A_1 B C)$, $P(A_1 B_1 C)$ usw. Diese werden durch den Mittelschnitt jedesmal in zwei Pyramiden von gleicher Höhe zerlegt. Da sich Pyramiden mit gleicher Höhe wie die Grundflächen verhalten, so ist aber

$$P(A_1 B C) = 4 \cdot P(A_1 H J) = 4 A_1 (P H J)$$
$$P(A_1 B_1 C) = 4 P(C J K) = 4 C (P J K)$$
usw.

oder

$$P(A_1 B C) = 4 \cdot \frac{1}{3} \Delta P H J \cdot \frac{h}{2}$$

$$P(A_1 B_1 C) = 4 \cdot \frac{1}{3} \Delta P J K \cdot \frac{h}{2}$$
usw.

Addiert man sämtliche Seitenpyramiden, so wird

$$\Sigma P(A_1 B C) = 4 \frac{1}{3} \frac{h}{2} \Sigma \Delta P H J.$$

Jetzt ist aber $\Sigma \Delta P H J = M$, gleich dem Mittelschnitt. Deshalb wird das Körpervolumen

$$V = \frac{1}{6} G h + \frac{1}{6} D h + 4 \frac{1}{6} M h$$

$$V = \frac{1}{6} h (G + D + 4 M).$$

Diese Volumenformel nennt man die **Simpsonsche Regel**.

2. Merkmal für alle Körper, die nach der Simpsonschen Regel zu berechnen sind. Schon früher war darauf hingewiesen worden, daß man den Querschnitt als eine Funktion der Höhe auffassen kann. Daran anknüpfend kann man zeigen, daß die Simpsonsche Regel immer dann gilt, wenn der Querschnitt Q als Funktion der beliebigen Höhe y die Form hat:

$$Q = a + b y + c y^2 + d y^3.$$

Die Funktion enthält also nur ganze positive Exponenten bis zum Exponenten 3.

Durch Integration findet man das Volumen eines solchen Körpers so:

$$V = \int_0^h (a + by + cy^2 + dy^3)\,dy$$
$$= \left[ay + \frac{1}{2}by^2 + \frac{1}{3}cy^3 + \frac{1}{4}dy^4\right]_0^h$$
$$= ah + \frac{1}{2}bh^2 + \frac{1}{3}ch^3 + \frac{1}{4}dh^4.$$

Jetzt versuche man die Simpsonsche Regel anzuwenden. Aus der Formel für Q erhält man G, wenn man darin $y = 0$, D, wenn man $y = h$, und M, wenn man $y = \frac{h}{2}$ setzt. Also wird:

$$y = 0;\quad G = a$$
$$y = h;\quad D = a + bh + ch^2 + dh^3,$$
$$y = \frac{h}{2};\quad M = a + b\frac{h}{2} + c\frac{h^2}{4} + d\frac{h^3}{8}.$$

Setzt man diese Werte in
$$V = \frac{h}{6}(G + D + 4M)$$
ein, so wird
$$V = \frac{h}{6}\left(6a + 3bh + 2ch^2 + \frac{3}{2}dh^3\right)$$
$$= ah + \frac{bh^2}{2} + \frac{ch^3}{3} + \frac{dh^4}{4}.$$

Das aber ist dasselbe Ergebnis wie oben. Hätte man etwa noch ey^4 zu Q hinzugenommen, so käme bei der Integration $\frac{1}{5}eh^5$, dagegen nach der Simpsonschen Regel $\frac{5}{24}eh^5$ hinzu. Also darf Q die vierte Potenz von y nicht mehr enthalten.

Das Ergebnis ist: Will man untersuchen, ob ein Körper nach der Simpsonschen Regel berechnet werden darf, so berechnet man Q als Funktion von y. Zeigt es sich, daß diese Funktion nur ganze positive Exponenten von y bis höchstens 3 enthält, so darf die Regel angewendet werden.

Tatsächlich ist das Anwendungsgebiet der Formel noch viel umfassender, weil sie als gute Näherungsformel sehr häufig verwendet werden kann, auch wenn sie theoretisch nicht zulässig ist.

3. Beispiele. 1. Beispiel. Ein Kegelstumpf kann bequem nach der Simpsonschen Regel berechnet werden. Sind r und ρ die

Radien der Endflächen, so ist der mittlere Radius

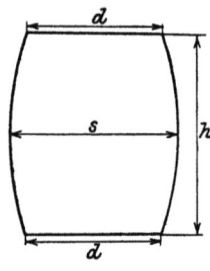

Fig. 211.

$$r_m = \frac{r + \rho}{2}.$$

Folglich wird das Volumen

$$V = \frac{h}{6} \pi \left[r^2 + \rho^2 + 4 \left(\frac{r + \rho}{2} \right)^2 \right].$$

2. Beispiel. In Fig. 211 ist ein Faß schematisch gezeichnet. Man mißt den Durchmesser der Böden, die Höhe und die sogenannte Spundtiefe, d. h. den mittleren Durchmesser. Die Anwendung der Simpsonschen Regel führt auf praktisch hinreichend genaue Werte. Man findet

$$V = \frac{h}{6} \left(\frac{\pi d^2}{4} + \frac{\pi d^2}{4} + 4 \frac{\pi s^2}{4} \right)$$

$$V = \frac{\pi h}{6} \left(\frac{d^2}{2} + s^2 \right).$$

Zehnter Abschnitt.

Näherungsformeln für die Berechnung willkürlich begrenzter Flächen.

1. Die Verwandlung in ein Rechteck. Eine Fläche sei durch eine willkürliche Kurve, zwei Ordinaten und durch die horizontale Achse begrenzt. Für die näherungsweise Inhaltsberechnung solcher Flächen kommen neben den bereits im vierten Abschnitt besprochenen Verfahren hauptsächlich noch drei in Betracht, die jetzt erörtert werden sollen.

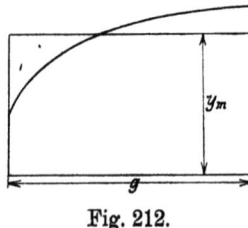

Fig. 212.

Am einfachsten kommt man zum Ziele, wenn man nach Augenmaß eine Parallele zur Grundfläche zieht, so daß der von der Fläche abgeschnittene Teil gleich dem hinzugekommenen ist. Hat die Parallele, Fig. 212, den Abstand y_m von der Achse — y_m ist die mittlere Ordinate —, und ist g die Breite des Flächenstreifens, so ist der gesuchte Flächeninhalt

$$F = y_m \cdot g.$$

Näherungsformeln f. d. Berechnung willkürlich begrenzter Flächen. 225

Die Genauigkeit des Ergebnisses hängt ganz von der Geschicklichkeit des Zeichners ab.

2. Die Trapezregel. Statt die ganze Kurve durch eine Gerade zu ersetzen, zerlegt man sie in einzelne Teile und ersetzt jedes Kurvenstück durch seine Sehne. Gewöhnlich teilt man die ganze Fläche, wie in Fig. 213, in zehn gleich breite Streifen und berechnet jeden Streifen als ein Trapez. Mit den Bezeichnungen der Figur erhält man

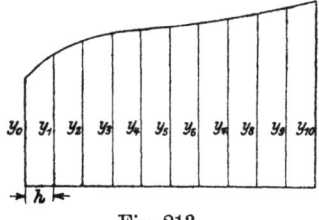

Fig. 213.

$$F = \frac{y_0 + y_1}{2} \cdot h + \frac{y_1 + y_2}{2} h + \frac{y_2 + y_3}{2} h + \cdots$$
$$\cdots + \frac{y_8 + y_9}{2} h + \frac{y_9 + y_{10}}{2} h.$$

Die erste und die letzte Ordinate kommen nur einmal vor, alle übrigen zweimal; man kann daher, wie folgt, zusammenfassen:

$$F = h \left(\frac{y_0 + y_{10}}{2} + y_1 + y_2 + y_3 + \cdots + y_9 \right).$$

3. Die Simpsonsche Regel. Man zerlegt die Fläche genau wie vorher, faßt aber je zwei Streifen zusammen und berechnet sie nach der Simpsonschen Formel[1]). Das gibt:

$$F = \frac{2h}{6}(y_0 + 4y_1 + y_2) + \frac{2h}{6}(y_2 + 4y_3 + y_4) + \cdots$$
$$\cdots + \frac{2h}{6}(y_8 + 4y_9 + y_{10}).$$

Wieder kommen y_0 und y_{10} nur einmal vor, alle übrigen Ordinaten zweimal; aber die ungeraden Ordinaten sind noch mit 4 multipliziert. Zusammengefaßt wird

$$F = \frac{h}{3}[y_0 + y_{10} + 2(y_2 + y_4 + y_6 + y_8) + 4(y_1 + y_3 + y_5 + y_7 + y_9)].$$

---

[1]) Man geht dabei von dem Gedanken aus, daß der Flächeninhalt im allgemeinen genauer erhalten wird, wenn man die willkürlichen Kurvenstücke durch eine bekannte Kurve statt durch gerade Linien ersetzt. Man ersetzt deshalb die Kurvenstücke durch Parabelbögen. Dann ist tatsächlich, wie später gezeigt werden wird, die Simpsonsche Regel anwendbar. Die Parabel empfiehlt sich deshalb besonders, weil ihre Fläche durch Quadratur bestimmbar ist.

Gewöhnlich klammert man noch 2 aus und gibt somit der Simpsonschen Regel die Form

$$F = \frac{2}{3} h \left[\frac{y_0 + y_{10}}{2} + y_2 + y_4 + \cdots + y_8 + 2(y_1 + y_3 + \cdots + y_9) \right].$$

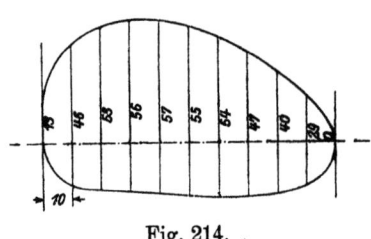

Fig. 214.

Die Simpsonsche Regel liefert im allgemeinen genauere Ergebnisse als die Trapezregel.

4. Beispiel. In Fig. 214 ist eine rings von einer willkürlichen Kurve begrenzte Fläche gezeichnet. Man könnte, wie angedeutet, eine beliebige Achse durch die Fläche legen und jeden Teil oberhalb und unterhalb dieser Achse für sich berechnen. Statt dessen kann man die obigen Formeln offenbar sogleich auf die ganzen Ordinaten anwenden. Nebeneinander sind die Rechnungen einmal für die Trapezregel dann für die Simpsonsche Regel ausgeführt.

$\frac{y_0}{2} =$	6,5		$\frac{y_0}{2} =$	6,5
$\frac{y_{10}}{2} =$	0		$\frac{y_{10}}{2} =$	0
$y_1 =$	46		$2 y_1 =$	92
$y_2 =$	53		$y_2 =$	53
$y_3 =$	56		$2 y_3 =$	112
$y_4 =$	57		$y_4 =$	57
$y_5 =$	55		$2 y_5 =$	110
$y_6 =$	54		$y_6 =$	54
$y_7 =$	47		$2 y_7 =$	94
$y_8 =$	40		$y_8 =$	40
$y_9 =$	29		$2 y_9 =$	58
$F = 443{,}5 \cdot 10$			$F = 676{,}5 \cdot \frac{20}{3} = \frac{1}{3} 13530$	
$= 44{,}35$ qcm.			$= 45{,}10$ qcm.	

5. Die Formeln für beliebig viele Streifen. Hat man beliebig viele Streifen, nämlich n bei der Trapezregel und 2 n bei der Simpsonschen Regel — mit 2 n wird zum Ausdruck gebracht, daß die Anzahl der Streifen eine gerade Zahl sein muß — so lauten die beiden Formeln

$$F = h\left(\frac{y_0 + y_n}{2} + y_1 + y_2 + y_3 + \cdots + y_{n-1}\right)$$

$$F = \frac{2}{3}h\left[\frac{y_0 + y_{2n}}{2} + y_2 + y_4 + \cdots\right.$$
$$\left.\cdots + y_{2n-2} + 2(y_1 + y_3 + \cdots + y_{2n-1})\right].$$

Elfter Abschnitt.
Die analytische Behandlung der geraden Linie.

1. Drei Gleichungen der geraden Linie. Um die Gleichung der geraden Linie L, Fig. 215, aufzustellen, überlegt man zuerst, wie viele und welche konstanten Größen notwendig, aber auch hinreichend sind, um die Gerade L eindeutig festzulegen. Hier sollen die beiden Konstanten a und b, die auf den Achsen abgeschnittenen Stücke, ausgesucht werden, wodurch zwei Punkte der Geraden festgelegt werden. Durch zwei Punkte ist aber eine Gerade eindeutig bestimmt.

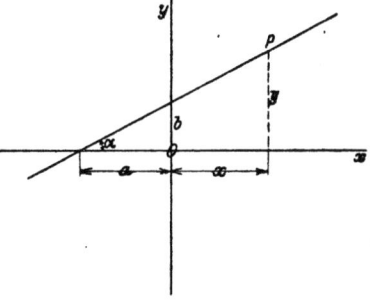

Fig. 215.

Darauf wählt man einen beliebigen Punkt P auf der Geraden aus mit den Koordinaten x und y und drückt irgendeine passende geometrische Eigenschaft, die für die gerade Linie charakteristisch ist, durch eine Gleichung zwischen a, b, x und y aus. Da P beliebig ist, so wird die gefundene Gleichung für die Koordinaten aller Punkte der Geraden gelten.

Hier werde eine Proportion aufgestellt, die immer besteht, wenn zwei Geraden von zwei Parallelen geschnitten werden:

$$\frac{y}{b} = \frac{x+a}{a}.$$

Zum Schluß ist diese Gleichung noch auf eine geschicktere Form zu bringen, indem man zugleich eine andere Konstante auswählt. Es folgt

$$y = \frac{b}{a}x + b.$$

Die neue Konstante sei

$$M = \frac{b}{a} = \operatorname{tg} \alpha,$$

also
$$\mathbf{y = M x + b}.$$

M heißt die Richtungskonstante; es ist der Tangens des Winkels, den die Gerade mit der positiven Richtung der x-Achse bildet. b ist das auf der y-Achse abgeschnittene Stück.

Beispiele. Geht eine Gerade durch den Nullpunkt des Achsenkreuzes, so ist $b = 0$. Also lautet die Gleichung dieser Geraden
$$y = M x.$$

Liegt eine Gerade zur x-Achse parallel, so ist $\alpha = 0$, also auch $\operatorname{tg} \alpha = M = 0$; die Gleichung wird

$$y = b,$$

entsprechend besitzt eine Parallele zur y-Achse die Gleichung

$$x = a.$$

Eine zweite wichtige Gleichung der Geraden erhält man, wenn die Gerade außer durch den Winkel α durch einen beliebigen festen Punkt A mit den Koordinaten x_1 und y_1 gegeben ist. Aus Fig. 216 erhält man für den beliebigen Punkt P die Beziehung

$$\operatorname{tg} \alpha = \frac{y - y_1}{x - x_1},$$

also
$$\mathbf{y - y_1 = M (x - x_1)}.$$

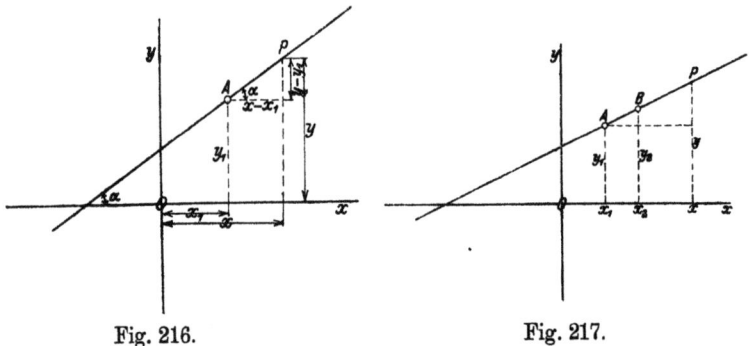

Fig. 216.   Fig. 217.

Beispiel. Eine Gerade mit einem Neigungswinkel $\alpha = 45^\circ$ geht durch den Punkt P $(-4; 8)$. Welche Stücke schneidet sie von den Achsen ab?

Die analytische Behandlung der geraden Linie.

$$M = \operatorname{tg} \alpha = 1; \; x_1 = -4; \; y_1 = 8$$
$$y - 8 = x + 4$$
$$y = x + 12.$$

Also ist b = 12 das auf der y-Achse abgeschnittene Stück. Das auf der x-Achse abgeschnittene Stück a ist ebensogroß, da $\alpha = 45°$ ist.

Die dritte wichtige Gleichung der Geraden ergibt sich, wenn die Gerade durch zwei beliebige Punkte A $(x_1; y_1)$ und B $(x_2; y_2)$ bestimmt ist. Für die Koordinaten eines beliebigen Punktes P liest man aus Fig. 217 die Beziehung ab:

$$\frac{y - y_1}{y_2 - y_1} = \frac{x - x_1}{x_2 - x_1},$$

also

$$y - y_1 = \frac{y_2 - y_1}{x_2 - x_1} (x - x_1).$$

Der Quotient $\dfrac{y_2 - y_1}{x_2 - x_1}$ ist gleich der Richtungskonstanten.

Beispiel. Welche Richtung hat die Verbindungslinie der beiden Punkte P $(-1; 6)$ und Q $(-4; -2)$ und welche Stücke schneidet sie von den Achsen ab?

$$y - 6 = \frac{-2 - 6}{-4 + 1}(x + 1)$$

$$M = \frac{8}{3} = 2{,}667; \quad \alpha = 69° \, 27'$$

$$y - 6 = \frac{8}{3}(x + 1)$$

$$y = \frac{8}{3} x + 8{,}67; \quad b = 8{,}67.$$

Setzt man y = 0, so wird x = a der Abschnitt auf der x-Achse.

$$0 = \frac{8}{3} a + \frac{26}{3}; \quad a = -3{,}25.$$

2. Der Schnittpunkt zweier Geraden. Es seien zwei Geraden

$$3x + 5y = 32$$
$$2x - 7y = 14$$

gegeben. In Fig. 218 sind sie gezeichnet, indem man die Schnittpunkte mit den Achsen berechnete.

$$\begin{array}{ll} y = 0; \; x = 10{,}67 & y = 0; \; x = 7 \\ x = 0; \; y = 6{,}4 & x = 0; \; y = -2. \end{array}$$

Nennt man die Koordinaten des Schnittpunktes x_0 und y_0, so müssen diese den beiden Gleichungen genügen; d. h. es muß sein

$$3 x_0 + 5 y_0 = 32$$
$$2 x_0 - 7 y_0 = 14.$$

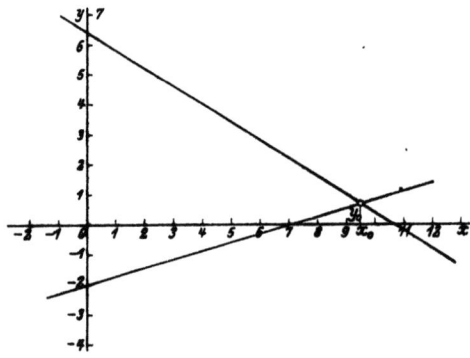

Fig. 218.

Das sind zwei Gleichungen mit zwei Unbekannten, die wie folgt gelöst werden.

$$\begin{aligned}6 x_0 + 10 y_0 &= 64 \\ 6 x_0 - 21 y_0 &= 42 \\ \hline 31 y_0 &= 22 \\ y_0 &= 0{,}7 \\ 2 x_0 - 7 \cdot 0{,}7 &= 14 \\ x_0 &= 9{,}5.\end{aligned}$$

In entsprechender Weise ist diese Aufgabe immer zu behandeln.

3. Der Winkel zweier Geraden.

Zwei gerade Linien seien durch die Gleichungen

$$y = M_1 x + b_1$$
$$y = M_2 x + b_2$$

gegeben. Aus der Fig. 219 liest man ab

$$\varphi = \alpha_1 - \alpha_2.$$

Um unmittelbar φ aus den Richtungskonstanten ermitteln zu können, setzt man

$$\operatorname{tg} \varphi = \operatorname{tg}(\alpha_1 - \alpha_2) = \frac{\operatorname{tg} \alpha_1 - \operatorname{tg} \alpha_2}{1 + \operatorname{tg} \alpha_1 \cdot \operatorname{tg} \alpha_2}.$$

Die analytische Behandlung der geraden Linie.

Daraus folgt
$$\operatorname{tg} \varphi = \frac{M_1 - M_2}{1 + M_1 \cdot M_2}.$$

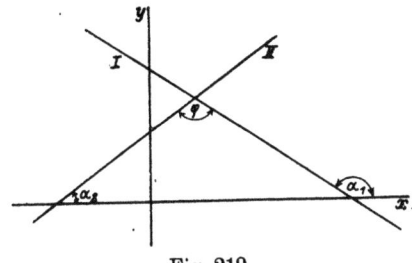

Fig. 219.

Beispiel. Sind die Gleichungen wie oben,
$$3x + 5y = 32 \quad \text{und} \quad 2x - 7y = 14,$$
so ist
$$M_1 = -\frac{3}{5} = -0,6; \quad M_2 = \frac{2}{7}$$
und
$$\operatorname{tg} \varphi = \frac{-0,6 - \frac{2}{7}}{1 - \frac{1,2}{7}} = \frac{-6,2}{5,8} = -1,069.$$
$$\varphi = 133° 5'.$$

4. Parallele und senkrechte Geraden. Zwei gerade Linien sind parallel, wenn $\varphi = 0$, also auch $\operatorname{tg}\varphi = 0$ ist. Dann muß der Zähler des Bruches
$$\operatorname{tg} \varphi = \frac{M_1 - M_2}{1 + M_1 \cdot M_2}$$
Null sein; d. h. $M_1 = M_2$, wie nicht anders zu erwarten.

Zwei gerade Linien stehen aufeinander senkrecht, wenn $\varphi = 90°$, also $\operatorname{tg}\varphi = \infty$ ist. Dann muß der Nenner jenes Bruches Null sein; d. h.
$$1 + M_1 \cdot M_2 = 0 \quad \text{oder} \quad M_2 = -\frac{1}{M_1}.$$

Zwei gerade Linien stehen aufeinander senkrecht, wenn die Richtungskonstanten reziprok zueinander sind und entgegengesetzte Vorzeichen besitzen[1]).

---

[1]) Nicht berücksichtigt sind die Fälle, in denen M_1 oder M_2 selbst un-

Beispiel. Wie lang ist das Lot vom Punkte P (5; 7) auf die Gerade $2x + 3y = 6$?

Das Lot geht erstens durch den Punkt P, folglich lautet seine Gleichung

$$y - 7 = M(x - 5).$$

Zweitens steht es auf der gegebenen Geraden senkrecht. Die Richtungskonstante dieser Geraden ist gleich $-\frac{2}{3}$, also wird $M = \frac{3}{2}$ und die Gleichung des Lotes

$$y - 7 = \frac{3}{2}(x - 5)$$

$$3x - 2y = 1.$$

Der Lotfußpunkt habe die Koordinaten x_0 und y_0, so muß sein

$$\begin{array}{r} 2x_0 + 3y_0 = 6 \\ 3x_0 - 2y_0 = 1 \\ \hline 6x_0 + 9y_0 = 18 \\ 6x_0 - 4y_0 = 2 \\ \hline 13y_0 = 16 \end{array}$$

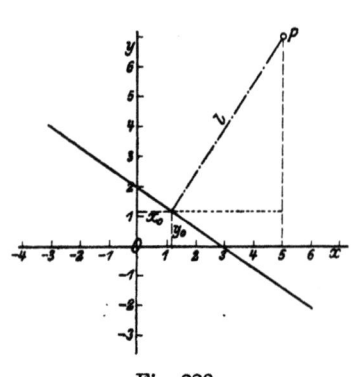

Fig. 220.

$$y_0 = \frac{16}{13}; \quad x_0 = \frac{15}{13}.$$

Aus Fig. 220 erhält man sogleich die Länge l des Lotes

$$l = \sqrt{\left(7 - \frac{16}{13}\right)^2 + \left(5 - \frac{15}{13}\right)^2}$$

$$= \sqrt{\frac{5625 + 2500}{13^2}} = \sqrt{\frac{8125}{13^2}} = \frac{90{,}1}{13}$$

$$l = 6{,}9$$

Zwölfter Abschnitt

Die Parabel.

1. Die Gleichung der Parabel. Bei jedem Punkt der Parabel ist der Abstand von einer festen Geraden, der Leitlinie, gleich dem Abstand von einem festen Punkte, dem Brennpunkte.

---

endlich groß werden, daß also die Geraden senkrecht auf der x-Achse stehen. Geometrisch erkennt man, daß in diesem Falle die Geraden parallel sind, wenn $M_1 = M_2 = \infty$ wird, und zueinander senkrecht, wenn entweder $M_1 = \infty$; $M_2 = 0$ oder $M_1 = 0$; $M_2 = \infty$ ist.

Die Parabel. 233

In Fig. 221 ist L die Leitlinie und F der Brennpunkt. Die einzige Konstante ist der Abstand des Brennpunktes F von L, er wird p genannt.

Ist P ein beliebiger Parabelpunkt, so wird die geometrische Eigenschaft der Parabel durch die Gleichung PQ = PF ausgedrückt.

Es bleibt noch übrig, geeignete Achsen auszusuchen. Die Formeln werden am günstigsten, wenn man Symmetrielinien der Kurve als Achsen wählt. Offenbar ist das Lot von F auf L eine Symmetrielinie; sie werde als x-Achse gewählt. Eine weitere Symmetrielinie ist nicht vorhanden.

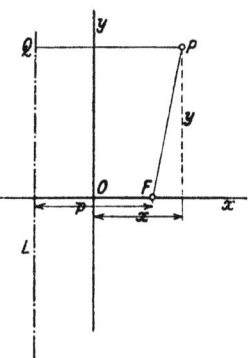

Fig. 221.

In diesem Falle legt man die zweite Achse so, daß der Nullpunkt ein Kurvenpunkt wird. Dann kann ja die Gleichung keine nur konstanten Glieder enthalten, weil sie durch x = 0 und y = 0 erfüllt sein muß. Der Mittelpunkt zwischen F und L ist sicher ein Kurvenpunkt, denn er hat gleichen Abstand von F und L, durch ihn werde die y-Achse gelegt. Dann wird

$$x + \frac{p}{2} = \sqrt{y^2 + \left(x - \frac{p}{2}\right)^2}.$$

Die Gleichung wird vereinfacht, indem man quadriert und zusammenfaßt.

$$x^2 + px + \frac{p^2}{4} = y^2 + x^2 - px + \frac{p^2}{4}$$

$$y^2 = 2px.$$

2p heißt der Parameter der Parabel.

Die Parabel kann vier wesentlich verschiedene Lagen zum Achsenkreuz haben, die durch die Fig. 222—225 dargestellt sind. Die Gleichungen erhält man, wenn man berücksichtigt, daß die verschiedenen Lagen lediglich durch Vertauschung der Achsen bedingt werden. So ist

Fig. 222 $y^2 = 2px$; Fig. 224 $y^2 = -2px$;

Fig. 223 $x^2 = 2py$: Fig. 225 $x^2 = -2py$.

Übungsbeispiel. Ein parabolischer Träger hat die Spannweite l = 20 m und die Pfeilhöhe h = 6 m. In gleichem Abstand voneinander sind sieben Vertikalstäbe angeordnet. Wie lautet die Gleichung der Parabel und wie lang sind die Vertikalstäbe? (Fig. 226.)

Die Gleichung der Parabel hat die Form
$$x^2 = -2py.$$

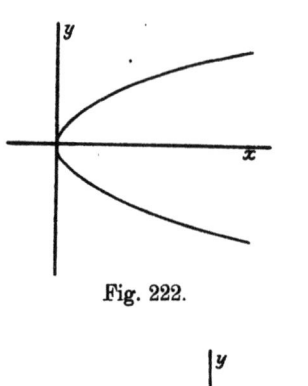

Fig. 222.

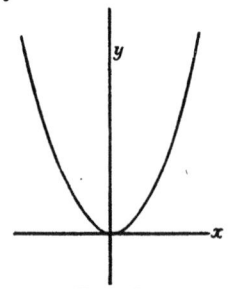

Fig. 223.

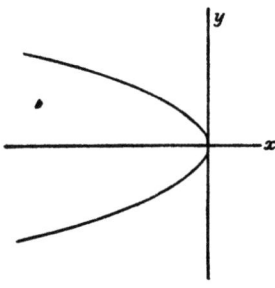

Fig. 224.

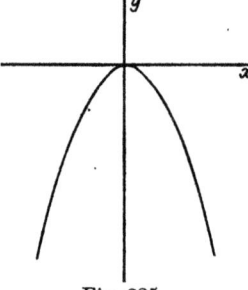

Fig. 225.

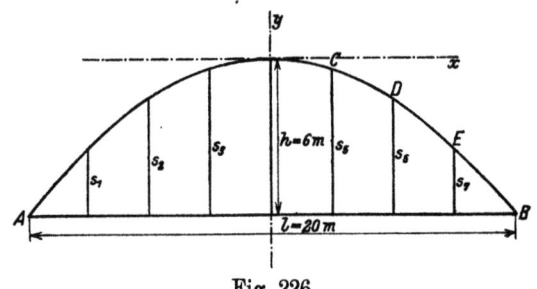

Fig. 226.

Sie muß z. B. für den Punkt $B\left(\frac{l}{2}; -h\right)$ oder $B(10; -6)$ gelten.

Setzt man diese Werte ein, so wird
$$\frac{l^2}{4} = 2\,\mathrm{p\,h} \quad \text{oder} \quad 100 = 2\,\mathrm{p}\,6,$$

also
$$2p = \frac{50}{3}$$
$$x^2 = -\frac{50}{3} y.$$

Wenn man nacheinander die Koordinaten der Punkte, C, D, E einsetzt in die gefundene Gleichung, so erhält man die gesuchten Längen der Vertikalstäbe.

$C\left(\frac{1}{8}; -h + s_5\right)$ oder $C\left(\frac{5}{2}; -6 + s_5\right)$; $\frac{25}{4} = -\frac{50}{3}(-6 + s_5)$

$$s_5 = 5{,}625$$

$D\left(\frac{1}{4}; -h + s_6\right)$ oder $D\,(5; -6 + s_6)$; $25 = -\frac{50}{3}(-6 + s_6)$

$$s_6 = 4{,}5$$

$E\left(\frac{3}{8}1; -h + s_7\right)$ oder $E\left(\frac{15}{2}; -6 + s_7\right)$; $\frac{225}{4} = -\frac{50}{3}(-6 + s_7)$

$$s_7 = 2{,}625.$$

Also ist
$$s_1 = s_7 = 2{,}63 \text{ m}; \quad s_2 = s_6 = 4{,}5 \text{ m};$$
$$s_3 = s_5 = 5{,}63 \text{ m}; \quad s_4 = 6 \text{ m}.$$

2. Tangente und Normale. Wie lautet die Gleichung der Tangente im Punkte $P\,(x_1; y_1)$ der Parabel $y^2 = 2px$?

Da die Tangente durch den Punkt P hindurchgehen soll, so hat ihre Gleichung die Form

$$y - y_1 = M(x - x_1).$$

M ist noch zu bestimmen. Bei der Tangente ist aber, wie aus der Differentialrechnung bekannt ist,

$$M = \frac{dy}{dx}.$$

Also wird hier

$$2 y_1\, dy = 2p\, dx; \quad \frac{dy}{dx} = M = \frac{p}{y_1},$$

da der Differentialquotient für den Punkt P zu berechnen ist. Die Tangentengleichung lautet

$$y - y_1 = \frac{p}{y_1}(x - x_1)$$

oder
$$y y_1 - y_1^2 = p x - p x_1.$$

Da $y_1^2 = 2px_1$ ist, so wird sie einfacher

$$yy_1 = p(x + x_1).$$

Anmerkung. Die Tangentengleichung erhält man hier, wie bei allen Kurven zweiten Grades, wenn man in der Kurvengleichung ein y durch y_1 und ein x durch x_1 ersetzt. Man denkt die Parabelgleichung dabei in der Form geschrieben

$$y \cdot y = p(x + x).$$

Errichtet man im Punkte P das Lot auf der Tangente, so erhält man die Normale der Kurve im Punkte P. Da diese Gerade auch durch P hindurchgeht, aber anderseits auf der Tangente senkrecht steht, also die Richtungskonstante $-\dfrac{1}{M} = -\dfrac{y_1}{p}$ hat, so ist ihre Gleichung

$$y - y_1 = -\frac{y_1}{p}(x - x_1).$$

3. Subtangente und Subnormale. (Fig. 227.) Die zwischen der x-Achse und dem Berührungspunkte P liegenden Stücke der Tangente PQ und der Normale PS nennt man kurz die Länge der Tangente und der Normale. Projiziert man diese Strecken auf die x-Achse, so erhält man die Subtangente QR und die Subnormale RS.

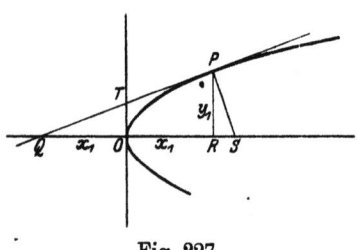

Fig. 227.

Aus der Tangentengleichung ergibt sich OQ, wenn man $y = 0$ setzt. Es ist $OQ = -x_1$. Zugleich folgt dann aus dem Dreieck PQR, daß $OT = \dfrac{1}{2} PR = \dfrac{1}{2} y_1$ ist. Die Subtangente selbst hat die Länge $2x_1$. Mit Hilfe dieser Beziehungen konstruiert man die Tangente in einem Kurvenpunkt.

Um die Subnormale RS zu finden, geht man von den bekannten Proportionen im rechtwinkligen Dreieck PQS aus. Darin ist

$$\overline{PR}^2 = \overline{QR} \cdot \overline{RS} \text{ oder } y_1^2 = 2x_1 \cdot \overline{RS}.$$

Setzt man wieder $y_1^2 = 2px_1$, so bleibt

$$RS = p.$$

Bei der Parabel ist die Subnormale konstant, und zwar gleich dem halben Parameter p.

Die Parabel.

Übungsbeispiel. Wieviel Umdrehungen macht ein zylindrisches Gefäß mit dem Radius r = 5 cm in der Minute, wenn eine darin befindliche Flüssigkeit um h = 8 cm am inneren Rande höher steht als in der Mitte? (Fig. 228.)

Auf ein Massenteilchen m der Oberfläche wirken die Schwerkraft g · m und die Zentrifugalkraft $m\omega^2 x$, wenn ω die Winkelgeschwindigkeit und x den Abstand von der Drehachse bedeuten. Soll Gleichgewicht herrschen, so muß die Resultante dieser Kräfte in die Richtung der Normale der Oberfläche fallen. Dann liest man aus ähnlichen Dreiecken die Proportion ab:

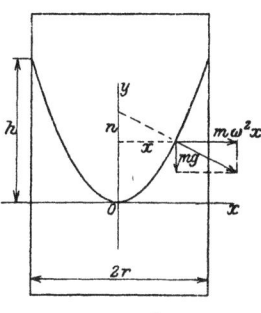

Fig. 228.

$$\frac{n}{x} = \frac{m \cdot g}{m\omega^2 x}; \quad n = \frac{g}{\omega^2} = \text{konst.}$$

Die Oberfläche entsteht folglich durch Rotation einer Kurve, deren Subnormale konstant ist; das ist aber die Parabel. Die Flüssigkeitsoberfläche bildet ein Rotationsparaboloid.

Da bei der Parabel p = n ist, so folgt

$$p = \frac{g}{\omega^2}; \quad \omega^2 = \frac{g}{p}.$$

Anderseits ist die Gleichung der Parabel

$$x^2 = 2py;$$

sie muß für den höchsten Punkt der Oberfläche erfüllt sein, also für x = r; y = h. Daraus ergibt sich

$$r^2 = 2ph; \quad p = \frac{r^2}{2h}.$$

Mithin wird

$$\omega^2 = \frac{g}{p} = \frac{2gh}{r^2}.$$

Ist endlich T die Tourenzahl, so wird $\omega = \frac{\pi T}{30}$; folglich

$$\omega^2 = \frac{\pi^2 T^2}{900} = \frac{2gh}{r^2}; \quad T = \frac{30}{\pi r}\sqrt{2gh}.$$

In Zahlen

$$T = \frac{30}{\pi \cdot 5}\sqrt{2 \cdot 981 \cdot 8} = \frac{24}{\pi}\sqrt{g} = \frac{24 \cdot 31{,}32}{\pi}$$

$$T = \frac{751{,}68}{\pi} = 239.$$

Die Tourenzahl ist **239** Umdrehungen in der Minute.

4. Das Lot vom Brennpunkt auf die Tangente. Gegeben sei die Parabeltangente $y \cdot y_1 = p(x + x_1)$. Ihre Richtungskonstante ist $M = \dfrac{p}{y_1}$. Eine Gerade durch den Brennpunkt $F\left(\dfrac{p}{2};\ 0\right)$ hat die Gleichung

$$y - 0 = M_1\left(x - \frac{p}{2}\right);$$

soll sie auf der Tangente senkrecht stehen, so muß $M_1 = -\dfrac{y_1}{p}$ sein, so daß die Gleichung lautet

$$y = -\frac{y_1}{p}\left(x - \frac{p}{2}\right) = -\frac{y_1}{p}x + \frac{y_1}{2}$$

Das Lot schneidet folglich auf der y-Achse das Stück $\dfrac{y_1}{2}$ ab; dieselbe Eigenschaft war aber vorher von der Tangente selbst gezeigt worden. Daraus folgt:

Die Lotfußpunkte aller vom Brennpunkt auf die Parabeltangenten gefällten Lote liegen auf der Scheiteltangente der Parabel.

In Fig. 229 ist eine bekannte Konstruktion der Parabel durch ihre Tangenten angedeutet, deren Richtigkeit der vorliegende Satz beweist.

Zieht man endlich in Fig. 230 die Strecke BF und legt durch B eine Parallele zur Achse, so wird $\sphericalangle \alpha = \sphericalangle \beta$; denn $\triangle ABF$ ist gleichschenklig, weil das Lot, von der Spitze F auf die Basis AB gefällt, diese Basis halbiert, wie früher gezeigt wurde. Damit ist bewiesen, daß ein Lichtstrahl, der parallel zur Achse auf die Kurve auftrifft, zum Brennpunkt reflektiert wird. (Nach dem Reflexionsgesetz muß der Einfallswinkel gleich dem Winkel sein,

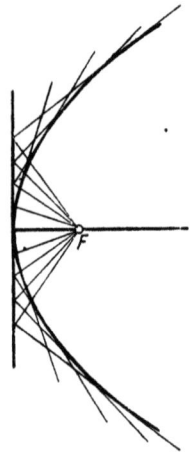

Fig. 229.

unter dem der Lichtstrahl zurückgeworfen wird. Die Richtung in einem Kurvenpunkt wird aber durch die Tangente in diesem Punkt gegeben; folglich wird auch der Winkel zweier Kurven im Schnittpunkt durch den Winkel der Tangenten im Schnittpunkt gemessen.)

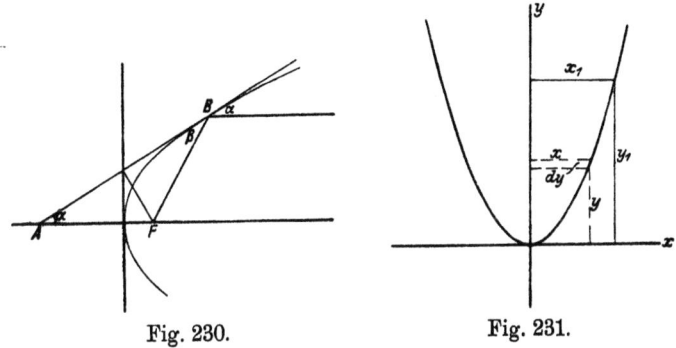

Fig. 230. Fig. 231.

5. Der Parabelabschnitt. (Fig. 231.) Soll der Abschnitt bis zur Abszisse x_1 berechnet werden, so hat man nach den Methoden der Integralrechnung zu setzen

$$F = \int_0^{y_1} x\, dy.$$

Nun ist aber $x^2 = 2py$, also wird

$$F = \int_0^{y_1} \sqrt{2p}\, y^{\frac{1}{2}}\, dy.$$

Integriert wird

$$F = \left[\sqrt{2p}\,\frac{2}{3} y^{\frac{3}{2}}\right]_0^{y_1} = \frac{2}{3}\sqrt{2p}\,\sqrt{y_1^3} = \frac{2}{3} y_1 \sqrt{2py_1}.$$

Endlich ist $x_1^2 = 2py_1$, also $x_1 = \sqrt{2py_1}$, so daß

$$F = \frac{2}{3} x_1 y_1,$$

d. h. gleich $\dfrac{2}{3}$ vom Inhalt des umbeschriebenen Rechtecks wird.

Anmerkung. Wie die Formel lehrt, ist die Quadratur des Parabelabschnitts ausführbar; d. h. die Fläche kann mit Zirkel und Lineal in ein Quadrat verwandelt werden. Früher war gezeigt worden, daß man den Inhalt einer Fläche, die von einer willkürlichen Kurve begrenzt wird, berechnet, indem man die Fläche in schmale Streifen zerlegt und in jedem Streifen zuerst das Kurvenstückchen durch eine Sehne ersetzt. Die Formel hieß die Trapezregel. Der Versuch ist naheliegend, das Kurvenstückchen statt durch gerade Linien durch eine Parabel zu ersetzen, um ein besseres Ergebnis zu erzielen. Das geschieht in der Tat bei Anwendung der Simpsonschen Regel. Berechnet man nämlich in Fig. 232 einen beliebigen Querschnitt, der aber parallel zur Achse liegen muß, von der Parabel $x^2 = -2py$, so wird

$$Q = -y_1 + y = -y_1 - \frac{x^2}{2p},$$

d. h. in diesem Falle ist Q eine Funktion zweiten Grades der Höhe x, in der der Querschnitt gelegt ist. Folglich ist die Simpsonsche Regel anwendbar.

Umgekehrt kann man jetzt sagen: Die Anwendung der Simpsonschen Regel bei beliebig begrenzten Flächen sagt aus, daß man das beliebige Kurventeilchen durch ein Parabelstückchen ersetzt denkt. Die Achse der Parabel liegt parallel zu den Querschnitten der Fläche.

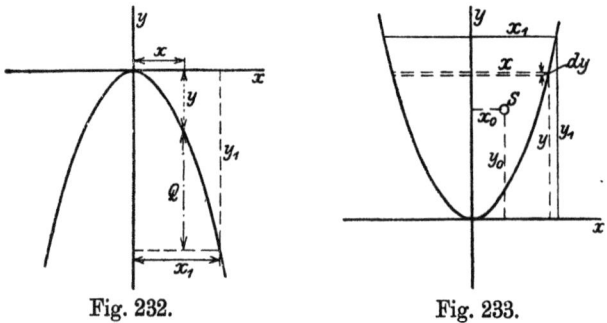

Fig. 232. Fig. 233.

Übungsaufgabe. Es soll der Schwerpunkt eines Parabelabschnitts bestimmt werden (Fig. 233).

Man denke durch Rotation der Parabel $x^2 = 2py$ um die y-Achse ein Paraboloid entstanden, dann ist nach der Guldinschen Regel

$$V = 2\pi x_0 F.$$

Hier ist

$$V = \int_0^{y_1} \pi x^2 \, dy = \int_0^{y_1} \pi \, 2py \, dy = [\pi p y^2]_0^{y_1} = \pi p y_1^2.$$

Die Parabel.

$$F = \frac{2}{3} x_1 y_1$$

und folglich

$$\pi p y_1^2 = 2\pi x_0 \frac{2}{3} x_1 y_1$$

$$x_0 = \frac{3}{4} \frac{p y_1}{x_1} = \frac{3}{8} \frac{x_1^2}{x_1}$$

$$x_0 = \frac{3}{8} x_1.$$

Läßt man dieselbe Parabel um die x-Achse rotieren, so liefert die Anwendung der Guldinschen Regel

$$V_1 = 2\pi y_0 F.$$

Hier ist

$$V_1 = \int_0^{x_1} (\pi y_1^2 - \pi y^2) dx = \int_0^{x_1} \left(\pi y_1^2 - \pi \frac{x^4}{4p^2}\right) dx$$

$$= \left[\pi y_1^2 x - \pi \frac{x^5}{20 p^2}\right]_0^{x_1} = \pi y_1^2 x_1 - \pi \frac{x_1^5}{20 p^2}.$$

Da aber $x_1^4 = 4 p^2 y_1^2$ ist, so wird

$$V_1 = \pi y_1^2 x_1 - \frac{\pi y_1^2 x_1}{5} = \frac{4}{5} \pi y_1^2 x_1$$

und folglich

$$\frac{4}{5} \pi y_1^2 x_1 = 2\pi y_0 \frac{2}{3} x_1 y_1$$

$$y_0 = \frac{3}{5} y_1.$$

Es hat sich ergeben: Der Schwerpunkt des Parabelabschnitts hat die Koordinaten $x_0 = \frac{3}{8} x_1$ und $y_0 = \frac{3}{5} y_1$.

Erwähnt sei noch, daß der Querschnitt des Paraboloids eine Funktion ersten Grades der Höhe ist. Danach wäre das Paraboloid zwischen Prisma und Pyramide, deren Querschnitte Funktionen 0ten bzw. 2ten Grades der Höhe sind, einzuschalten.

Neuendorff, Lehrbuch der Mathematik. 2. Aufl.

Dreizehnter Abschnitt.

Die Ellipse und die Hyperbel.

1. Die Gleichungen der Ellipse und der Hyperbel. Bei einer Ellipse ist die Summe der Abstände eines jeden Kurvenpunktes von zwei festen Punkten konstant.

Bei einer Hyperbel ist die Differenz der Abstände eines jeden Kurvenpunktes von zwei festen Punkten konstant.

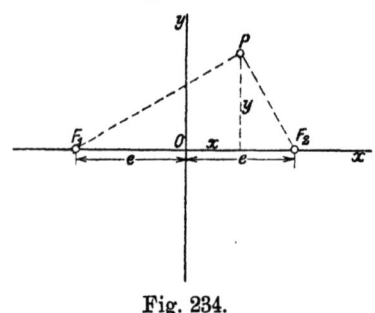

Fig. 234.

Die beiden festen Punkte F_1 und F_2, Fig. 234, heißen die Brennpunkte der Kurven. Die konstante Summe der Abstände werde mit 2 a bezeichnet. Außerdem muß noch $F_1 F_2 = 2e$ bekannt sein. Die Definition der Kurven wird durch die Gleichung,

$$PF_1 \pm PF_2 = 2a$$

ausgedrückt.

Aus der Definition erkennt man, daß $F_1 F_2$ eine Symmetrielinie der Kurve sein muß; sie werde als x-Achse gewählt. Da beide Brennpunkte völlig gleichwertig sind, so muß auch das Mittellot auf $F_1 F_2$ eine Symmetrielinie sein, die man deshalb als y-Achse wählt. Jetzt ist

$$PF_1 = \sqrt{y^2 + (e+x)^2}; \quad PF_2 = \sqrt{y^2 + (e-x)^2}$$
$$PF_1 \pm PF_2 = \sqrt{y^2 + (e+x)^2} \pm \sqrt{y^2 + (e-x)^2} = 2a$$
$$\pm \sqrt{y^2 + (e-x)^2} = 2a - \sqrt{y^2 + (e+x)^2}$$
$$y^2 + e^2 - 2ex + x^2 = 4a^2 + y^2 + e^2 + 2ex + x^2 - 4a\sqrt{y^2 + (e+x)^2}$$
$$4a\sqrt{y^2 + (e+x)^2} = 4a^2 + 4ex$$
$$a^2 y^2 + a^2 e^2 + 2 a^2 e x + a^2 x^2 = a^4 + 2 a^2 e x + e^2 x^2$$
$$a^2 y^2 + x^2 (a^2 - e^2) = a^2 (a^2 - e^2).$$

Da die Summe zweier Seiten eines Dreiecks stets größer ist als die dritte Seite, so ist bei der Ellipse stets $2a > 2e$ und folglich $a^2 - e^2 > 0$. Zur Abkürzung setzt man bei der Ellipse $a^2 - e^2 = b^2$.

Anderseits ist die Differenz zweier Seiten eines Dreiecks stets kleiner als die dritte Seite, also bei der Hyperbel $2a < 2e$ und folglich $a^2 - e^2 < 0$. Zur Abkürzung setzt man bei der Hyperbel $a^2 - e^2 = -b^2$.

Mit diesen Bezeichnungen erhält man
$$a^2 y^2 \pm b^2 x^2 = \pm a^2 b^2$$
oder
$$\frac{x^2}{a^2} \pm \frac{y^2}{b^2} = 1.$$

Das positive Vorzeichen gilt bei der Ellipse, das negative bei der Hyperbel.

2. Die Diskussion der Kurvengleichung. a) Die Ellipse.

Löst man die Kurvengleichung nach x auf, so erhält man
$$x = \pm \frac{a}{b} \sqrt{b^2 - y^2}.$$

Die Wurzel ist nur reell, solange $-b \leqq y \leqq +b$ ist. Innerhalb dieser Werte gehören zu jedem y-Werte zwei x-Werte, die sich nur durch das Vorzeichen unterscheiden. Für $y = 0$ ist $x = \pm a$; 2 a heißt deshalb die große Achse der Ellipse. Ferner ist
$$y = \pm \frac{b}{a} \sqrt{a^2 - x^2}.$$

Die Wurzel ist nur reell für $-a \leqq x \leqq +a$, und wieder gehören zu jedem x-Werte zwei y-Werte, die sich nur durch das Vorzeichen unterscheiden. Für $x = 0$ ist $y = \pm b$; 2 b heißt die kleine Achse der Ellipse.

Die Ellipse (Fig. 235) ist eine geschlossene Kurve, die zu beiden Achsen symmetrisch liegt. Die auf den Achsen abgeschnittenen Stücke sind $\pm a$ bzw. $\pm b$.

b) Die Hyperbel. Die Auflösung ihrer Gleichung nach x liefert

$$x = \pm \frac{a}{b} \sqrt{b^2 + y^2}.$$

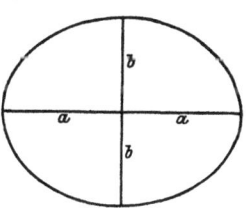

Fig. 235.

Die Wurzel ist immer reell, d. h. zu jedem y-Werte von $-\infty$ bis $+\infty$ gehören zwei x-Werte, die sich nur durch das Vorzeichen unterscheiden. Die Kurve erstreckt sich bis ins Unendliche. Für $y = 0$ ist $x = \pm a$; 2 a heißt die Hauptachse der Hyperbel. Dagegen ist
$$y = \pm \frac{b}{a} \sqrt{x^2 - a^2}.$$

Die Wurzel ist nur reell, wenn $x < -a$ oder $x > +a$ ist. Für diese Werte gehören zu jedem x zwei y-Werte, die sich nur durch das Vorzeichen unterscheiden. Zwischen den Abszissen $-a$ und $+a$ liegt kein Kurvenpunkt. Für $x = 0$ ist $y = \pm b\sqrt{-1}$; trotzdem nennt man auch hier $2b$ die Nebenachse der Hyperbel.

Die Hyperbel (Fig. 236) besteht aus zwei Zweigen. Der eine beginnt bei der Abszisse $x = -a$ und erstreckt sich nach der Seite der negativen Achse ins Unendliche; der zweite beginnt bei der Abszisse $x = +a$ und erstreckt sich nach der positiven Seite bis ins Unendliche. Die Kurve liegt zu den Achsen symmetrisch. Auf der x-Achse schneidet sie die Stücke $\pm a$ ab.

Die Konstruktion der Nebenachse b geschieht mit Hilfe rechtwinkliger Dreiecke, wie z. B. in Fig. 236 angedeutet ist, nach der Formel $a^2 - e^2 = \pm b^2$.

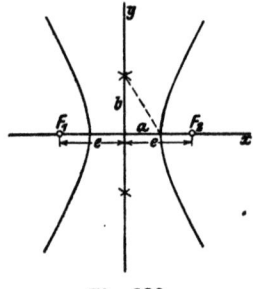

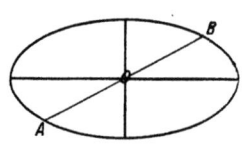

Fig. 236.   Fig. 237.

3. Durchmesser und Asymptoten. Eine gerade Linie durch den Mittelpunkt der Ellipse und im allgemeinen auch der Hyperbel schneidet die Kurve in zwei Punkten A und B. Die Strecke AB heißt ein Durchmesser der Kurve (Fig. 237). Analytisch bestimmt man die Schnittpunkte A und B wie folgt.

a) Die Ellipse. Die Gleichung der Geraden durch den Nullpunkt sei

$$y = Mx$$

und die Gleichung der Ellipse

$$\frac{x^2}{a^2} + \frac{y^2}{b^2} = 1.$$

Der Schnittpunkt habe die Koordinaten x_0 und y_0, dann müssen diese Koordinaten beide Gleichungen erfüllen.

$$y_0 = Mx_0; \quad \frac{x_0^2}{a^2} + \frac{y_0^2}{b^2} = 1$$

und folglich

Die Ellipse und die Hyperbel.

$$\frac{x_0^2}{a^2} + \frac{M^2 x_0^2}{b^2} = 1; \quad x_0^2 \frac{b^2 + M^2 a^2}{a^2 b^2} = 1$$

$$x_{\frac{1}{2}} = \pm \frac{ab}{\sqrt{b^2 + M^2 a^2}} \quad \text{und} \quad y_{\frac{1}{2}} = \pm \frac{abM}{\sqrt{b^2 + M^2 a^2}}.$$

Der Radikand im Nenner ist immer positiv; daher gibt es stets zwei Schnittpunkte, deren Koordinaten sich nur durch die Vorzeichen unterscheiden, so daß

$$OA = OB = \sqrt{x_1^2 + y_1^2} = \sqrt{x_2^2 + y_2^2}$$

wird.

Jeder Durchmesser wird im Mittelpunkt halbiert.

b) **Die Hyperbel.** Bei dieser Kurve erhält man durch einfachen Vorzeichenwechsel

$$x_{\frac{1}{2}} = \pm \frac{ab}{\sqrt{b^2 - M^2 a^2}}; \quad y_{\frac{1}{2}} = \pm \frac{abM}{\sqrt{b^2 - M^2 a^2}}.$$

Solange es überhaupt Durchmesser gibt, gilt derselbe Satz wie oben.

Da der Radikand im Nenner eine Differenz ist, so sind drei Fälle möglich (Fig. 238):

I. $b^2 > M^2 a^2$ oder $M^2 < \frac{b^2}{a^2}$;

es gibt zwei verschiedene Schnittpunkte A und B und folglich einen reellen Durchmesser.

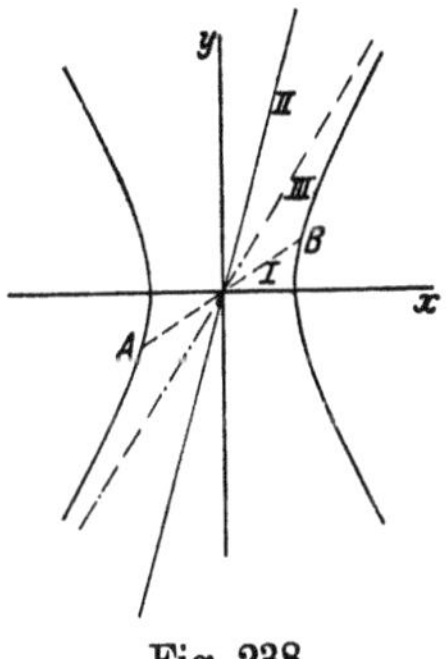

II. $b^2 < M^2 a^2$ oder $M^2 > \frac{b^2}{a^2}$;

die Wurzel ist imaginär, folglich kann auch von einem reellen Durchmesser nicht gesprochen werden.

Fig. 238.

III. $b^2 = M^2 a^2$ oder $M = \pm \frac{b}{a}$;

die Koordinaten $x_{\frac{1}{2}}$ und $y_{\frac{1}{2}}$ werden unendlich groß. Man sagt: Die Gerade berührt die Hyperbel im Unendlichen. Solche Tangenten heißen **Asymptoten** der Kurve. Man zeichnet die Asymptoten, indem man über den Halbachsen a und b Rechtecke konstruiert (Fig. 239), deren Diagonalen die gesuchten Asymptoten sind. Die Hyperbelzweige schmiegen sich den Asymptoten immer enger an, ohne sie jemals zu erreichen. Bei der Konstruktion von Hyperbeln leisten sie deshalb wertvolle Dienste.

4. Die Tangenten.

Die Gleichungen der Tangenten im Punkte P $(x_1; y_1)$ müssen wieder die Form

$$y - y_1 = M(x - x_1)$$

haben. Aus der Gleichung

$$\frac{x^2}{a^2} \pm \frac{y^2}{b^2} = 1$$

folgt

$$\frac{2x_1 \, dx}{a^2} \pm \frac{2y_1 \, dy}{b^2} = 0 \quad \text{oder} \quad \frac{dy}{dx} = \mp \frac{x_1}{y_1} \frac{b^2}{a^2},$$

wenn man wieder beachtet, daß der Differentialquotient für den Punkt P berechnet werden soll.

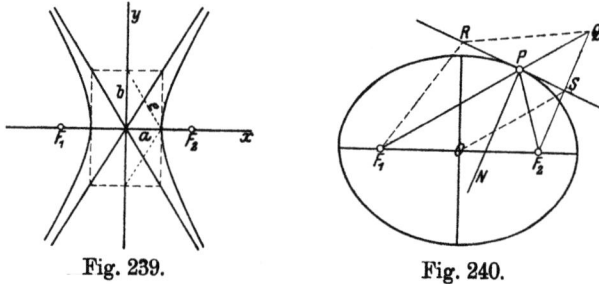

Fig. 239.   Fig. 240.

Die Gleichungen der Tangenten werden:

$$y - y_1 = \mp \frac{x_1}{y_1} \frac{b^2}{a^2} (x - x_1)$$

oder aufgelöst

$$\frac{y y_1}{b^2} - \frac{y_1^2}{b^2} = \mp \frac{x x_1}{a^2} \pm \frac{x_1^2}{a^2}$$

$$\frac{x x_1}{a^2} \pm \frac{y y_1}{b^2} = \frac{x_1^2}{a^2} \pm \frac{y_1^2}{b^2} = 1.$$

Man findet die oben bei der Tangentengleichung der Parabel aufgestellte Gedächtnisregel bestätigt. Die Gleichungen der Normalen lauten

$$y - y_1 = \pm \frac{y_1}{x_1} \frac{a^2}{b^2} (x - x_1).$$

Die Konstruktion der Tangente mag hier hinzugefügt und für die Ellipse als richtig bewiesen werden. Der Beweis bei der Hyperbel ist ganz entsprechend.

Man verbinde, Fig. 240, den Ellipsenpunkt P mit F_1 und F_2

und verlängere PF_1 über P hinaus, so daß $F_1Q = 2a$ wird. Weiter ziehe man QF_2; dann ist PQF_2 ein gleichschenkliges Dreieck, da bei der Ellipse $PF_1 + PF_2 = 2a$ ist. Darauf fälle man von P auf QF_2 das Lot PS. Dieses Lot ist eine Ellipsentangente; denn verbindet man einen beliebigen anderen Punkt als P, z. B. R, mit F_1 und Q, so ist $RF_1 + RQ > F_1Q$ also auch $> 2a$, d. h. Punkt R liegt außerhalb der Ellipse. Das gilt für jeden anderen Punkt von PS außer P selbst, folglich ist PS wirklich eine Tangente.

5. Die Brennpunktseigenschaft. Errichtet man noch in P die Normale, Fig. 240, so wird $PN \parallel QF_2$, und folglich ist

$$\angle F_1 PN = \angle PQF_2 = \angle QF_2 P = \angle F_2 PN,$$

d. h. mit Rücksicht auf das Reflexionsgesetz:

Alle von einem Brennpunkt der Ellipse ausgehenden Lichtstrahlen werden von der Kurve so reflektiert, daß sie sich im anderen Brennpunkt wieder treffen.

Ganz entsprechend beweist man bei der Hyperbel:

Alle von einem Brennpunkt der Hyperbel ausgehenden Lichtstrahlen werden an der Kurve so zerstreut, daß sich ihre Verlängerungen im andern Brennpunkt treffen.

6. Der Inhalt der Ellipse. Über der großen Achse der Ellipse als Durchmesser zeichne man den Kreis. Zu irgendeiner Abszisse x gehöre die Kreisordinate y' und die Ellipsenordinate y, dann ist (Fig. 241)

$$x^2 + y'^2 = a^2$$
$$\frac{x^2}{a^2} + \frac{y^2}{b^2} = 1.$$

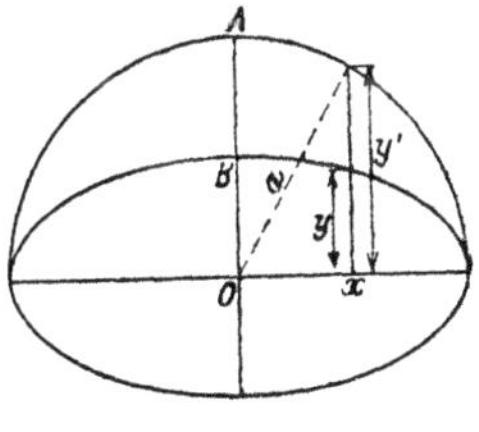

Aus der ersten Gleichung wird

$$\frac{x^2}{a^2} + \frac{y'^2}{a^2} = 1$$

und folglich

$$\frac{y'^2}{a^2} = \frac{y^2}{b^2}; \quad \frac{y'}{y} = \pm \frac{a}{b}.$$

Fig. 241.

d. h. die zur selben Abszisse gehörigen Kreis- und Ellipsenordinaten stehen in einem konstanten Verhältnis zueinander, und zwar ist dies Verhältnis das der großen zur kleinen Achse.

Daraus folgt eine bekannte Ellipsenkonstruktion (Fig. 242). Man beschreibt Kreise um O über der kleinen und der großen Achse der Ellipse als Durchmesser. Ein Strahl aus O schneidet die Kreise in D und A. Von A und D fällt man Lote auf die große und kleine Achse. Der Schnittpunkt der Lote B ist ein Ellipsenpunkt. In der Tat liest man sofort aus der Figur ab

$$\frac{AC}{BC} = \frac{AO}{DO} = \frac{a}{b}.$$

Da $AC = y'$ ist, so muß wirklich BC eine Ellipsenordinate sein.

Aber noch mehr läßt sich aus dieser Proportion folgern. Man drehe in Fig. 241 den Kreis um die große Achse, bis A senkrecht über B liegt, also die Lage der Fig. 243 erhält. Der Neigungswinkel der Ebenen ist

$$\cos \alpha = \frac{OB}{OA} = \frac{b}{a}.$$

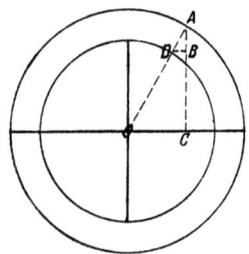
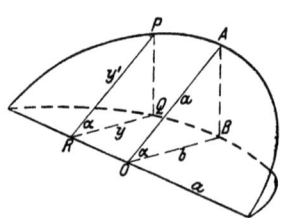

Fig. 242. • Fig. 243.

Irgendein Kreispunkt P besitze die Projektion Q; dann ist auch

$$\frac{RQ}{RP} = \cos \alpha = \frac{b}{a} \quad \text{oder} \quad \frac{RQ}{y'} = \frac{b}{a},$$

d. h. Q ist ein Ellipsenpunkt. Folglich ist die Ellipse die Projektion des Kreises mit dem Radius a.

Eine Ellipse kann stets als Projektion eines Kreises aufgefaßt werden. Der Kreisradius ist gleich der großen Halbachse der Ellipse.[1]

Jetzt kann der Kreisinhalt berechnet werden nach der Formel

$$J_K = 2 \int_{-a}^{+a} y' \, dx$$

---

[1]) Umgekehrt kann stets der Kreis über der kleinen Achse als Projektion der Ellipse aufgefaßt werden. Daraus folgt, daß jede Ebene aus einem senkrechten Kreiszylinder eine Ellipse ausschneidet.

Die Ellipse und die Hyperbel.

und der Ellipseninhalt nach der Formel
$$J_E = 2\int_{-a}^{+a} y\, dx.$$

Da aber $y = \dfrac{b}{a} y'$ ist, so wird

$$J_E = 2\int_{-a}^{+a} \frac{b}{a} y'\, dx = \frac{b}{a} 2\int_{-a}^{+a} y'\, dx = \frac{b}{a} J_K$$

$$J_E = \frac{b}{a} J_K = \frac{b}{a} \pi a^2$$

$$\mathbf{J_E = \pi\, a\, b}.$$

Anmerkung. Allgemein gilt der Satz:

Projiziert man eine ebene Fläche senkrecht auf eine Ebene, so ist der Inhalt der Projektion gleich dem Inhalt der gegebenen Fläche multipliziert mit dem Kosinus des Neigungswinkels der beiden Ebenen.

Das beweist man ganz entsprechend wie oben, indem man, Fig. 244, eine beliebige x-Achse parallel zur Schnittlinie beider Ebenen zieht, die folglich in wahrer Größe projiziert wird. Der oberhalb x liegende Flächenteil J habe z. B. die Projektion J_P; dann ist

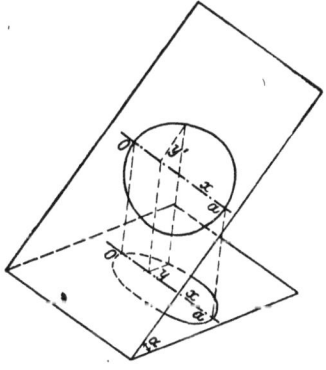

Fig. 244.

$$J = \int_0^a y'\, dx \quad \text{und} \quad J_P = \int_0^a y\, dx = \cos\alpha \int_0^a y'\, dx,$$

da auch hier $y = y' \cos\alpha$ ist. Folglich wird

$$J_P = J \cos\alpha.$$

Dieselbe Beziehung gilt für den unterhalb der x-Achse gelegenen Teil. Damit ist der Satz allgemein bewiesen.

Vierzehnter Abschnitt.

Der Kreis und die gleichseitige Hyperbel.

1. Die Gleichungen der Kurven. Wenn die beiden Achsen der Ellipse bzw. Hyperbel gleichgroß werden, so entsteht der Kreis bzw. die gleichseitige Hyperbel. Setzt man $a = b = r$, so lauten ihre Gleichungen

$$x^2 \pm y^2 = r^2.$$

Beim Kreise fallen die beiden Brennpunkte mit dem Mittelpunkt zusammen, da $e = 0$ wird.

Bei der gleichseitigen Hyperbel stehen die Asymptoten aufeinander senkrecht, da die Asymptoten in diesem Falle die Diagonalen der Quadrate mit der Seite r werden.

Die Gleichung $x^2 + y^2 = r^2$ liest man unmittelbar aus der Kreisfigur ab, wenn nur das Achsenkreuz seinen Nullpunkt im Kreismittelpunkt hat.

2. Die Parallelverschiebung des Achsenkreuzes. Im allgemeinen wird aber der Nullpunkt nicht zugleich Mittelpunkt des Kreises sein. Vielmehr wird z. B. der Mittelpunkt O', Fig. 245, die Koordinaten a und b im Achsenkreuz x, y haben. Diesmal liest man aus $\triangle O'PQ$ ab:

$$(x - a)^2 + (y - b)^2 = r^2.$$

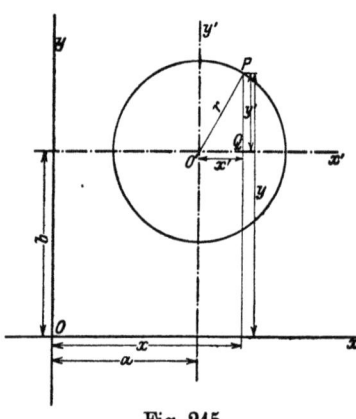

Fig. 245.

Man kann diese Formel auch so auffassen, daß man durch O' ein Achsenkreuz x', y' gelegt denkt, in dem die Kreisgleichung

$$x'^2 + y'^2 = r^2$$

wird. Setzt man

$$x' = x - a$$
$$y' = y - b,$$

so werden durch diese Gleichungen neue Achsen eingeführt, die durch Parallelverschiebung aus den alten hervorgehen. Man erhält durch Einsetzen die obige Gleichung wieder.

Damit aber ist es möglich, ganz allgemein anzugeben, wie eine Kurvengleichung sich durch Parallelverschiebung der Achsen ändert. Wenn bei der Parabel, Ellipse und Hyperbel der Scheitelpunkt bzw. der Mittelpunkt die Koordinaten c und d hatten, so

Der Kreis und die gleichseitige Hyperbel.

lauten ihre Gleichungen
$$(y-d)^2 = 2p(x-c)$$
$$\frac{(x-c)^2}{a^2} + \frac{(y-d)^2}{b^2} = 1; \quad \frac{(x-c)^2}{a^2} - \frac{(y-d)^2}{b^2} = 1.$$

Man erkennt als charakteristische Eigenschaften aller dieser Gleichungen zweiten Grades:

bei der Parabel kommt nur eine der Variabeln in der zweiten Potenz vor, die andere nur und immer in der ersten;

bei der Ellipse kommen beide Variabeln in der zweiten Potenz vor, doch haben diese Potenzen verschiedene Vorzahlen und gleiche Vorzeichen;

beim Kreise sind außer den Vorzeichen auch die Vorzahlen gleich;

bei der Hyperbel kommen beide Variabeln in der zweiten Potenz vor; diese Potenzen haben verschiedene Vorzahlen und entgegengesetzte Vorzeichen;

bei der gleichseitigen Hyperbel bleiben die Vorzeichen entgegengesetzt, aber die Vorzahlen werden einander gleich.

3. Die gleichseitige Hyperbel, bezogen auf ihre Asymptoten als Achsen. Die Asymptoten der gleichseitigen Hyperbel stehen aufeinander senkrecht, so daß man sie als Achsen wählen kann. Man findet, daß die Kurvengleichung dadurch eine besonders einfache Form erhält. Die Umrechnung läuft auf eine Drehung des Achsenkreuzes um 45° hinaus (Fig. 246). P habe im alten Achsenkreuz die Koordinaten $PR = y'$ und $OR = x'$; die Gleichung der Hyperbel ist $x'^2 - y'^2 = r^2$. Im neuen Achsenkreuz ist $PQ = y$ und $OQ = x$. Man findet

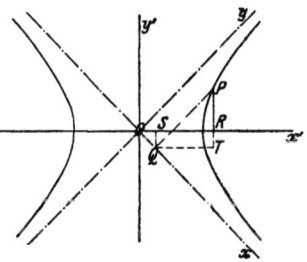

Fig. 246.

$$OR = x' = OS + SR = OS + QT = OQ \cos 45° + PQ \cos 45°$$
$$= (x+y) \cos 45° = (x+y)\frac{1}{2}\sqrt{2}.$$
$$PR = y' = PT - TR = PT - QS = PQ \sin 45° - OQ \sin 45°$$
$$= (y-x) \sin 45° = (y-x)\frac{1}{2}\sqrt{2}$$
$$x'^2 - y'^2 = \frac{(x+y)^2}{2} - \frac{(y-x)^2}{2} = 2xy = r^2$$
$$xy = \frac{r^2}{2} = \text{konst.}$$

Die Gleichung der gleichseitigen Hyperbel, bezogen auf ihre Asymptoten als Achsen, hat die Form x·y = konst.

4. Die Konstruktion der gleichseitigen Hyperbel. Die Asymptoten und ein Punkt P der Hyperbel seien bekannt (Fig. 247). Man ziehe durch P Parallelen zu den Achsen. Ein beliebiger Strahl aus O schneidet die Parallelen in S und T. Durch S und T zieht man wieder Parallelen zu den Achsen, die sich in einem Punkte P_1 der Hyperbel schneiden. Da x·y = konst. sein muß, so ist zu beweisen, daß die Rechtecke PQOR und $P_1 Q_1 O R_1$ inhaltsgleich sind.

Im Rechteck $O Q_1 T R$ ist die Diagonale OT gezogen und durch einen Punkt S derselben Parallelen zu den Seiten. Nach einem bekannten Satze der Planimetrie sind in diesem Falle die nicht von der Diagonale durchschnittenen Rechtecke $P S R_1 R$ und $P_1 Q_1 Q S$ einhaltsgleich. Fügt man zu beiden das Rechteck $O Q S R_1$ hinzu, so ist wirklich

$$O Q_1 P_1 R_1 = O Q P R,$$

also P_1 ein Punkt der gleichseitigen Hyperbel.

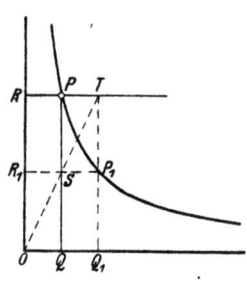

Fig. 247.

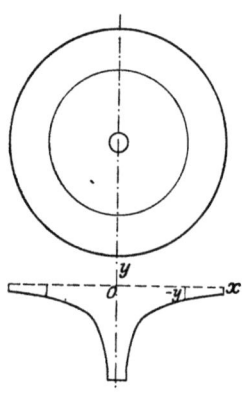

Fig. 248.

5. Anwendungen. 1. Beispiel. Fig. 248 stellt ein kreisförmiges Klärbecken dar, in welches das Wasser in der Mitte eintritt. Welches Profil ist dem Querschnitt zu geben, wenn das Wasser überall gleiche Geschwindigkeit besitzen soll, damit sich der Schlamm gleichmäßig absetzt?

Wenn die Geschwindigkeit überall gleich groß sein soll, so muß durch jeden um die vertikale Achse konzentrischen Zylinder in der Zeiteinheit dieselbe Wassermenge fließen, also müssen die Zylindermäntel gleich groß sein. Mit der in der Figur angedeuteten Wahl der Achsen muß also $2 \pi x (-y) = $ konst. sein. Also ist

Der Kreis und die gleichseitige Hyperbel. 253

$x \cdot y = $ konst., d. h. der Boden des Beckens wird von einer Fläche gebildet, die durch Rotation einer gleichseitigen Hyperbel entsteht.

2. Beispiel. Die Arbeit bei der isothermischen Kompression. Bei einer isothermischen Kompression, bei der also die Temperatur des Gases konstant bleibt, besteht zwischen Volumen und Druck des Gases das **Mariottesche Gesetz** $P \cdot V = $ konst. Das Diagramm dieses Gesetzes, Fig. 249, ist eine gleichseitige Hyperbel. Ist $P_0; V_0$ der Anfangs- und $P_1; V_1$ der Endzustand, so wird die Fläche zwischen diesen Koordinaten

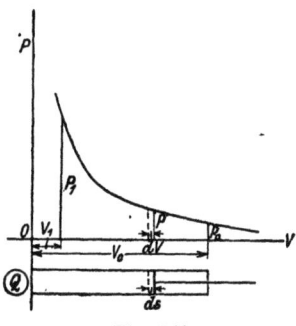

Fig. 249.

$$F = \int_{V_1}^{V_0} P dV,$$

da ein einzelner Flächenstreifen, wie die Figur zeigt, den Inhalt PdV besitzt. Berechnet man die zur Kompression notwendige Arbeit, so ist

$$A = \int_{V_0}^{V_1} K \, ds;$$

wenn man die Kompression in einem Zylinder ausgeführt denkt, dessen Kolben den Querschnitt Q besitzt, ist $K = P \cdot Q$, denn P ist der Druck, bezogen auf die Flächeneinheit. Damit wird

$$A = \int_{V_0}^{V_1} P \cdot Q \, ds.$$

$Q \, ds$ ist das Volumenelement dV und folglich

$$A = \int_{V_0}^{V_1} P \, dV = -F,$$

da die Grenzen vertauscht sind. Es wird folglich die Arbeit verbraucht

$$A = \int_{V_0}^{V_1} P \, dV = \int_{V_0}^{V_1} \frac{\text{konst.}}{V} dV = \text{konst.} \int_{V_0}^{V_1} \frac{dV}{V}.$$

Der Anfangszustand ist durch P_0 und V_0 gegeben, daher wird konst. $= P_0 V_0$ und

$$A = P_0 V_0 [\ln V]_{V_0}^{V_1} = - P_0 V_0 (\ln V_0 - \ln V_1)$$

$$A = - P_0 V_0 \ln \frac{V_0}{V_1}.$$

Aus $P_0 V_0 = P_1 V_1$ folgt $\frac{V_0}{V_1} = \frac{P_1}{P_0}$, so daß auch

$$A = - P_0 V_0 \ln \frac{P_1}{P_0} \text{ wird.}$$

Fünfzehnter Abschnitt.

Die Krümmung der Kurven, Evolute und Evolvente.

1. Der Krümmungskreis und die Krümmung. Um die Gestalt einer Kurve in irgendeinem Kurvenpunkt P beschreiben zu

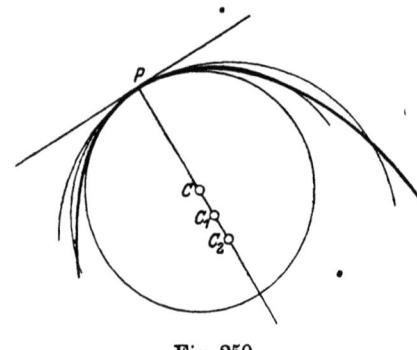

Fig. 250.

können, verglich man die Kurve mit einer Geraden, die sich der Kurve in diesem Punkte möglichst nahe anschmiegt. Das war die Tangente in dem Kurvenpunkte, die man als Grenzlage der Sekante erhielt, d. h. die Tangente ist diejenige Sekante, bei der zwei Schnittpunkte mit der Kurve in dem Berührungspunkte zusammenfielen. Man kann dies auch so ausdrücken: **Die Tangente verbindet zwei unendlich benachbarte Punkte der Kurve.** Die Tangente gibt die Richtung der Kurve an.

Es liegt nahe, jetzt drei unendlich benachbarte Punkte der Kurve zu betrachten. Durch drei Punkte ist ein Kreis bestimmt. Man vergleicht daher weiter das Verhalten der Kurve in einem Punkte mit einem Kreise, der sich ihr möglichst nahe anschmiegt. Kreis und Kurve sollen sogar mehr als zwei Punkte gemeinsam haben, also sicher die Tangente im Kurvenpunkt. Folglich muß der Mittelpunkt des Kreises auf der Normalen liegen. Im allge-

Die Krümmung der Kurven, Evolute und Evolvente.

meinen werden die Kreise, deren Mittelpunkte C_2, C_1 usw. Fig. 250 auf der Normalen liegen, die Kurve mindestens noch einmal schneiden; aber ein Schnittpunkt rückt immer näher an P heran. Endlich wird es einen Mittelpunkt C geben, bei dem der weitere Schnittpunkt des Kreises in P hineingefallen ist. Dann also liegen drei Kreis- und Kurvenpunkte in P vereinigt. Dieser Kreis heißt der Krümmungskreis, sein Radius der Krümmungsradius und der reziproke Wert $\frac{1}{r}$ von diesem Radius die Krümmung der Kurve in P. Der Krümmungskreis verbindet drei unendlich benachbarte Punkte der Kurve.

Mit der Anschauung übereinstimmend, besitzt hiernach ein Kreis konstante Krümmung, und zwar ist sie um so größer, je kleiner der Radius ist und umgekehrt.

2. Die Berechnung des Krümmungsradius.

In Fig. 251 seien P_1, P_2, P_3 die unendlich benachbarten Punkte. Errichtet man auf den Sehnen $P_1 P_2$ und $P_2 P_3$ die Mittellote, so erhält man den

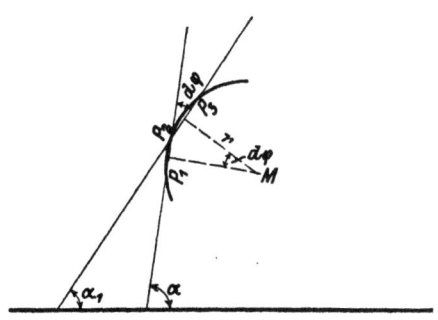

Fig. 251.

Krümmungsmittelpunkt M. Es sei $d\varphi$ der unendlich kleine Winkel, den die Lote bilden, ds der dazugehörige Kreis- und Kurvenbogen und r der Krümmungsradius. Dann ist $ds = r \cdot d\varphi$ ($d\varphi$ im Bogenmaß gemessen) oder
$$r = \frac{ds}{d\varphi}.$$

Weiter liest man aus der Figur ab $d\varphi = \alpha - \alpha_1$ oder, wenn man wirklich unendlich benachbarte Punkte hat,
$$d\varphi = d\alpha; \quad r = \frac{ds}{d\alpha}.$$

Man beachte immer, daß im Grenzfall die Sekanten zu Tangenten werden. Also ist α der Neigungswinkel der Tangente und folglich
$$\operatorname{tg} \alpha = \frac{dy}{dx}$$
$$\frac{d \operatorname{tg} \alpha}{dx} = \frac{1}{\cos^2 \alpha} \frac{d\alpha}{dx} = \frac{d^2 y}{dx^2}.$$

Es ist aber

$$1 + \operatorname{tg}^2 \alpha = \frac{\sin^2 \alpha + \cos^2 \alpha}{\cos^2 \alpha} = \frac{1}{\cos^2 \alpha},$$

also

$$\frac{1}{\cos^2 \alpha} = 1 + \left(\frac{dy}{dx}\right)^2$$

und

$$\frac{d\alpha}{dx} = \frac{\frac{d^2 y}{dx^2}}{1 + \left(\frac{dy}{dx}\right)^2}.$$

Die Bogenlänge ds ist die Hypotenuse in einem rechtwinkligen Dreieck mit den Katheten dy und dx, so daß

$$ds = \sqrt{dx^2 + dy^2}$$

oder

$$\frac{ds}{dx} = \sqrt{1 + \left(\frac{dy}{dx}\right)^2}$$

ist.

Dividiert man, so bleibt

$$r = \frac{ds}{d\alpha} = \frac{\left[1 + \left(\frac{dy}{dx}\right)^2\right]\sqrt{1 + \left(\frac{dy}{dx}\right)^2}}{\frac{d^2 y}{dx^2}}$$

oder

$$r = \frac{\left[1 + \left(\frac{dy}{dx}\right)^2\right]^{\frac{3}{2}}}{\frac{d^2 y}{dx^2}}.$$

3. Anwendungen. Es sollen die Hauptkrümmungsradien, d. h. die Krümmungsradien in den Scheiteln der Kurven zweiten Grades, bestimmt werden.

a) Die Parabel.

$$y^2 = 2 p x$$

$$2 y\, dy = 2 p\, dx; \qquad \frac{dy}{dx} = \frac{p}{y}; \qquad y \frac{d^2 y}{dx^2} + \left(\frac{dy}{dx}\right)^2 = 0$$

Die Krümmung der Kurven, Evolute und Evolvente.

$$y \frac{d^2y}{dx^2} = -\left(\frac{dy}{dx}\right)^2;$$

$$\frac{d^2y}{dx^2} = -\frac{p^2}{y^3}$$

$$r = \frac{\left[1 + \frac{p^2}{y^2}\right]^{\frac{3}{2}}}{-\frac{p^2}{y^3}} = \frac{(y^2 + p^2)^{\frac{3}{2}}}{-p^2}$$

Im Scheitelpunkt ist $y = 0$; also

$$r = -p.$$

Über das Vorzeichen müßten in der allgemeinen Formel besondere Bestimmungen getroffen werden; doch soll davon abgesehen werden. Es genügt, der Anschauung zu entnehmen, nach welcher Seite der Krümmungsmittelpunkt liegt. Besonders beim Zeichnen von Kurven leistet die Kenntnis der hier berechneten Krümmung wertvolle Dienste.

b) **Ellipse und Hyperbel.**

$$\frac{x^2}{a^2} \pm \frac{y^2}{b^2} = 1$$

$$\frac{x\,dx}{a^2} \pm \frac{y\,dy}{b^2} = 0; \quad \frac{dx^2}{a^2} \pm \frac{dy^2}{b^2} \pm \frac{y\,d^2y}{b^2} = 0 \quad (d^2x = 0!)$$

also

$$\frac{dy}{dx} = \mp \frac{b^2}{a^2} \frac{x}{y}; \quad \frac{d^2y}{dx^2} = -\frac{b^4}{a^2 y^3}.$$

Weiter ist

$$r = \frac{\left[1 + \left(\frac{dy}{dx}\right)^2\right]^{\frac{3}{2}}}{\frac{d^2y}{dx^2}} = -\frac{\left[1 + \frac{b^4 x^2}{a^4 y^2}\right]^{\frac{3}{2}}}{\frac{b^4}{a^2 y^3}} = -\frac{\left[y^2 + \frac{b^4 x^2}{a^4}\right]^{\frac{3}{2}}}{\frac{b^4}{a^2}}$$

In den Scheitelpunkten ist entweder

$$x = 0; \quad y = \pm b$$

oder

$$y = 0; \quad x = \pm a.$$

Im ersten Falle wird (nur bei der Ellipse)

$$r_y = -\frac{b^3}{\frac{b^4}{a^2}} = -\frac{a^2}{b};$$

im zweiten

$$r_x = -\frac{\left(\frac{b^4}{a^2}\right)^{3/2}}{\frac{b^4}{a^2}} = -\frac{b^2}{a}.$$

Neuendorff, Lehrbuch der Mathematik. 2. Aufl.

c) **Konstruktion der Krümmungsradien** (Fig. 252). Man zeichne über den Achsen das Rechteck, das der Ellipse umbeschrieben ist. In einem Teilrechteck A B C O ziehe man die Diagonale A C und fälle von B das Lot auf A C. Dies Lot schneidet die Achsen in den Krümmungsmittelpunkten.

Denn es ist

$$\triangle BCG \sim \triangle ABC \text{ und } \triangle ABE \sim \triangle BCA$$

und folglich

$$\frac{CG}{BC} = \frac{BC}{AB} \text{ und } \frac{AE}{AB} = \frac{AB}{BC}$$

$$\frac{\rho}{b} = \frac{b}{a} \text{ und } \frac{r}{a} = \frac{a}{b}$$

$$\rho = \frac{b^2}{a} \text{ und } r = \frac{a^2}{b}.$$

Bei der Hyperbel ist Konstruktion und Beweis entsprechend.

4. Evolute und Evolvente.

Gegeben sei ein beliebiges geradliniges Vieleck ABC...... Man denke sich um dieses Viel-

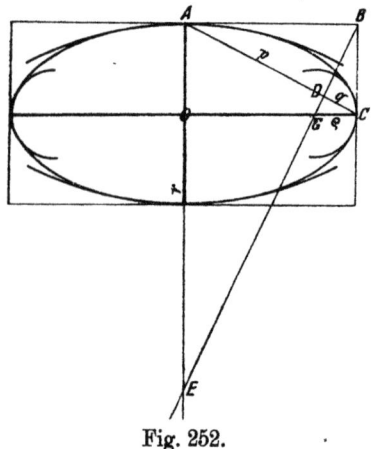
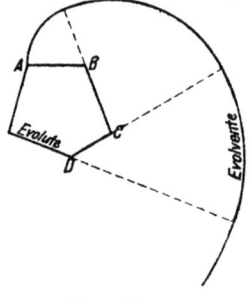

Fig. 252.   Fig. 253.

eck beliebig oft einen Faden geschlungen; das freie Ende befinde sich in A. Jetzt wickele man den Faden ab, indem man ihn stets straff gespannt hält. Der freie Endpunkt A beschreibt nacheinander Kreisbögen um B, C, D...... Die entstehende Kurve heißt eine **Evolvente** des Vielecks, während man umgekehrt das Vieleck die **Evolute** jener Kurve nennt (Fig. 253). Aus der Entstehung dieser Evolvente folgen unmittelbar die Sätze:

Die Krümmungsmittelpunkte der Evolvente liegen auf der Evolute.

Der Krümmungsradius ist in jedem Punkte der Evolvente gleich dem abgewickelten Stück der Evolute.
Vermehrt man die Anzahl der Ecken des Vielecks, so bleiben die Sätze bestehen, auch wenn die Anzahl der Ecken unendlich groß geworden ist, also das Vieleck zur Kurve wird. Dann kommt noch ein weiterer Satz hinzu. Die Krümmungsradien, die ja zugleich die Normalen der Evolvente sind, verbinden je zwei unendlich nahe Punkte der Evolute, sind also Tangenten dieser Kurve.
Die Normalen der Evolvente sind Tangenten der Evolute, umhüllen diese also.
Am bekanntesten ist die Evolvente des Kreises, die bei Verzahnungen Verwendung findet.

Sechzehnter Abschnitt.

Parabeln und Hyperbeln höherer Ordnung.

1. Parabeln und Hyperbeln höherer Ordnung. Die Kurven, deren Gleichung die Form $y = a x^n$ hat, nennt man wohl zusammenfassend Potenzkurven. Sie zerfallen in zwei wesentlich verschiedene Klassen, je nachdem n positiv oder negativ ist. Man findet nämlich:

$$n > 0 \quad x_1 = 0; \quad y_1 = 0$$
$$x_2 = \infty; \quad y_2 = \infty$$

die Kurve verläuft ähnlich wie die Parabel; man spricht deshalb von **Parabeln der Ordnung n**.

$n < 0$, also etwa $n = -p$

$$y = a x^{-p}; \quad y = \frac{a}{x^p}$$
$$x_1 = 0; \quad y_1 = \infty$$
$$x_2 = \infty; \quad y_2 = 0$$

die Kurve verläuft ähnlich wie die gleichseitige Hyperbel, die auf ihre Asymptoten als Achsen bezogen ist; man spricht deshalb von den **Hyperbeln der Ordnung n**.

Man zeichne als Beispiele die Kurven für $a = 1$ und:

$n = 1$, eine Gerade durch den Nullpunkt;
$n = 2$, eine gewöhnliche Parabel,
$n = 3$, eine kubische Parabel,
$n = \frac{3}{2}$, eine semikubische Parabel,
$n = -1$, eine gleichseitige Hyperbel.

Die Tangentengleichung der Potenzkurven hat wie früher die Form

$$y - y_1 = \left(\frac{dy}{dx}\right)_{x=x_1}(x - x_1) = f'(x_1)(x - x_1).$$

Hier ist
$$\frac{dy}{dx} = a \cdot n x^{n-1},$$

also wird jene Gleichung

$$y - y_1 = a \cdot n x_1^{n-1}(x - x_1).$$

Der Flächeninhalt eines Abschnitts zwischen den Abszissen x_1 und x_2 wird:

$$F = \int_{x_1}^{x_2} y\,dx = \int_{x_1}^{x_2} a x^n\,dx = \left[a\frac{x^{n+1}}{n+1}\right]_{x_1}^{x_2}$$

$$F = \frac{a}{n+1}(x_2^{n+1} - x_1^{n+1}).$$

Hier ist aber zu beachten, daß die Integralformel nicht gilt, wenn $n = -1$ ist, d. h. bei der gleichseitigen Hyperbel. Für diese war auch schon früher gefunden worden

$$F = a \ln \frac{x_2}{x_1}.$$

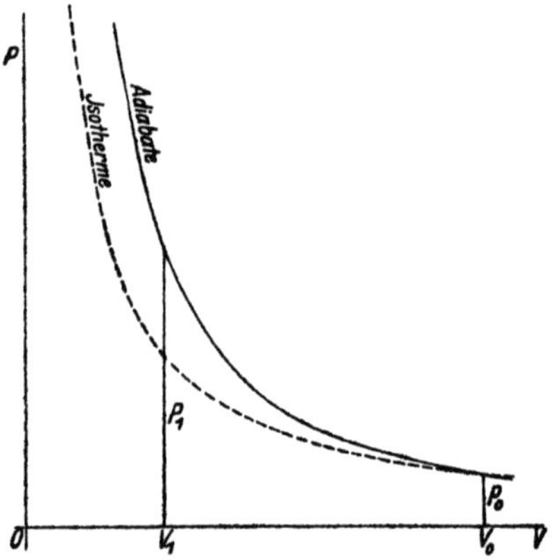

Fig. 254.

2. Anwendungen. Die Arbeit bei adiabatischer Kompression. Bei einer adiabatischen Kompression, bei der kein Wärmeaustausch an die Umgebung stattfindet, besteht das Poissonsche Gesetz $P \cdot V^k = $ konst. Das Diagramm, die Adiabate oder polytropische Linie, ist eine Hyperbel der Ordnung $-k$. In Fig. 254 sind die Isotherme und die Adiabate zum Vergleich ausgehend von demselben Anfangszustand P_0; V_0 gezeichnet. Die zur Kompression auf V_1; P_1 verbrauchte Arbeit ist, wie schon im 14. Abschnitt unter 5 gezeigt,

$$A = -\int_{V_0}^{V_1} P\,dV = -\int_{V_0}^{V_1} \frac{\text{konst.}}{V^k}\,dV.$$

Im allgemeinen ist $k = 1,4$, folglich erhält man, da entsprechend wie früher konst. $= P_0 V_0^k$ ist,

$$A = -P_0 V_0^k \int_{V_0}^{V_1} \frac{dV}{V^k} = -P_0 V_0^k \left[\frac{V^{-k+1}}{-k+1}\right]_{V_0}^{V_1}$$

$$= -P_0 V_0^{1,4} \left[\frac{V^{-0,4}}{-0,4}\right]_{V_0}^{V_1}$$

$$= -\frac{P_0 V_0^{1,4}}{0,4} \left(\frac{1}{V_0^{0,4}} - \frac{1}{V_1^{0,4}}\right).$$

3. Die kubische und die semikubische Parabel. Technisch wichtig sind noch die beiden Parabeln,

$y = ax^3$, die kubische Parabel,

$y = ax^{\frac{3}{2}}$, die semikubische Parabel.

Sie lassen sich leicht konstruieren, wenn man ihre Scheiteltangente, ihren Scheitelpunkt S und noch einen beliebigen Punkt P kennt (Fig. 255 und 256).

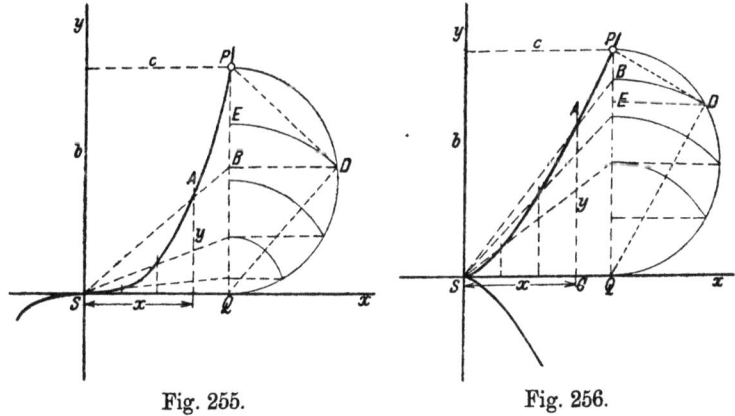

Fig. 255.   Fig. 256.

Man fälle von P aus das Lot PQ auf die Scheiteltangente. Dann teile man PQ und QS z. B. in je 4 gleiche Teile. Über PQ als Durchmesser zeichne man den Halbkreis. Dann fährt man so fort.

a) Kubische Parabel. Um Q als Mittelpunkt beschreibt man Kreisbögen durch die Teilpunkte von PQ. Die Schnittpunkte mit dem Halbkreis lotet man herab, verbindet die Lotfußpunkte mit S und zieht durch die Teilpunkte von SQ Parallelen zu PQ. Entsprechende Schnittpunkte der Strahlen aus S und der Parallelen sind gesuchte Kurvenpunkte. Das beweist man so:

$$x = \frac{3}{4} c$$

$$\frac{y}{BQ} = \frac{3}{4}; \quad y = \frac{3}{4} BQ.$$

Im rechtwinkligen Dreieck PDQ ist

$$QD^2 = BQ \cdot PQ$$

oder

$$\left(\frac{3}{4}\right)^2 b^2 = BQ \cdot b; \quad BQ = \left(\frac{3}{4}\right)^2 b$$

$$y = \frac{3}{4} BQ = \left(\frac{3}{4}\right)^3 b.$$

Aus den beiden Gleichungen für x und y ist der Wert $\frac{3}{4}$, der ja nur durch die zufällige Wahl des Punktes A bedingt ist, herauszuschaffen, wenn die Gleichung für alle Punkte gelten soll. Deshalb schreibt man

$$x^3 = \left(\frac{3}{4}\right)^3 c^3; \quad y = \left(\frac{3}{4}\right)^3 b$$

und dividiert durcheinander. Dann wird

$$\frac{y}{x^3} = \frac{b}{c^3} \quad \text{oder} \quad y = \frac{b}{c^3} x^3.$$

Das aber ist die Gleichung der kubischen Parabel.

b) **Semikubische Parabel.** Man errichtet in den Teilpunkten von PQ Lote. Durch ihre Schnittpunkte mit dem Halbkreise legt man Kreisbögen um Q als Mittelpunkt. Diese Schnittpunkte mit PQ werden mit S verbunden, dann werden wieder durch die Teilpunkte von QS Parallelen gezogen. Entsprechende Parallelen und Strahlen aus S schneiden sich in den gesuchten Kurvenpunkten. Ähnlich wie vorher beweist man dies so:

$$x = \frac{3}{4} c$$

$$\frac{y}{BQ} = \frac{3}{4}; \quad y = \frac{3}{4} BQ$$

$$QD^2 = BQ^2 = QE \cdot QP = \frac{3}{4} b \cdot b$$

Parabeln und Hyperbeln höherer Ordnung.

$$y = \frac{3}{4}\sqrt{\frac{3}{4}} \, b = \left(\frac{3}{4}\right)^{\frac{3}{2}} b$$

$$\frac{x^{\frac{3}{2}} = \left(\frac{3}{4}\right)^{\frac{3}{2}} c^{\frac{3}{2}}}{\frac{y}{x^{\frac{3}{2}}} = \frac{b}{c^{\frac{3}{2}}}} ; \quad y = \frac{b}{c^{\frac{3}{2}}} x^{\frac{3}{2}}.$$

4. Anwendungen. Unter einem Träger von gleichem Widerstande versteht man einen solchen, bei dem die Belastung in allen Querschnitten dieselbe Biegungsspannung hervorruft. Es soll die Form des Längsschnittes durch einen kreisförmigen Träger, der auf zwei Stützen ruht und eine Einzellast Q trägt, bestimmt werden (Fig. 257).

Es ist das maximale Biegungsmoment M_b gleich dem Produkt aus dem Widerstandsmoment W mal der zulässigen Biegungsbeanspruchung k_b.

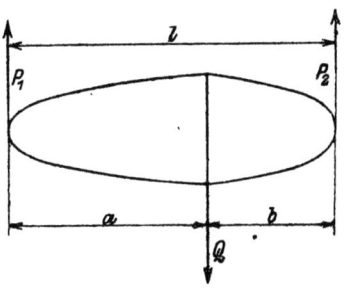

Fig. 257.

$$M_b = W \cdot k_b.$$

Nun ist

$$P_1 = \frac{Q \cdot b}{l}; \quad P_2 = \frac{Q a}{l}.$$

In einem beliebigen Abstand x von P_1 ist folglich das Biegungsmoment

$$M_b = \frac{Qb}{l} x.$$

Ist z der Durchmesser im Abstand x, so ist das Widerstandsmoment

$$W = \frac{\pi}{32} z^3.$$

Folglich wird

$$\frac{Qb}{l} x = \frac{\pi}{32} z^3 k_b,$$

wo $k_b =$ konst. ist. Dann wird

$$x = \frac{\pi}{32} \frac{l k_b}{Q b} z^3$$

die Gleichung einer kubischen Parabel. Die Ergebnisse gelten auch für den Trägerteil rechts von Q. Folglich entsteht der Träger durch Rotation zweier kubischen Parabeln.

Siebzehnter Abschnitt.

Die Zykloiden.

1. Die Entstehung der Zykloiden. Rollt ein Kreis innen oder außen auf einem festen Kreise, so beschreibt jeder mit dem Rollkreise fest verbundene Punkt eine Zykloide. Insbesondere entsteht eine Epizykloide, wenn der Rollkreis außen, eine Hypozykloide, wenn der Rollkreis innen vom festen Kreis abrollt. Wird der Radius der Rollbahn unendlich groß, also der Kreis zu einer Geraden, so erhält man die gewöhnliche Zykloide.

Liegt der erzeugende Punkt innerhalb des Rollkreises, so spricht man von der verkürzten, liegt er außerhalb, so spricht man von der verlängerten Epi-, Hypo-, oder gewöhnlichen Zykloide.

2. Die Konstruktion der Zykloiden. Der Kreis um O sei der Rollkreis, die Tangente in A die Rollbahn und A der die

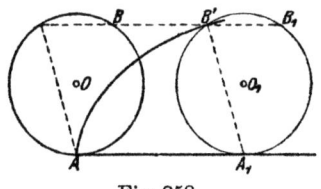

Fig. 258.

Zykloide erzeugende Punkt, (Fig. 258). Man teile den Rollkreisumfang in eine Anzahl gleicher Bögen und trage diese Bögen von A aus auf der Rollbahn ab. Es sei z. B. $\overarc{AB} = \overline{AA_1}$. Die Rollbewegung ersetze man durch eine Parallelverschiebung und eine Drehung. Also verschiebt man zuerst den Kreis, bis sein Mittelpunkt nach O_1, d. h. A nach A_1 und B nach B_1 gelangt. Darauf dreht man, bis B_1 in die Lage von A_1 fällt, denn es ist ja $\overarc{B_1 A_1} = \overline{A A_1}$ der abgerollte Kreisbogen. Dabei kommt A_1 in die zu B_1 symmetrische Lage B', so daß B' der gesuchte Kurvenpunkt ist. Praktisch zeichnet man das in der Figur gestrichelt angedeutete Parallelogramm.

Epi- und Hypozykloiden konstruiert man nach ganz entsprechenden Überlegungen. Die Bahnen der Punkte B werden zur Roll-

Die Zykloiden.   265

bahn konzentrische Kreise; die der Parallelogrammseite $A_1 B'$ entsprechende Sehne greift man mit dem Zirkel ab.

3. Tangente und Normale. In Fig. 259 sind zwei nahe benachbarte Rollkreise um O_1 und O_2 mit den Zykloidenpunkten P_1 und P_2 gezeichnet. Zieht man durch diese Punkte noch die Parallelen $P_1 Q_2$ und $P_2 Q_1$, so wird $P_1 Q_2 P_2 Q_1$ ein Rhombus. Denn es ist:

$$\widehat{A_2 P_2} = \widehat{A_1 Q_1} = \overline{A_2 A}$$
$$\widehat{A_1 P_1} = \overline{A_1 A}$$
$$\overline{\widehat{A_1 Q_1} - \widehat{A_1 P_1} = \overline{A_2 A} - \overline{A_1 A}}$$
$$\widehat{P_1 Q_1} = \widehat{P_2 Q_2} = \overline{A_1 A_2} = \overline{P_1 Q_2} = \overline{P_2 Q_1}.$$

Läßt man die Kreise unendlich nahe aneinanderrücken, so bleibt das Viereck ein Rhombus, der aber als geradlinig aufgefaßt werden kann. Im Rhombus halbiert die Diagonale die Winkel. Folglich wird der Winkel, den jetzt $P_1 Q_2$ mit $P_1 Q_1$ bildet, durch $P_1 P_2$ halbiert.

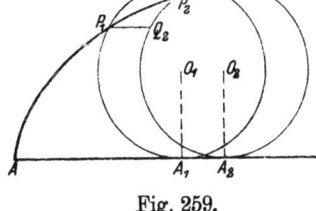

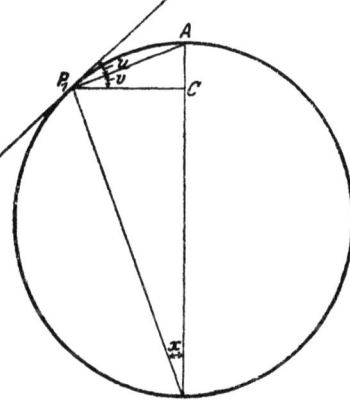

Fig. 259.   Fig. 260.

Bei unendlich benachbarten Kreisen hat $P_1 P_2$ die Richtung der Zykloidentangente, $P_1 Q_1$ die Richtung der Kreistangente, $P_1 Q_2$ die Richtung der Rollbahn. Das Ergebnis ist: Die Zykloidentangente halbiert den Winkel, den die zugehörige Kreistangente mit der Richtung der Rollbahn bildet.

In Fig. 260 ist (vergrößert) ein Rollkreis mit dem Zykloidenpunkt P_1 herausgezeichnet. t ist die Kreistangente und $P_1 C$ die Richtung der Rollbahn. Verbindet man P_1 mit A und mit B, so ist

$$\sphericalangle \, x = \sphericalangle \, v,$$

die Schenkel stehen aufeinander senkrecht.

$\angle u = \angle x,$

Sehnentangentenwinkel gleich Peripheriewinkel, folglich

$\angle u = \angle v,$

d. h. $P_1 A$ ist die Zykloidentangente.

Die Zykloidentangente geht durch den höchsten und die Normale durch den tiefsten Punkt des zugehörigen Rollkreises.

Diese Eigenschaft bleibt auch bei der Epi- und der Hypozykloide erhalten; denn während der unendlich kleinen Bewegung, die hier in Betracht kommt, kann die Rollbahn geradlinig vorausgesetzt werden.

Eine beliebige Bewegung in der Ebene kann in jedem Augenblick durch eine Drehung um den sogenannten momentanen Pol ersetzt werden. Der Pol liegt auf der Normalen der Punktbahn und bewegt sich selbst auf der Polbahn. Hier also ist die Rollbahn zugleich die Polbahn, und die Rollbewegung erscheint zerlegt in unendlich kleine Drehungen um die Pole A_1, A_2 usw. mit den Radien $P_1 A_1$, $P_2 A_2$ usw. (Pol und Krümmungsmittelpunkt sind nicht identisch.)

Diese Eigenschaft wird bei der Zykloidenverzahnung verwendet.

4. Spezielle Hypozykloiden. Besondere Beachtung verdient der Fall, daß der Radius r des Rollkreises halb so groß ist wie der Radius des festen Kreises (Fig. 261). In diesem Falle beschreibt der Punkt A einen Durchmesser als Hypozykloide. Um das zu beweisen, ist zu zeigen, daß bei der beliebigen Lage des Rollkreises der Punkt P auf dem Durchmesser die neue Lage des Punktes A darstellt. Man liest aus der Figur ab

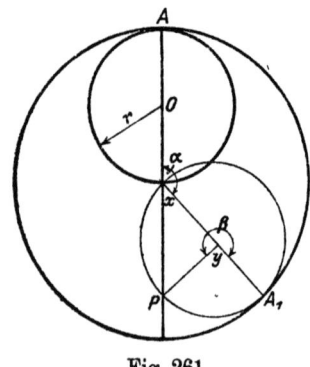

Fig. 261.

$$2 \cdot \angle x = \angle y,$$

und da

$$\frac{2 \cdot 180° = 360°}{2(180° - x) = 360° - y} \text{ ist,}$$

d. h. $2 \cdot \alpha = \beta.$

Berechnet man die zugehörigen Kreisbögen, so ist

$$\frac{\overset{\frown}{A A_1} = 2\, r\, \hat{\alpha} = r \cdot \hat{\beta}}{\overset{\frown}{A_1 P} = r \cdot \hat{\beta}}$$

$$\overset{\frown}{A_1 A} = \overset{\frown}{A_1 P},$$

also in der Tat P ein Punkt der Hypozykloide.

Die Zykloiden.

Damit liegt die Möglichkeit vor, eine Kreisbewegung in eine geradlinige Bewegung zu verwandeln. Eine technische Anwendung macht man hiervon bei der König & Bauerschen Schnellpresse mit Geradführung nach obigem Prinzip.

Aber auch ein beliebiger Punkt P im Abstande a von A erzeugt eine bemerkenswerte Hypozykloide, wie sich leicht zeigen läßt, in diesem Falle eine Ellipse. Führt man, wie in Fig. 262 gezeigt, Achsen ein, so liest man die Koordinaten eines beliebigen Punktes P wie folgt ab

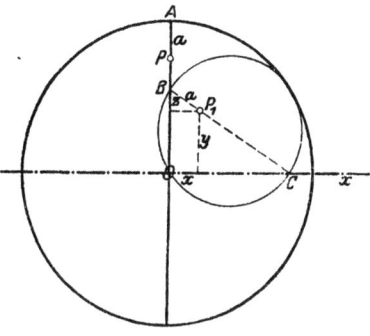

Fig. 262.

$$\frac{z}{y} = \frac{a}{2r - a}$$

$$x^2 + z^2 = a^2$$

$$x^2 + \frac{y^2 a^2}{(2r - a)^2} = a^2$$

oder
$$\frac{x^2}{a^2} + \frac{y^2}{(2r - a)^2} = 1.$$

Das ist aber eine Ellipse mit den Halbachsen a und $2r - a$.

Beachtet man, daß die Punkte B und C beständig auf den Achsen bleiben, so erkennt man die sogenannte Papierstreifen-Konstruktion der Ellipse. (Man denkt BC als Papierstreifen, auf dem ein Punkt P markiert ist. Läßt man B und C auf den Achsen gleiten und markiert auf dem Zeichenblatt die verschiedenen Lagen des Punktes P, so ist die Verbindungskurve der Punkte P eine Ellipse).

Ebenso ließe sich beweisen, daß ein Punkt P außerhalb des Kreises auf der Verlängerung von OA eine Ellipse beschreibt. Daraus folgt eine zweite Art der Papierstreifen-Konstruktion der Ellipse.

Nach dem hier entwickelten Satze hat man Ellipsenzirkel konstruiert. Auch technische Verwendungen dieses Gedankens finden sich vereinzelt.

Berichtigungen.

S. 5 Z. 17 v. u. lies 623^3 statt 623^2.

S. 42 Z. 1 v. o. lies $\ln\left(x \cdot \dfrac{1}{x}\right)$ statt $\ln x \cdot \dfrac{1}{x}$.

    Z. 17 v. u. lies Da statt Daß.

S. 105 Z. 3 v. o. lies $\int e^x \, dx$ statt $\int e^x$.

S. 106 Z. 17 v. o. lies Endordinaten statt Endordinanten.

S. 116 Z. 17 v. o. lies x^n statt x_n.

S. 135 Z. 7 v. u. lies $r \dfrac{de}{dt} + e \dfrac{dr}{dt}$ statt $r \dfrac{de}{dt} + e \dfrac{dr}{dt}$.

    Z. 5 v. u. lies dr statt dr.

S. 136 Z. 15 v. u. lies dr statt dr.

S. 186. Fig. 161 ist umzudrehen.

Verlag von **Julius Springer** in Berlin W 9

Trigonometrie für Maschinenbauer und Elektrotechniker.
Ein Lehr- und Aufgabenbuch für den Unterricht und zum Selbststudium. Von Dr. **Adolf Heß**, Professor am Kantonalen Technikum in Winterthur. Dritte Auflage. In Vorbereitung.

Planimetrie mit einem Abriß über die Kegelschnitte. Ein Lehr- und Übungsbuch zum Gebrauch an technischen Mittelschulen sowie zum Selbstunterricht. Von Dr. **Adolf Heß**, Professor am Kantonalen Technikum in Winterthur. Mit 211 Textfiguren.
Gebunden Preis M. 2.80

Die Differentialgleichungen des Ingenieurs. Darstellung der für die Ingenieurwissenschaften wichtigsten gewöhnlichen und partiellen Differentialgleichungen sowie der zu ihrer Lösung dienenden genauen und angenäherten Verfahren einschließlich der mechanischen und graphischen Hilfsmittel. Von Diplom-Ingenieur Dr. phil. **W. Hort.** Mit 255 Textfiguren. Gebunden Preis M. 14.—

Differential- und Integralrechnung (Infinitesimalrechnung). Für Ingenieure, insbesondere auch zum Selbststudium. Von Dr. **W. Koestler,** Diplom-Ingenieur, Burgdorf, und Dr. **M. Tramer,** Zürich. Erster Teil: Grundlagen. Mit 221 Textfiguren und 2 Tafeln.
Preis M. 13.—; gebunden M. 14.—

Elementar-Mechanik für Maschinentechniker. Von Diplom-Ingenieur **Rudolf Vogdt,** Oberlehrer an der Maschinenbauschule Essen-Ruhr, Regierungsbaumeister a. D. Mit 154 Textfiguren.
Gebunden Preis M. 2.80

Ingenieur-Mathematik. Lehrbuch der höheren Mathematik für die technischen Berufe. Von Dr.-Ing. Dr. phil. **Heinz Egerer,** Diplom-Ingenieur, vormals Professor für Ingenieur-Mechanik und Materialprüfung an der Technischen Hochschule Drontheim. Erster Band: Niedere Algebra und Analysis — Lineare Gebilde der Ebene und des Raumes in analytischer und vektorieller Behandlung — Kegelschnitte. Mit 320 Textfiguren und 575 vollständig gelösten Beispielen und Aufgaben. Gebunden Preis M. 12.—

Ingenieur-Mechanik. Lehrbuch der technischen Mechanik in vorwiegend graphischer Behandlung von Dr.-Ing. Dr. phil. **Heinz Egerer,** Diplom-Ingenieur, vorm. Professor für Ingenieur-Mechanik und Materialprüfung an der Technischen Hochschule Drontheim. Erster Band: Graphische Statik starrer Körper. Mit 624 Textfiguren sowie 238 Beispielen und 145 vollständig gelösten Aufgaben.
Preis M. 14.—; gebunden M. 16.—

Hierzu Teuerungszuschläge

Verlag von Julius Springer in Berlin W 9

Aufgaben aus der technischen Mechanik. Von Professor **Ferd. Wittenbauer**, Graz.
   I. Band: **Allgemeiner Teil.** 843 Aufgaben nebst Lösungen. Vierte, vermehrte und verbesserte Auflage. Mit 627 Textfiguren.
   Gebunden Preis M. 14.—
   II. Band: **Festigkeitslehre.** 611 Aufgaben nebst Lösungen und einer Formelsammlung. Dritte, verbesserte Auflage. Mit 505 Textfiguren. Gebunden Preis M. 12.—
   III. Band: **Flüssigkeiten und Gase.** 586 Aufgaben nebst Lösungen und einer Formelsammlung. Zweite, verbesserte Auflage. Mit 396 Textfiguren. Preis M. 9.—; gebunden M. 10.20

Festigkeitslehre nebst Aufgaben aus dem Maschinenbau und der Baukonstruktion. Ein Lehrbuch für Maschinenbauschulen und andere technische Lehranstalten sowie zum Selbstunterricht und für die Praxis. Von **Ernst Wehnert,** Ingenieur und Oberlehrer an der städt. Gewerbe- und Maschinenbauschule in Leipzig.
   I. Band: **Einführung in die Festigkeitslehre.** Zweite, verbesserte und vermehrte Auflage. Anastatischer Neudruck 1919.
   Gebunden Preis M. 13.—
   II. Band: **Zusammengesetzte Festigkeitslehre.** Mit 142 Textfiguren. Gebunden Preis M. 7.—

Getriebelehre. Eine Theorie des Zwangslaufes und der ebenen Mechanismen. Von Professor **M. Grübler.** Mit 202 Textfiguren.
Preis M. 7.20

Lehrbuch der technischen Mechanik. Von Professor **M. Grübler** (Dresden). Erster Band: **Bewegungslehre.** Mit 124 Textfiguren.
Preis M. 8.—

Zweiter Band: **Die Statik der starren Körper.** Mit etwa 230 Textfiguren. Unter der Presse.

Technische Mechanik. Ein Lehrbuch der Statik und Dynamik für Maschinen- und Bauingenieure. Von **Ed. Autenrieth** und Professor Dr.-Ing. **Max Enßlin.** Zweite Auflage. Mit 297 Textfiguren. Unveränderter Neudruck 1919. Gebunden Preis M. 26.—

Einführung in die Mechanik mit einfachen Beispielen aus der Flugtechnik. Von Dr. **Theodor Pöschl,** o. ö. Professor an der Deutschen technischen Hochschule in Prag. Mit 102 Textfiguren.
Preis M. 5.60

Hierzu Teuerungszuschläge

Verlag von Julius Springer in Berlin W 9

Maschinenelemente. Leitfaden zur Berechnung und Konstruktion für technische Mittelschulen, Gewerbe- und Werkmeisterschulen, sowie zum Gebrauche in der Praxis. Von Ingenieur **H. Krause** (Iserlohn). Dritte Auflage. In Vorbereitung.

Einzelkonstruktionen aus dem Maschinenbau. Herausgegeben von Ingenieur **C. Volk** (Berlin).

Erstes Heft: **Die Zylinder ortsfester Dampfmaschinen.** Von **H. Frey** (Berlin). Mit 109 Textfiguren. Preis M. 2.40

Zweites Heft: **Kolben.** I. Dampfmaschinen- und Gebläsekolben. Von **C. Volk** (Berlin). II. Gasmaschinen- und Pumpenkolben. Von **A. Eckardt** (Deutz). Mit 247 Textfiguren. Preis M. 4.—

Drittes Heft: **Zahnräder.** I. Teil. Stirn- und Kegelräder mit geraden Zähnen. Von Professor Dr. **A. Schiebel** (Prag). Mit 110 Textfiguren. Preis M. 3.—

Viertes Heft: **Kugellager.** Von Ingenieur **W. Ahrens** (Winterthur). Mit 134 Textfiguren. Preis M. 4.40

Fünftes Heft: **Zahnräder.** II. Teil. Räder mit schrägen Zähnen. Von Professor Dr. **A. Schiebel** (Prag). Mit 116 Textfiguren. M. 4.—

Sechstes Heft: **Schubstangen** und **Kreuzköpfe.** Von Oberingenieur **H. Frey.** Mit 117 Textfiguren. Preis M. 1.60

Das Skizzieren von Maschinenteilen in Perspektive. Von Ingenieur **Carl Volk,** Direktor der Beuth-Schule, Berlin. Vierte, erweiterte Auflage. Zweiter Abdruck. Mit 72 in den Text gedruckten Skizzen. Steif broschiert Preis M. 2.80

Entwerfen und Herstellen. Eine Anleitung zum graphischen Berechnen der Bearbeitungszeit von Maschinenteilen. Von Ingenieur **Carl Volk.** Zweite Auflage in Vorbereitung.

Freies Skizzieren ohne und nach Modell für Maschinenbauer. Ein Lehr- und Aufgabenbuch für den Unterricht. Von **Karl Keiser,** Oberlehrer an der Städtischen Maschinenbau- und Gewerbeschule zu Leipzig. Zweite, erweiterte Auflage. Mit 19 Einzelfiguren und 23 Figurengruppen. Gebunden Preis M. 3.—

Das Maschinenzeichnen. Begründung und Veranschaulichung der sachlich notwendigen zeichnerischen Darstellungen und ihres Zusammenhanges mit der praktischen Ausführung. Von Geh. Regierungsrat **A. Riedler,** Professor an der Technischen Hochschule zu Berlin. Zweite, neubearbeitete Auflage. Unveränderter Neudruck. Mit 436 Textfiguren. Gebunden Preis M. 17.—

Hierzu Teuerungszuschläge

Verlag von Julius Springer in Berlin W 9

Hilfsbuch für den Maschinenbau. Für Maschinentechniker sowie für den Unterricht an technischen Lehranstalten. Von Oberbaurat Prof. **Fr. Freytag** (Chemnitz). Fünfte, erweiterte und verbesserte Auflage. Berichtigter Neudruck. Mit 1218 Textfiguren, 10 Tafeln und einer Beilage für Österreich. Gebunden Preis M. 20.—

Taschenbuch für den Maschinenbau. Unter Mitarbeit von Fachleuten herausgegeben von Ing. **H. Dubbel.** Zweite, verbesserte und vermehrte Auflage. Mit etwa 2500 Textfiguren und 4 Tafeln. Zwei Teile. In einem Bande geb. M. 30.—; in zwei Bänden geb. M. 33.—

Kolbendampfmaschinen und Dampfturbinen. Ein Lehr- und Handbuch für Studierende und Konstrukteure. Von Professor **Heinrich Dubbel,** Ingenieur. Vierte, umgearbeitete Auflage. Mit 540 Textfiguren. Gebunden Preis M. 20.—

Die Dampfkessel. Lehr- und Handbuch für Studierende Technischer Hochschulen, Schüler Höherer Maschinenbauschulen und Techniken, sowie für Ingenieure und Techniker. Bearbeitet von Professor **F. Tetzner,** Dortmund. Sechste Auflage. In Vorbereitung.

Anleitung zur Durchführung von Versuchen an Dampfmaschinen, Dampfkesseln, Dampfturbinen und Dieselmaschinen. Zugleich Hilfsbuch für den Unterricht in Maschinen-Laboratorien technischer Lehranstalten. Von Oberlehrer Ingenieur **F. Seufert** (Stettin). Fünfte, erw. Auflage. Gebunden Preis M. 6.—

Bau und Berechnung der Verbrennungskraftmaschinen. Eine Einführung von **Franz Seufert,** Ingenieur und Oberlehrer an der Höheren Maschinenbauschule in Stettin. Mit 90 Textfiguren und 4 Tafeln. Gebunden Preis M. 5.60

Technische Wärmelehre der Gase und Dämpfe. Eine Einführung für Ingenieure und Studierende. Von **Franz Seufert,** Ingenieur und Oberlehrer an der Höheren Maschinenbauschule in Stettin. Mit 25 Textfiguren und 5 Zahlentafeln. Gebunden Preis M. 2.80

Leitfaden der technischen Wärmemechanik. Kurzes Lehrbuch der Mechanik der Gase und Dämpfe und der mechanischen Wärmelehre. Von Professor Diplom-Ingenieur **W. Schüle.** Mit 91 Textfiguren und 3 Tafeln. Gebunden Preis M. 6.—

Bau und Berechnung der Dampfturbinen. Eine kurze Einführung von **Franz Seufert,** Ingenieur, Oberlehrer an der staatl. höheren Maschinenbauschule in Stettin. Mit 51 Textfiguren. Unter der Presse.

Hierzu Teuerungszuschläge

MIX
Papier aus verantwortungsvollen Quellen
Paper from responsible sources
FSC® C105338

If you have any concerns about our products,
you can contact us on
ProductSafety@springernature.com

In case Publisher is established outside the EU,
the EU authorized representative is:
**Springer Nature Customer Service Center GmbH
Europaplatz 3, 69115 Heidelberg, Germany**

Printed by Libri Plureos GmbH
in Hamburg, Germany